中 传 精 品 教 材 · 融 媒 体 传 播 与 数 据 新 闻 系 列

INTRODUCTION TO
BIG DATA

TECHNOLOGY

大数据
技术导论

李春芳　石民勇 ◉ 编著

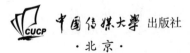

中国传媒大学 出版社

·北京·

图书在版编目（CIP）数据

大数据技术导论 / 李春芳 , 石民勇编著 . —— 北京 : 中国传媒大学出版社 , 2021.5
（中传精品教材·融媒体传播与数据新闻系列）
ISBN 978–7–5657–2931–7

Ⅰ . ①大… Ⅱ . ①李… ②石… Ⅲ . ①数据处理Ⅳ . ① TP274

中国版本图书馆 CIP 数据核字 (2021) 第 077882 号

大数据技术导论

DA SHUJU JISHU DAOLUN

编　　著	李春芳　石民勇	
策划编辑	阳金洲	
责任编辑	黄松毅	
特约编辑	李　婷	
责任印制	李志鹏	
封面设计	拓美设计	

出版发行	中國傳媒大學出版社			
社　　址	北京市朝阳区定福庄东街 1 号	**邮　　编**	100024	
电　　话	86-10-65450528　65450532	**传　　真**	65779405	
网　　址	http://cucp.cuc.edu.cn			
经　　销	全国新华书店			

印　　刷	艺堂印刷（天津）有限公司
开　　本	787mm×1092mm　1 / 16
印　　张	20
字　　数	391 千字
版　　次	2021 年 5 月第 1 版
印　　次	2021 年 5 月第 1 次印刷
书　　号	ISBN 978-7-5657-2931-7/TP · 2931　　　　**定　　价**　78.00元

本社法律顾问 : 北京李伟斌律师事务所　郭建平

前　言

这是一本视频融媒的大数据生态入门书，有视频有真相。

2013 年，被视为大数据的元年。2015 年 9 月国务院发布了《促进大数据发展行动纲要》，意味着中国大数据发展迎来顶层设计，正式上升为国家战略。从 2016 到 2020 年高考招生，教育部累计批准"数据科学与大数据技术"本科专业达到 691 所，计算机大类的相关专业达到 17 个，还开设了相关的本科通识教育课程，需要大数据技术导论教材满足教学需求。

中国传媒大学 2014 年招生计算机科学与技术（大数据技术与应用）专业，开始探索大数据方向，2018 年正式招生数据科学与大数据技术专业，2020 年全校开设大数据导论通识教育选修课，教材团队有 8 轮讲授"大数据技术导论"课程的经历，从无到有积累了一些授课资料，集结成文，与各位同行分享，希望能为大数据教育献一分力量。

本书可以作为数据科学与大数据技术，以及计算机大类开设大数据相关课程的教材，也可作为大数据通识教育教材，或者普通读者了解大数据行业概况的一本读物，总之，这是写给入门大数据读者的一本书，特点：看得懂，有视频链接。

大数据技术一定是生态融合发展，一定是与行业应用密切相关。本书的内容选择上，第一章是绪论，从 Gartner 技术成熟度曲线看大数据新技术生态趋势，行业篇包括第二章至第六章、第十章，讲解了教育大数据、媒体大数据、电商大数据、区块链与金融大数据、影视大数据、游戏大数据与虚拟现实，大数据生态新技术篇包括第七章至第十二章，包括人工智能、云计算、三维空间大数据与智慧城市、大数据分析与可视化、网络空间安全。内容的编排上，教育大数据放在最前面，为大一新生提供部分慕课学习资源。在每一章的内容上，选取包括政策法规、研究报告、院士专家观点、行业应用、重要会议、视频资源等，数据和案例尽可能最新、典型和权威。

感谢"中国传媒大学精品教材建设项目"和"媒体大数据处理与应用关键技术研究项目"资助本书出版。如果您对智能影视大数据感兴趣，欢迎访问我们团队开发的如艺智媒影视系统 http://www.yingshinet.com。

鉴于作者水平和眼界所限，内容难免疏漏错愕，请读者老师不吝指正，不胜感激。

李春芳

石民勇

于中国传媒大学博学楼

2020.7.25

目　录

第一章

绪 论

新一轮信息技术革命与人类经济社会活动的交汇融合，引发了数据爆炸式增长，大数据的概念应运而生。2015 年 9 月 5 日，国务院印发了《促进大数据发展行动纲要》，指出大数据是以容量大、类型多、存取速度快、应用价值高为主要特征的数据集合，它正快速发展为对数量巨大、来源分散、格式多样的数据进行采集、存储和关联分析，从中发现新知识、创造新价值、提升新能力的新一代信息技术和服务业态。[1]

第一节　大数据发展概况

一、大数据概念的形成

目前，我国互联网、移动互联网用户规模居全球第一，中国互联网信息中心（CNNIC）2020 年 4 月发布的《第 45 次中国互联网发展状况统计报告》数据显示（从 1997 年开始，每年发布两次），截至 2020 年 3 月，中国网民规模达 9.04 亿，互联网普及率 64.5%，手机网民规模达 8.97 亿，截至 2019 年 12 月，我国网站数量 497 万个，网页数量 2978 亿个，监测到的 APP 为 367 万个，域名总数共计 5094 万个[2]，可见，我国拥有丰富的数据资源和应用市场优势。数据已成为国家基础性战略资源，大数据正日益对全球生产、流通、分配、消费活动以及经济运行机制、社会生活方式和国家治理能力产生重要影响。

从学术界和产业界的观点看，全社会对"大数据"的认识没有达成一致。维基百科提出的"大数据"是指无法在一定时间内用常规软件工具对其内容进行抓取、管理和处理的数据集合。专家认为，从推进国家信息化发展角度看，对大数据严格定义并不重要，能够利用大数据提升全民数据意识、发展数据文化、释放数据红利、打造数据优势才是硬道理。咨询公司 IDC 测算和预测，在 2003 年时数据总量为 500

万 TB, 2009 年为 0.8ZB, 2012 年为 2.8ZB, 2020 年预计为 44ZB, 2030 年预计达到 2500ZB, 一个 ZB 等于 2 的 21 次方。

2008 年 9 月《自然》出版专刊讨论大数据[3], 引言中提到, 应对数据洪水是一个最大的科学难题, 专刊评述了用智能搜索来补充智能科学, 对下一代的谷歌进行预测, 先锋生物学家使用 Wiki 类型的网页来管理和解释数据等。当时的专刊封面见图 1-1 所示。

2011 年 2 月《科学》出版专刊讨论应对大数据[4], 引言中指出要最大限度地使数据可得, 认为科学是由数据驱动的, 相关论文讨论了海量知识、基因组学大数据、气候大数据、数据可视化、经济数据开放的挑战和机会等若干大数据相关问题。

图 1-1 《自然》和《科学》的大数据专刊

2012 年, 被认为是大数据之父的牛津大学网络学院互联网研究所维克托·迈尔 - 舍恩伯格教授(Viktor Mayer-Schonberger)出版了畅销书《大数据时代》[5], 他指出数据分析从"随机采样""精确求解"和"强调因果"的传统模式演变为大数据时代的"全体数据""近似求解"和"只看关联不看因果"的新模式, 引发了商业应用领域对大数据的广泛思考和探讨。

2006 年英国启动"数据权"运动, 2011 年韩国提出打造"首尔开放数据广场", 2012 年美国启动"大数据研究和发展计划", 2012 年联合国推出"数据脉动"计划, 2013 年日本正式公布以大数据为核心的新 IT 国家战略。

2012 年 3 月美国奥巴马政府发布《大数据研究和发展计划》(*Big Data Research and Development Initiative*)[6], 指出"大数据是大生意"(Big Data is a Big Deal), 倡议通过提高抽取知识的能力并洞悉大而复杂的数据, 帮助加速科学与工程发现的步伐, 加强美国国家安全, 并改变教育和学习。该计划涉及美国国家科学基金、美国国家卫生研究院、美国能源部、美国国防部、美国国防部高级研究计划局、美国地质勘探局等 6 个联邦政府部门, 承诺将投资 2 亿多美元, 大力升级与大数据相关的收集、组织和分析工具及技术, 以推进从大量的、复杂的数据集合中获取知识的技术。美国奥巴马政府宣布投资大数据领域，是大数据从商业行为上升到国家战略的分水岭，并在经济社会各层面开始受到重视。

纵观世界各国的大数据策略，存在三个共同点：一是推动大数据全产业链的应用；二是数据开放与信息安全并重；三是政府与社会力量共同推动大数据应用。

二、从技术发展趋势看大数据发展

2013 年被称为大数据元年。从 Gartner 技术成熟度曲线（Hype Cycle）来看，2013 年大数据（Big Data）概念达到峰值水平。技术成熟度曲线描述了一项技术从诞生到成熟的过程，并将现有各种技术所处的发展阶段标注在图上（参见图 1-2），为新兴技术行业的发展做出预测。

Gartner 总结的技术成熟曲线分为五大阶段：技术萌芽期（Technology Trigger）、期望膨胀期（Peak of Inflated Expectations）、泡沫化的谷底期（Trough of Disillusionment）、稳步爬升的光亮期（Slope of Enlightenment）和最终的产品成熟期（Plateau of Productivity），横轴表示技术的成熟度，纵轴表示技术受关注的程度，见图 1-2（a）。从 2011 年到 2014 年，大数据技术经历技术萌芽期、进入峰顶并开始快速下滑。大数据技术滑向谷底后又进入复苏期，最后走向成熟，这可能需要很多年。

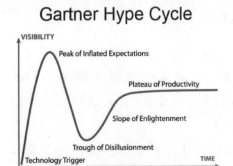

(a) 成熟度曲线阶段

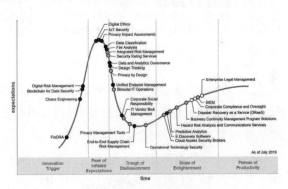

(b) 2019 年 Gartner 曲线

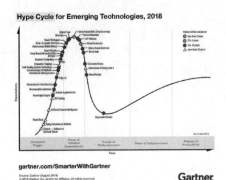

(c) 2018 年 Gartner 曲线

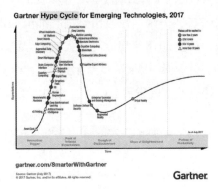

(d) 2017 年 Gartner 曲线

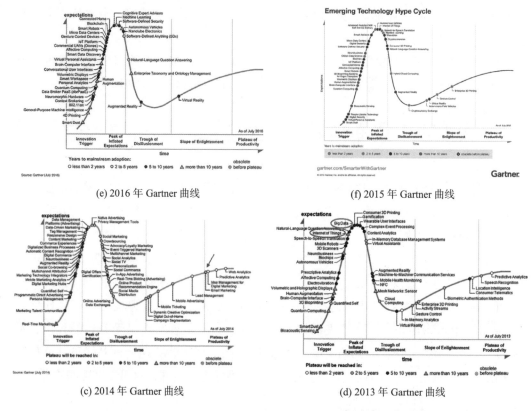

(e) 2016 年 Gartner 曲线　　　　　　　　(f) 2015 年 Gartner 曲线

(c) 2014 年 Gartner 曲线　　　　　　　　(d) 2013 年 Gartner 曲线

图 1-2　2013—2019 年 Gartner 技术成熟度曲线观察大数据发展

从图 1-2 看出，曲线的走势大致不变，变化的是其中的技术概念。2013 年大数据达到峰值，大数据元年开启。2019 年峰值概念是物联网安全（IoT Security），2017—2018 年是深度学习，2016—2017 年是区块链（Block Chain），2015 年是自动驾驶，2013—2014 年是大数据。

此外另一个重要印证大数据元年来临的证据是，中国计算机学会（CCF）于 2012 年 6 月成立了"大数据专家委员会"，其宗旨是探讨大数据的核心科学与技术问题，推动大数据学科方向的建设与发展，构建面向大数据产学研用的学术交流、技术合作与数据共享平台，并为相关政府部门提供战略性的意见与建议。大数据专委会主任梅宏院士在他 2018 年出版的《大数据导论》中认为，数据的"大"与"小"是对立统一的，"关联"与"因果"具有辩证性，"全数据"也是相对的。[7] 另外值得一提的是，随着区块链技术的发展，CCF 于 2018 年 3 月成立了区块链专委会。

三、《促进大数据发展行动纲要》中的主要内容

2015 年 8 月 19 日，国务院通过《促进大数据发展行动纲要》（以下简称《纲要》），9 月 5 日，正式发布。《纲要》由国家发改委牵头，会同工业和信息化部，

自 2014 年初开展前期研究，历经深入的专题研究，并广泛征求了相关部门、专家学者的意见和建议，历时一年多时间编制完成。《纲要》是到目前为止我国促进大数据发展的第一份权威性、系统性文件，从国家大数据发展战略全局的高度，提出了我国大数据发展的顶层设计，是指导我国未来大数据发展的纲领性文件。如下摘选《纲要》的框架。

（一）发展形势和重要意义

1.大数据成为推动经济转型发展的新动力。2.大数据成为重塑国家竞争优势的新机遇。3.大数据成为提升政府治理能力的新途径。建立"用数据说话、用数据决策、用数据管理、用数据创新"的管理机制，实现基于数据的科学决策。

（二）指导思想和总体目标

1.指导思想。按照党中央、国务院决策部署，发挥市场在资源配置中的决定性作用，加强顶层设计和统筹协调，大力推动政府信息系统和公共数据互联开放共享，加快政府信息平台整合，消除信息孤岛，推进数据资源向社会开放，增强政府公信力，引导社会发展，服务公众企业；以企业为主体，营造宽松公平环境，加大大数据关键技术研发、产业发展和人才培养力度，着力推进数据汇集和发掘，深化大数据在各行业创新应用，促进大数据产业健康发展；完善法规制度和标准体系，科学规范利用大数据，切实保障数据安全。通过促进大数据发展，加快建设数据强国，释放技术红利、制度红利和创新红利，提升政府治理能力，推动经济转型升级。

2.总体目标。在未来 5~10 年（2015 年起）逐步实现以下目标：打造精准治理、多方协作的社会治理新模式。建立运行平稳、安全高效的经济运行新机制。构建以人为本、惠及全民的民生服务新体系。开启大众创业、万众创新的创新驱动新格局。培育高端智能、新兴繁荣的产业发展新生态。

（三）主要任务

1.加快政府数据开放共享，推动资源整合，提升治理能力

大力推动政府部门数据共享。稳步推动公共数据资源开放。统筹规划大数据基础设施建设。支持宏观调控科学化。推动政府治理精准化。推进商事服务便捷化。促进安全保障高效化。加快民生服务普惠化。

政府治理大数据工程包括：推动宏观调控决策支持、风险预警和执行监督大数据应用；推动信用信息共享机制和信用信息系统建设；建设社会治理大数据应用体系。

公共服务大数据工程包括：医疗健康服务大数据、社会保障服务大数据、教育文化大数据、交通旅游服务大数据。

充分利用统一的国家电子政务网络，构建跨部门的政府数据统一共享交换平台，到 2018 年，中央政府层面实现数据统一共享交换平台的全覆盖，实现金税、金关、金财、金审、金盾、金宏、金保、金土、金农、金水、金质等信息系统通过统一平台进行数据共享和交换。

2. 推动产业创新发展，培育新兴业态，助力经济转型

发展工业大数据。发展新兴产业大数据。发展农业农村大数据。发展万众创新大数据。推进基础研究和核心技术攻关。形成大数据产品体系。完善大数据产业链。

工业和新兴产业大数据工程包括：工业大数据应用；服务业大数据应用；培育数据应用新业态；电子商务大数据应用。

现代农业大数据工程：农业农村信息综合服务；农业资源要素数据共享；农产品质量安全信息服务。

万众创新大数据工程包括：大数据创新应用；大数据创新服务；发展科学大数据；知识服务大数据应用。

大数据关键技术及产品研发与产业化工程包括：加强大数据基础研究；大数据技术产品研发；提升大数据技术服务能力。

大数据产业支撑能力提升工程包括：培育骨干企业；大数据产业公共服务；中小微企业公共服务大数据。

3. 强化安全保障，提高管理水平，促进健康发展

健全大数据安全保障体系，强化安全支撑。网络和大数据安全保障工程包括：网络和大数据安全支撑体系建设；大数据安全保障体系建设；网络安全信息共享和重大风险识别大数据支撑体系建设。

（四）政策机制

（1）完善组织实施机制。（2）加快法规制度建设。（3）健全市场发展机制。（4）建立标准规范体系。（5）加大财政金融支持。（6）加强专业人才培养。（7）促进国际交流合作。

《纲要》在加强专业人才培养中指出，创新人才培养模式，建立健全多层次、多类型的大数据人才培养体系。鼓励高校设立数据科学和数据工程相关专业，重点培养专业化数据工程师等大数据专业人才。鼓励采取跨校联合培养等方式开展跨学科大数据综合型人才培养，大力培养具有统计分析、计算机技术、经济管理等多学科知识的跨界复合型人才。鼓励高等院校、职业院校和企业合作，加强职业技能人才实践培养，积极培育大数据技术和应用创新型人才。依托社会化教育资源，开展大数据知识普及和教育培训，提高社会整体认知和应用水平。

《纲要》提出，在未来 5 到 10 年打造精准治理、多方协作的社会治理新模式。具体来说就是，2017 年底前，形成跨部门数据资源共享共用格局；2018 年底前，建成国家政府数据统一开放平台，率先在信用、交通、医疗、卫生、就业、社保、环境等重要领域实现公共数据资源合理适度向社会开放。《纲要》部署了三方面主要任务：提出加快政府数据开放共享，推动资源整合，提升治理能力；推动产业创新发展，培育新兴业态，助力经济转型；强化安全保障，提高管理水平，促进健康发展。根据《纲要》的规划，到 2020 年，我国将形成一批具有国际竞争力的大数据处理、分析、可视化软件和硬件支撑平台等产品。

第二节　大数据的基本特征和科学问题

一、大数据的基本特征

国际数据公司（IDC）从 4 个特征定义大数据，即 1.海量的数据规模（Volume）；2.快速的数据流转和动态的数据体系（Velocity）；3.多样的数据类型（Variety）；4.巨大的数据价值（Value）。"大数据"给人的第一印象绝不限于规模超大。其特征除了以上还包括：5.真实性（Veracity）；6.可视化（Visualization）；7.黏度（Viscosity）；8.易失性（Volatility）；9.易变性（Variability）。

《大数据时代的历史机遇》一书的作者认为，大数据是"在多样的或者大量数据中，迅速获取信息的能力"。在这个定义中，重心是"能力"。信息为三大社会资源之一（另外两个是物质和能量）。如何充分利用信息资源，如何更经济更快速地从海量、不同结构类型的复杂数据中快速提取价值成为关键。因此把"大数据"定义为超越数据本身的信息和智慧获取能力更有力量。大数据作为一种赋能性技术，如同电一样，作用于经济社会的各个层面。

大数据不仅仅是一种工具，还是一种战略、世界观和文化，要大力推广和树立"数据文化"。智慧来源于数据而不是主观臆断，要提倡用数据说话，少犯官僚主义、形式主义、主观主义和经验主义的错误。[8]

大数据对产业生态环境的颠覆基于以下三大趋势：软件的价值同它所管理的数据的规模和活性成正比；越靠近最终用户的企业，将在产业链中拥有越大的发言权；数据将成为核心资产。

（一）大数据的来源

根据 MapReduce 产生数据的应用系统分类，大数据的采集主要有 4 种来源：管理信息系统、Web 信息系统、物理信息系统、科学实验系统。

Web 信息系统包括互联网上的各种信息系统，如社交网站、社会媒体、搜索引擎、电子商务等。它主要用于构造虚拟的信息空间，为广大用户提供信息服务和社交服务。其组织结构是开放式的，大部分数据是半结构化或无结构的。数据的产生者主要是在线用户，即用户生成的内容。来自互联网的用户生成的信息成为大数据的主要来源。

（二）大数据的数据质量

数据的多源和多模态的不确定性及多样性，必然导致数据的质量存在差异，影响数据的可用性。

数据的可用性取决于数据质量。数据质量的定义有很多说法。按照文献《中国大数据技术与产业发展报告（2013）》的总结，数据质量包含6种特性：精确性、一致性、完整性、同一性、时效性和真实性。

数据之和的价值远远大于数据的价值之和。在大数据时代，数据成为资产，间接甚至直接具有价值，因此经常被伪造，如收视率造假、票房造假、粉丝数造假、点击率造假、排名造假、评分造假等，这也说明了数据资产的价值所在。

（三）大数据方法与传统方法的对比

在数据极大丰富的前提下，人类需要新的分析思维和技术。表 1-1 是摘自 2013 年 CCF 大数据专委会的《中国大数据技术与产业发展报告》中传统方法和大数据方法的对比。

表 1-1　大数据方法与传统方法的对比

	传统方法	大数据方法
数据采集手段	采样数据	全局数据
数据源	单数据源	多数据源整合
判断方法	基于主观因果假设	机械穷举相关关系
演绎方法	孤立的推算方法	大数据＋小算法＋上下文＋知识积累
分析方法	描述性分析	预测性和处方性分析
对产出的预期	绝对的精确性更重要	实时性更重要

大数据专委会荣誉主任李国杰院士在 2014 年指出，数据科学的形成还需要一个培育过程，现在还不能过分强调它与统计等传统技术是完全不同的革命性技术。统计学家们花了多年的时间，已发现数据处理过程中的许多陷阱，大数据出现后这些陷阱并不会自动填平，大数据中仍然有大量的小数据问题。目前解决大数据问题要将逻辑演

绎和归纳相结合、白盒与黑盒技术相结合、大数据方法与小数据方法相结合。

二、大数据技术体系

（一）大数据技术体系

因循数据的流动性和开放性，大数据全生命周期可以划分为"数据产生→数据采集→数据传输→数据存储→数据处理→数据分析→数据发布、展示和应用→产生新数据"等阶段（参见如图 1–3 所示）[9]。

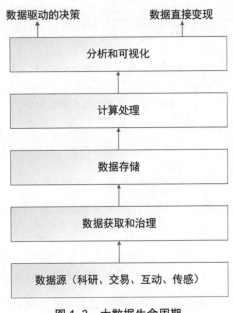

图 1–3　大数据生命周期

根据大数据处理的生命周期，大数据的技术体系通常可以分为大数据采集与预处理、大数据存储与管理、大数据计算模式与系统、大数据分析与挖掘、大数据可视化计算，以及大数据隐私与安全等几个方面。

（二）大数据技术栈

图 1–4 展示了一个典型的大数据技术栈。其底层是基础设施，涵盖计算资源、内存与存储和网络互联，具体表现为计算节点、集群、机柜和数据中心。在此之上是数据存储和管理，包括文件系统、数据库管理系统。然后是计算处理层，如 Hadoop、MapReduce 和 Spark，以及在此之上的各种不同计算范式，如批处理、流处理和图计算等，包括衍生出编程模型的计算模型。数据分析和可视化基于计算处理层，支撑上层的应用和服务。垂直贯通的技术一个是编程和管理工具，另一个是数据安全。

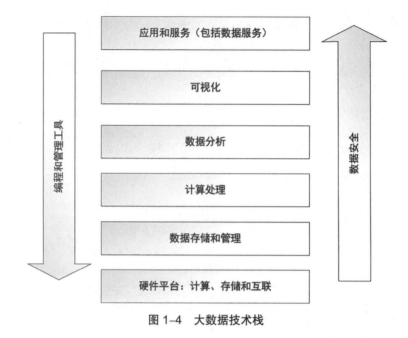

图 1–4　大数据技术栈

（三）第四范式

图灵奖得主、关系型数据库的鼻祖吉姆·格雷（Jim Gray）于 2007 年 1 月 11 日在加州山景城召开的 NRC–CSTB（National Research Council–Computer Science and Telecommunications Board）大会上，发表了留给世人的最后一次演讲《科学方法的革命》，提出将科学研究分为四类范式（Paradigm，某种必须遵循的规范或大家都在用的套路），依次为实验归纳、模型推演、仿真模拟和数据密集型科学发现（Data–Intensive Scientific Discovery）。"数据密集型科学发现"，也就是现在我们所称的"科学大数据"。吉姆同时也是一位航海运动爱好者，在做完此次报告的 17 天后，他驾驶帆船在茫茫大海中失联了，令人惋惜。

专家认为，未来科学的发展趋势是，随着数据的爆炸性增长，计算机将不仅仅能做模拟仿真，还能进行分析总结，得到理论。数据密集范式理应从第三范式中分离出来，成为一个独特的科学研究范式。也就是说，过去由牛顿、爱因斯坦等科学家从事的工作，未来完全可以由计算机来做。这种科学研究的方式，被称为第四范式。

数据密集型科研"第四范式"之所以将大数据科研从第三范式（计算科学）中分离出来单独作为一种科研范式，是因为其研究方式不同于基于数学模型的传统研究方式。谷歌公司的研究部主任彼得·诺维格（Peter Norvig）提出一种断言："所有的模型都是错误的，进一步说，没有模型你也可以成功。"在今天以人脸识别、物体识别为代表的人工智能应用领域，完全不用基于模型，而仅通过目前难以解释的深度神经网络的学习即可达到并超越人类的识别能力，验证了"没有模型也可以成功"的论断。

三、CCF2013-2019 大数据技术发展趋势预测

2013 年开始，CCF 大数据专委会每年由专家投票选出大数据十大趋势预测。我们把 7 年的情况总结在表 1-2[8-10] 中，由此能看到技术热点的发展脉络。

表 1-2　2013—2019 年 CCF 大数据专委会选出的十大趋势

年度	大数据技术十大趋势预测
2013 年	（1）数据资源化。（2）大数据隐私问题。（3）大数据与云计算等深度融合。（4）基于海量数据（知识）的智能。（5）大数据分析的革命性方法。（6）大数据安全。（7）数据科学兴起。（8）数据共享联盟。（9）大数据新职业。（10）更多的数据。
2014 年	（1）大数据从"概念"走向"价值"。（2）大数据架构的多样化模式并存。（3）大数据安全与隐私。（4）大数据分析与可视化。（5）大数据产业成为战略性产业。（6）数据商品化与数据共享联盟化。（7）基于大数据的推荐与预测流行。（8）深度学习与大数据智能成为支撑。（9）数据科学的兴起。（10）大数据生态环境逐步完善。
2015 年	（1）结合智能计算的大数据分析成为热点。（2）数据科学虽然带动多学科融合，但其自身尚未形成体系。（3）与行业数据结合，实现跨领域应用。（4）与"物云移社"融合，产生综合价值。（5）大数据多样化处理模式与软硬件基础设施逐步夯实。（6）大数据安全和隐私。（7）新的计算模式将取得突破：深度学习、众包计算。（8）可视化与可视分析新方法被广泛引入，大幅度提高大数据分析效能。（9）大数据技术课程体系建设和人才培养是需要高度关注的问题。（10）开源系统将成为大数据领域的主流技术和系统选择。
2016 年	（1）可视化推动大数据平民化。（2）多学科融合与数据科学的兴起。（3）大数据安全与隐私令人忧虑。（4）新热点融入大数据多样化处理模式。（5）大数据提升社会治理和民生领域应用。（6）《促进大数据发展行动纲要》驱动产业生态。（7）深度分析推动大数据智能应用。（8）数据权属与数据主权备受关注。（9）互联网、金融、健康保持热度，智慧城市、企业数据化、工业大数据是新增长点。（10）开源、测评、大赛催生良性人才与技术生态。
2017 年	（1）机器学习继续成为智能分析的核心技术。（2）人工智能和脑科学相结合，成为大数据分析领域的热点。（3）大数据的安全和隐私持续令人担忧。（4）多学科融合与数据科学兴起。（5）大数据处理多样化模式并存融合，流计算成为主流模式之一。（6）数据的语义化和知识化是数据价值的基础问题。（7）开源成为大数据技术生态主流。（8）政府大数据发展迅速。（9）推动数据立法、重视个人数据隐私。（10）可视化技术和工具提升大数据分析工具的易用性。
2018 年	（1）机器学习继续成为大数据智能分析的核心技术。（2）人工智能和脑科学相结合，成为大数据分析领域的热点。（3）数据科学带动多学科融合。（4）虽然数据学科兴起，但是学科突破进展缓慢。（5）推动数据立法，重视个人数据隐私。（6）大数据预测和决策支持仍然是应用的主要形式。（7）数据的语义化和知识化是数据价值的基础问题。（8）基于海量知识的智能是主流智能模式。（9）大数据的安全持续令人担忧。（10）基于知识图谱的大数据应用成为热门应用场景。
2019 年	（1）数据科学与人工智能结合越来越紧密。（2）机器学习继续成为大数据智能分析的核心技术。（3）大数据的安全和隐私保护成为研究和应用热点。（4）数据科学带动多学科融合，基础理论研究虽受到重视，但未见突破。（5）基于知识图谱的大数据应用成为热门应用。（6）数据的语义化和知识化是数据价值的基础问题。（7）人工智能、大数据、云计算将高度融合为一体化的系统。（8）基于区块链技术的大数据应用场景渐渐丰富。（9）大数据处理多样化模式并存融合，基于海量知识仍是主流智能模式。（10）关键数据资源涉及国家主权。

CCF 大数据专委会发布 2019 年大数据发展趋势预测报告显示，大数据"从辅助变为引领，从热点变为支点"，大数据和数据已成为所有新旧技术、新旧模式的必备基础。

从 2019 年大数据发展趋势的预测来看，一些新的动向逐步出现，比如人工智能、大数据和云计算高度融合，区块链的大数据应用场景丰富，这些动向说明新的技术趋势不是单一的，而是融合发展的，因此本书在谋篇布局时，充分考虑这一特点，在介绍各个行业大数据后，重点又讨论了大数据与人工智能、区块链和网络空间安全等话题。

四、国家推荐标准中的大数据相关术语

从国家标准全文公开系统推荐性国家标准中检索"大数据"，有 18 条相关标准[11]，包括 2017 年 12 月发布的大数据术语、大数据技术参考模型、大数据服务安全能力要求共 3 项，2019 年 8 月发布的大数据服务安全能力要求、大数据存储与处理系统功能要求、大数据分析系统功能要求共 3 项，2020 年的大数据工业产品核心元数据、大数据存储与处理系统功能测试要求、大数据计算系统通用要求、大数据系统基本要求、大数据接口基本要求、大数据数据分类指南、大数据工业应用参考架构、大数据政务数据开放共享第 1 部分总则、第 2 部分基本要求、第 3 部分开放程度评价、大数据分析系统功能测试要求、大数据系统运维和管理功能要求共 12 项国家推荐标准。

2018 年 3 月 10 日，央视《开讲啦》邀请梅宏院士开课：大数据时代，你准备好了吗？（扫码收看央视视频）该节目讲解了我国大数据发展的推进计划（参见图 1-5）。

图 1-5　梅宏院士在《开讲啦》讲解大数据

以下是国标 GB/T35295-2017 信息技术大数据术语定义的一组相关术语，大数据标准工作的组长是梅宏院士。

（1）大数据：具有体量巨大、来源多样、生成极快、多变等特征，并且难以用传统数据体系结构有效处理的包含大量数据集的数据。

在国际上，大数据的 4 个特征普遍不加修饰地直接用体量、多样性、速度和多变性予以表述，并分别赋予了它们在大数据语境下的定义：

体量（volume）：构成大数据的数据集的规模。

多样性（variety）：数据可能来自多个数据仓库、数据领域或多种数据类型。

速度（velocity）：单位时间的数据流量。

多变性（variability）：大数据的其他特征，即体量、速度和多样性等特征都处于多变状态。

（2）数据生存周期：将原始数据转化为可用于行动的知识的一组过程。

（3）大数据参考体系结构：一种用作工具以便对大数据内在的要求、设计结构和运行进行开放性探讨的高层概念模型。比较普遍认同的大数据参考体系结构一般包括系统协调者、数据提供者、大数据应用提供者、大数据框架提供者和数据消费者等5个逻辑功能构件。

（4）数据科学：根据原始数据，经过整个数据生存周期过程凭借经验合成可用于行动和知识的一种科学。

（5）数据科学范例：通过发现、假设和假设测试过程直接从数据中萃取的可用于行动的知识。

（6）数据科学家：指的是数据科学专业人员，他们具有足够的业务需求管理机制方面的知识、领域知识、分析技能以及用于管理数据生存周期中每个阶段的端到端数据过程的软件和系统工程知识。

（7）数据治理：对数据进行处置、格式化和规范化的过程。数据治理是数据和数据系统管理的基本要素。数据治理涉及数据全生存周期管理，无论数据是处于静态、动态、未完成状态还是交易状态。

（8）元数据：关于数据或数据元素的数据（可能包括其数据描述），以及关于数据拥有权、存取路径、访问权和数据易变性的数据。

（9）数据挖掘：从大量的数据中通过算法搜索出隐藏于其中信息的过程。其实现方法一般包括统计、在线分析数据、情报检索、机器学习、专家系统（依靠过去的经验法则）和模式识别等。

（10）云计算：一种通过网络将可伸缩、弹性的共享物理和虚拟资源池以按需自服务的方式供应和管理的模式。资源包括服务器、操作系统、网络、软件、应用和存储设备等。

（11）物联网（Internet of Things，IOT）：通过感知设备，按照约定协议，连接物、人、系统和信息资源，实现对物理和虚拟世界的信息进行处理并作出反应的智能服务系统。物即物理实体。

（12）数据中心：由计算机场站（机房）、机房基础设施、信息系统硬件（物理和虚拟资源）、信息系统软件、信息资源（数据）和人员以及相应的规章制度组成的组织。

大数据术语标准里的相关术语说明大数据是一个技术生态，包括云计算、物联网、元数据管理、数据治理、数据挖掘以及各行业应用场景以及综合应用场景的智慧城市。

第三节　开放共享的数据服务平台简介

一、世界主要发达国家的大数据平台

美国在 2009 年设立"data.gov"门户网站，将政府和主要州、市等持有的公共数据对外公开。2020 年 7 月，该网站收录了 210,290 个数据集，涵盖政府、农业、教育、气候、消费、能源、金融、健康、生产、军事、海洋、公共安全和科研等数据，参见图 1-6。

图 1-6　美国大数据开放平台

英国在 2010 年开设数据开放门户网站（data.gov.uk），政府规定各部委需公开重要公共数据，数据主题包括：商业和经济、环境、地理信息、犯罪、政府、社会、国防、政府开支、城镇、教育、健康和交通数据。

新加坡的数据开放网站（data.gov.sg）实现了全国范围内的数据整合，截至 2020年 7 月，已经汇集了来自政府部门和机构的 1877 个数据集，主题涵盖经济、教育、环境、财经、健康、基础设施、社会、技术和交通等。这些数据可以被企业和个人访问，帮助他们发现机遇并为其提供服务。

二、我国国家大数据平台

我国国家统计局（data.stats.gov.cn）大数据平台，见图 1-7，包括我国各行业的年度、季度和月度数据，以及部门数据和国际数据。统计局大数据平台有一个人口时钟，显示我国每一秒时间的人口总数的动态变化。

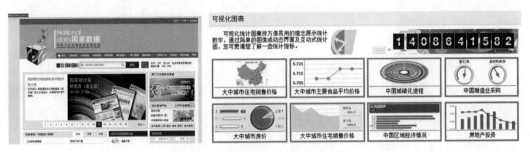

图 1-7　国家统计局大数据平台

2019 年 11 月，全国一体化在线政务平台上线试运行（http：//gjzwfw.www.gov.cn），推动了各地区各部门政务服务平台互联互通、数据共享和业务协同，为全面推进政务服务"一网通办"提供了有力支撑，参见图 1-8。截至 2019 年 12 月，平台个人注册用户数量达 2.39 亿，较 2018 年底增加了 7300 万。

图 1-8　全国一体化在线政务服务平台

三、商业大数据平台

Kaggle 公开数据建模和数据分析平台。企业和研究者可在平台上发布数据，统计学者和数据挖掘专家可在其上进行竞赛以产生最好的模型。Kaggle 的初衷就是试图通过众包的形式使数据科学成为一场运动。根据 Kaggle 官方提供的数据，Kaggle 在全球范围内拥有将近 20 万名数据科学家，其专业领域从计算机科学到统计学、经济学和数学。Kaggle 的竞赛在艾滋病研究、棋牌评级和交通预测等方面取得了成果。Kaggle 服务形式的优势就在于能吸引众多数据分析专家，为企业提供优质的数据分析服务。

数据堂（datatang.com）成立于 2011 年 9 月，目前定位为专业的人工智能数据服务提供商，致力于为全球人工智能企业提供数据获取及数据产品服务。它提供智能安防、智能家居、智能客服、智能驾驶、手机应用和智能翻译的数据方案。数据产品包括图像、语言和文本，提供的服务包括数据采集和数据标注。

贵阳大数据交易所（gbdex.com）在贵州省政府、贵阳市政府支持下，于2014年12月31日成立，是我国乃至全球第一家大数据交易所。截至2018年3月，贵阳大数据交易所发展会员数目突破2000家，已接入225家优质数据源，经过脱敏脱密，可交易的数据总量超150PB，可交易数据产品有4000余个，涵盖三十多个领域，成为综合类、全品类数据交易平台。

四、各省市大数据平台概况

北京市政务数据资源网（bjdata.gov.cn）通过原始数据（WPS、CSV）下载、带有地理坐标信息的空间数据（SHAPE）下载和在线调用 API 三种形式提供数据开放共享服务。开发者、分析研究人员、普通用户通过互联网登录该网站可查询、下载数据以及在线调用 API 开发服务。截至 2019 年 10 月，该网站已经整合了北京市 56 个部门的信息及 1321 个数据集，为社会提供了土地使用、教育、旅游、交通、文化、医疗等 7916 万条的原始数据资源（参见图 1-9）。

图 1-9　北京市政务数据资源网

上海市政府数据服务网（data.sh.gov.cn）由上海市政府办公厅、上海市经济和信息化委员会牵头，相关政府部门共同参与建设的政府数据服务门户，自 2012 年起对外试用。其目标是促进政府数据资源的开发利用，发挥政府数据资源在本市加快建设"四个中心"和具有全球影响力的科技创新中心、产业结构调整和经济结构转型中的重要作用，满足公众和企业对政府数据的"知情权"和"使用权"，向社会提供政府数据资源的浏览、查询、下载等基本服务，同时汇聚发布基于政府数据资源开发的应用程序等增值服务。参见图 1-10。

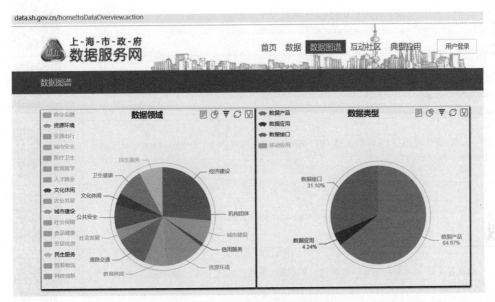

图 1-10 上海市政府数据服务网

云上贵州（gzdata.com.cn）于 2014 年 10 月 15 日开通运行。云上贵州作为贵州省自主搭建的全国首个实现政府数据"统筹存储、统筹共享、统筹标准和统筹安全"的关键信息基础设施，是全省政府数据"集聚、融通、应用"的重要支撑，为政府和企事业单位提供云计算、云储存、数据库、云安全及数据共享开放等服务。

云上贵州致力于构建大数据产融生态体系，搭建投融资平台，孵化培育项目和企业，整合资源，向全省各级政府提供政务信息化、大数据应用系统开发、政务数据资源库建设、数据治理及安全防护服务，满足各级政府部门和各类企业客户的差异化需求，支撑本省"放管服"改革、"一云一网一平台"和"数字贵州"建设，并逐步面向全国其他政务客户输出成熟经验，提供云服务及数字化服务。

小结

人类正从 IT 时代走向 DT 时代。随着大数据、云计算、移动互联网技术不断发展，我们已经从信息社会进入大数据（Big Data）时代。马云曾经说，大数据没有什么专家，全世界都一样，只有满身伤痕的践行者。换句话说，大数据要与行业结合，专家都是转行来的，跟随时代的需求探索学习实践。本章推荐的视频，梅宏院士讲解大数据，一定记得看。此外推荐央视纪录片《互联网时代》，在爱奇艺平台可以收看。

参考文献

[1] 国务院办公厅. 国务院关于印发促进大数据发展行动纲要的通知：国发［2015］50号［A/OL］. http://www.gov.cn/zhengce/content/2015-09/05/content_10137.htm.

[2] 国家网信办. 第45次《中国互联网络发展状况统计报告》［EB/OL］.（2020-4-28）. http://www.cac.gov.cn/2020-04/27/c_1589535470378587.htm.

[3] 自然. PB时代的科学大数据［EB/OL］.（2008-9-3）. https://www.nature.com/collections/wwymlhxvfs.

[4] 科学. 应对大数据［EB/OL］. https://science.sciencemag.org/content/331/6018.

[5] 维克托·迈尔－舍恩伯格，肯尼思·库克耶. 大数据时代［M］. 盛杨燕，周涛，译. 杭州：浙江人民出版社，2013.

[6] 奥巴马政府. Big Data Research and Development Initiative［EB/OL］. https://www.nsf.gov/cise/bigdata/.

[7] 梅宏. 大数据导论［M］. 北京：高等教育出版社，2018.

[8] CCF大数据专家委员会. 中国大数据技术与产业发展报告（2013）［EB/OL］. http://www.bigdataforum.org.cn/.

[9] CCF大数据专家委员会. 中国大数据技术与产业发展报告（2014）［EB/OL］. http://www.bigdataforum.org.cn/.

[10] CCF大数据专家委员会. 中国大数据技术与产业发展报告（2015）［EB/OL］. http://www.bigdataforum.org.cn/.

[11] 国家标准全文公开系统. 信息技术大数据术语［EB/OL］.（2020-4-28）. http://openstd.samr.gov.cn/.

第二章
教育大数据

互联网、大数据和人工智能也许能使两千多年以来的古老中国教育理念变成可能，有教无类、因材施教、教学相长、寓教于乐也许能在新技术背景下实现。本章包括教育大数据和大数据教育。教育大数据是大数据技术在教育管理和教育教学中的应用，本章重点介绍了慕课的教学形式和学习资源。慕课为大学生提供了精品开放的学习资源，使教育机会更加均等，让学生可以随时在线倾听国内和全世界最好的教师授课，是教育大数据的一个重要应用形式。大数据教育是指数据科学与大数据技术专业需要培养什么样的人才，怎么培养人才以及如何设置课程。

第一节　教育大数据概况

一、教育大数据的相关政策

2017 年 1 月，《国家教育事业发展"十三五"规划》提出：鼓励利用大数据技术开展对教育教学活动和学生行为数据的收集、分析和反馈，为推动个性化学习和针对性教学提供支持。支持综合利用互联网、大数据、人工智能和虚拟现实技术探索未来教育教学新模式。推动开展深度数据挖掘和分析，运用互联网、大数据提升教育治理水平，更好地服务公众和政府决策[1]。

2018 年 4 月教育部印发了《教育信息化 2.0 行动计划》，提出：利用大数据技术采集、汇聚互联网上丰富的教学、科研、文化资源，为各级各类学校和全体学习者提供海量、适切的学习资源服务。以"互联互通、信息共享、业务协同"为目标，建立"覆盖全国、统一标准、上下联动、资源共享"的教育政务信息资源大数据，实现一数一源和伴随式数据采集。构建全方位、全过程、全天候的支撑体系，助力教育教学、管理和服务的改革发展[2]。

2019年2月，《中国教育现代化2035》作出了面向教育现代化"大力推进教育信息化，构建基于信息技术的新型教育教学模式、教育服务供给方式以及教育治理模式"的重要部署。要求创新人才培养方式，推行启发式、探究式、参与式、合作式等教学方式以及走班制、选课制等教学组织模式，培养学生创新精神与实践能力[3]。

2019年5月，联合国教科文组织在北京举办首届国际人工智能与教育大会，形成《北京共识》。从政策制定、教育管理、教学与教师、学习与评价、价值观与能力培养、终身学习机会、平等与包容的使用、性别平等、伦理问题、研究与监测10个方面规划人工智能时代的教育[4]。通过人工智能和大数据技术，教育管理手段将从以经验为导向转向以证据为基础，形成人机协同、多元参与的决策模式，提升教育决策的透明性、科学性、预见性。

二、高校教育大数据治理

教育大数据指的是教育数据的汇聚、关联、有效使用，无关大小，是教育发展的新动能。教育大数据包括基础数据和行为数据。基础数据包括学生教师的注册信息，行为数据包括交易数据，如考勤、作业、考试等记录，交互数据即日常教学行为日志等。

当前多数高等院校已充分认识到数据的重要性，相继建设了数据中心，在数据标准、元数据、主数据、数据质量等领域积极探索和实践，为本校的数据管理和应用起到了推动作用。

甲骨文公司（Oracle）对数据治理的定义是"制订决策权和问责的框架，以规范组织在估值、创建、存储、使用、归档及删除数据和信息的行为"。数据治理为组织应对数据挑战和机遇提供了理论工具和实践途径。高校开展教育大数据治理是解决当下教育大数据实践不足必须且必要的措施。

数据治理框架描述了数据治理组件的逻辑结构，为利益相关群体提供了理解和实施数据治理的大致共同视域。陈金华等提出了面向大数据的教育信息化战略架构，包括大数据平台、大数据治理和大数据人才，参见图2-1[5]。

董晓慧等分析了当前高校教育大数据实践不足的原因，同时提出了数据治理的基本需求，见图2-2。具体表现为：数据管理权限混乱、数据质量低下、数据难以共享、数据创新不足、数据安全和隐私监管不完善、数据生命周期管理缺失[6]。

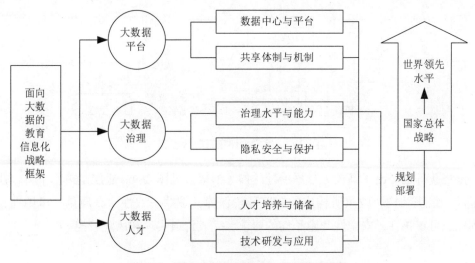

图 2-1 面向大数据的教育大数据战略架构

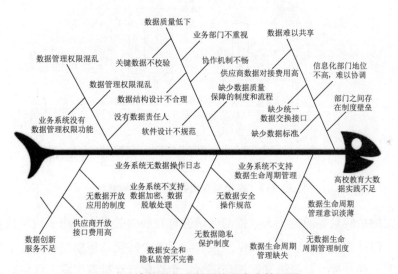

图 2-2 高校教育大数据治理存在的问题

　　实际上，以大学生熟悉的评定奖学金的系统数据流为例，数据来源分散，评定标准综合，可以说明数据治理和业务流程管理的复杂性。学生成绩来自教务系统、加上体测成绩和学生信息汇聚到数据中心，任课教师评分、学生互评及班主任评分数据，汇聚到奖学金评定系统，生成评价结果，这个综合绩点又汇聚到数据中心存档，需要多次数据聚合和交互才能完成，参见图 2-3。

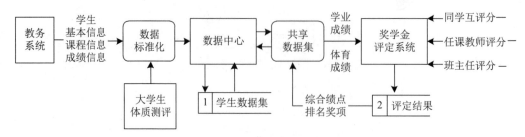

图 2-3　奖学金评定系统数据流

董晓慧等也提出了高校大数据治理的参考框架，见图 2-4。底层是技术平台，往上是标准、组织结构，政策所构成的制度环境保障，按照一致性、高质量、可用性、可访问性、可审核性、安全性和隐私性的要求，完成价值实现和风险管控。

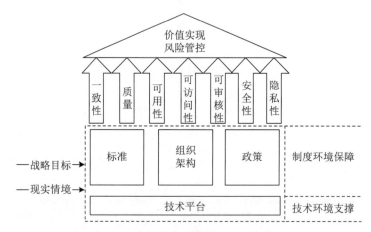

图 2-4　高校教育大数据治理参考框架

北师大的余胜泉等研究了大数据与区域教育发展的关系，剖析了区域教育大数据的技术架构，包括教育过程多模态数据收集、学习者个性化认识模型构建、学科知识图谱构建、数据挖掘分析、资源语义标记与汇聚、个性化智能推荐引擎、区域教育决策分析等，提出构建区域大数据无缝流转的开放生态系统。同时，他们以智能教育大数据公共服务平台"智慧学伴"为例，提出区域教育大数据应用模型，并展望了区域教育大数据未来发展的三个智能服务阶段：个性化定向学习支持的"学习助手"、封闭性问题解答和情感支持的"学习伙伴"、开放性问题解答和智慧成长支持的"学习导师"[7]。

三、大数据教育概况

（一）数据科学与大数据技术本科教育

从 2020 年 2 月公布的《2019 年度普通高等学校本科专业备案和审批结果》（图 2-5

二维码链接）看，"数据科学与大数据技术（080910T）"专业共143所，此外还有管理学专业下的"大数据管理与应用（120108T）"本科专业52个。2016–2020年数据科学与大数据技术专业的增加见图2–5所示，2016年审批3所（北京大学、中南大学、对外经济贸易大学），2017年审批32所，2018年审批250所，2019年审批203所，同时2018年第一次审批5所大学开办"大数据管理与应用"本科专业。

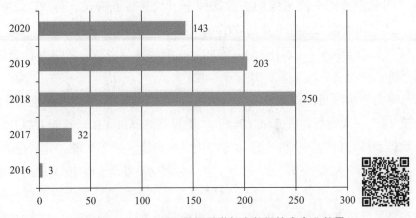

图 2–5　2016–2020 数据科学与大数据技术专业数量

中国传媒大学在2018年3月获得审批，并开始招收"数据科学与大数据技术"专业本科生，2019年在计算机与网络空间安全学院（工学学位）和数据科学与智能媒体学院（数据科学与大数据技术专业传媒大数据方向，授予理学学位）分别招收本科生。然而，中传在学科布局上，从2013年（大数据元年）开始关注大数据，2014年开始招收"计算机科学与技术（大数据技术与应用）"本科生，在2018年正式招收数据科学与大数据技术本科生之前积累了大数据教育的丰富经验，可以说中传的大数据教育走在了全国前列。

（二）大数据教育硕博人才培养概况

1. 清华数据科学研究院大数据能力提升项目

2014年4月26日，清华大学数据科学研究院成立，同时推出多学科交叉培养的大数据硕士项目，其指导方针为：学校统筹、问题引导、社科突破、商科优势、工科整合、业界联盟。提出RONG理念，促进跨院系、跨资源和跨学科间围绕大数据科研课题沟通交流，校内外科研合作。指出大数据的核心价值在于应用，明确了培养 π 型大数据人才，即具备行业的技能、数据的认知和跨界的视野。自2014年起，清华每年从新入学或在读的硕士以上学生中录取，每届120–150人，两三个学期完成培养计划，通过学习可获得大数据能力提升项目证书。

2. 清华大学混合式大数据工程硕士学位项目

2015 年 5 月 7 日，清华大学发布"数据科学与工程"专业硕士学位项目，旨在培养数据存储、运行监管、智能分析挖掘及战略决策等依赖于大数据资源和平台的专门人才，这些人才可胜任数据存储管理师、数据分析师、数据系统架构师乃至数据科学家、首席数据官、商务分析师、战略管理者等岗位。在硕士招生考试上，除了参加研究生入学考试外，用学堂在线的在线课程学习代替专业考试，再加上实践能力面试，2016 级第一届大数据工程专业招收了 66 名新生。采用基于慕课（MOOC）的混合式教学，定制短教学视频、设计课前练习题、在线辅导与助教、教学评价与反馈，实现随时随地随心学习。

2019 年 8 月，该项目的课程模块，包括四选一的基础技能模块［大数据分析（A）、大数据分析（B）、大数据系统基础（A）、大数据系统基础（B）］；能力提升模块（数据伦理、数据思维与行为、大数据科学与应用系列讲座、人工智能、大数据算法基础、大数据分析与处理、数据挖掘中的统计方法、大数据系统导论、模式识别、数据可视化、深度学习、统计学习理论与应用、数据分析与优化建模、大数据管理与创新、大数据治理与政策、政务大数据应用与分析、数据分析方法、量化金融信用与风控分析、大数据与城市规划、媒体数据挖掘、大数据机器学习、数据挖掘：理论与算法、大数据的采集与智能处理）；实践模块（包括实践课和大数据相关讲座，实践课包括大数据实践课和人工智能实践课）。学生获得证书的要求是基础技能模块大于等于 3 学分，能力提升模块大于等于 4 学分。

3. 人大等五校组建协同创新平台联合培养大数据分析硕士

2014 年 5 月 19 日大数据分析硕士培养协同创新平台在中国人民大学启动，人民大学、北京大学、中国科学院大学、中央财经大学、首都经济贸易大学与政府部门和产业界签署合作协议，联合培养大数据分析应用型人才。他们在调查了近 20 所美国顶尖大学的大数据人才培养方案后，确定核心内容为面向大数据的统计分析和挖掘技术，必修课集中授课，共 18 学分，为统计学与计算机的交叉部分，选修课各个学校自己授课，共 18 学分。必修课内容：大数据分析计算机基础（操作系统、程序设计、数据库）、大数据分布式计算（Hadoop、MapReduce、Storm 等）、大数据分析统计基础（描述、多元、时序、空间、可视化）、大数据挖掘与机器学习（抽样、分类、预测、聚类、关联等）、非结构化大数据分析（文本挖掘、社交网络、数据流等）和大数据分析案例。每门课配备 5 人以上的教学团队，学生配备学术导师和企业导师。

4. 中国传媒大学大数据相关专业招收硕士

中传研招办官网发布了 2020 年硕士招生专业目录，在数据科学与技术（0812Z1）专业下招收"数据科学理论与应用"和"大数据技术与应用"方向硕士。此外在互联网信息（0810J4）专业下招收"媒体大数据"方向硕士，在管理科学与工程（120100）专业下招收"大数据与商业创新"方向硕士，在电子信息（085400）专业下招收"智能网络与大数据"和"大数据工程与应用"方向硕士。

（三）大数据背景下教育教学方式的变革与实践

1. 政策的支持

2015 年 5 月国务院办公厅发布《关于深化高等学校创新创业教育改革的实施意见》，对于改革教学方法和考核方式，该文件指出：各高校要广泛开展启发式、讨论式、参与式教学，扩大小班化教学覆盖面，推动教师把国际前沿学术发展、最新研究成果和实践经验融入课堂教学，注重培养学生的批判性和创造性思维，激发创新创业灵感。总体目标是，到 2020 年建立健全课堂教学、自主学习、结合实践、指导帮扶、文化引领融为一体的高校创新创业教育体系，人才培养质量显著提升，学生的创新精神、创业意识和创新创业能力明显增强，投身创业实践的学生显著增加。该文件成为各高校人才培养模式改革的指导性文件，为课堂教学改革提供有力的政策依据[8]。

2. 认知科学理论的支持

按照 David A. Sousa 的脑科学理论，学习 24 小时后的知识保持率为：讲授剩余为 5%，阅读为 10%，视听为 20%，示范为 30%，讨论为 50%，向其他人讲授为 90%。换句话说就是"通过教是学不会的"，而"最好的学就是教"。

3. 从翻转课堂实践到群智课堂（WikiClass）

中传 2014–2019 年的大数据技术导论、数据科学导论大一学科入门课，通识教育核心课大数据导论，采用翻转课堂，每次课教师讲授 1/3 的时间、采用慕课或互联网视频学习 1/3 的时间，学生分组讲授 1/3 的时间，实现了教得轻松学得不累。以大数据案例、行业动态、最新技术成果、互联网杰出人物和科学家为核心，将行业划分为：大数据概述、教育大数据、媒体大数据、电商大数据、区块链与金融大数据、影视大数据、大数据与人工智能、大数据与云计算、三维空间大数据与智慧城市、游戏大数据与虚拟现实、大数据分析与可视化、大数据与网络空间安全十二个模块讲解，采用师生交互、资料互补、课前作业、翻转课堂、讨论互评等形式，课堂气氛活跃、学生热情饱满。我们初步定义这种互动的课程为 WikiClass，即群智课堂。

初期该课程形式的确让教师有压力，教师的压力一方面来自教学督导的批评，另一方面来自学生评教的打分，经过一段时间的实践，课题团队积极寻找国家教育政策、教育部文件和学校教改规章的支持材料，压力逐步减少，课堂改革的信心倍增，从评教结果看，内容视野更开阔，学习效果显著提高，得到学生的认可。

4. 基于慕课（MOOC）的混合教学模式

大数据课程内容的交叉性和前沿性，决定了大数据核心课程的挑战性，从学堂在线和华文慕课的大数据相关课程中不难发现，清华和北大等顶尖高校的大数据教学实践说明大数据课程内容仍处于探索之中，且靠单个教师的能力难以胜任，更需要团队合作和盲人摸象的局部拼接描绘大数据的整体框架。因此利用好慕课教学资源，丰富课程内容深度和提供多样化讲授方式开展大数据混合课堂教学成为解决大数据师资短缺课程难度高的一种有效方案。

中国传媒大学的大数据技术导论课程的教师在学堂在线系统学习了"微软亚洲研究院大数据系列讲座""大数据系统基础""数据科学导论"等课程，其部分教学内容取自以上课程，或者直接在课上与学生观看视频片段，辅以教师对内容的点评，这不仅丰富了教学内容，同时让学生感受顶尖高校的课堂教学和企业技术专家的研发实践，探索基于慕课的混合教学模式。

5. 企业导师授课

培养大数据工程能力离不开企业参与和工程实践，清华学堂在线提供了一组企业大数据课程"微软亚洲研究院大数据系列讲座"。清华大学大数据工程硕士中企业案例课程，采用 BAT 服务系统 / 平台授课、免搭建实验环境，由研发一线专家讲授企业的实际案例。

重庆邮电大学的大数据师资采取更直接的方式，派教师脱产到企业工作学习 6 个月，已选派教师到北京奇虎 360、中冶赛迪重庆分公司、四川电信、重庆钢铁集团等大数据相关企业挂职锻炼。

中国传媒大学大数据本硕培养一直注重与顶尖大数据公司和传媒大数据应用企业紧密结合，2014-2020 年以来，学校带领学生到微软中国创新中心、世纪互联、北京 3D 打印研究院、微云数聚、广电总局研究院、歌华有线大数据中心、艾迪普公司、尼尔森网联、上海星红安、飞诺门阵等大数据和人工智能公司参观学习或实习，让学生亲身感受大数据应用的场景。

四、教育大数据案例

（一）慧科 - 教育大数据

中国高等教育领域独角兽企业慧科集团的陈滢认为，教育大数据的创新与方法包括：2014 年的线上与线下融合，市场力量推动转型、大学习、教育智能、众传知识，2015 年的学习云服务，知识组装，敏捷制课、多样化路径、智慧学习法，2016 年的课堂洞察力、课程设计即服务、机器商、场景化学习，2017 年的无边界教育、主动学习空间、超课件、链接化学习等新的学习路径和模式。从服务视角看教育 - 教与学 - 资源的连接，技术是可以扩展、延伸和加强连接的。O2O（Online To Offline）教学模式创新探索包括，迭代式协作教学模型、超课件和智慧开放学习环境，是以持续迭代为过程，群体协作为方式，线上学习为辅助工具的创新教学模式。时空解耦推动泛在学习，交互重构促进知识涌现，数据耦合增强信息密度，智能分析重塑个性学习。超课件是基于网络化连接，支持开放性更新和动态演化，并具备记忆自身使用情况的智能信息结构。慧科研究院对教育科技融合的趋势分析，参见图 2-6 所示。实际上，有些趋势分析已经实现，如线上线下结合和学习云服务，有些仍在探索之中，如知识组装、多样化路径、智慧学习流和超课件仍在探索和实践[9]。

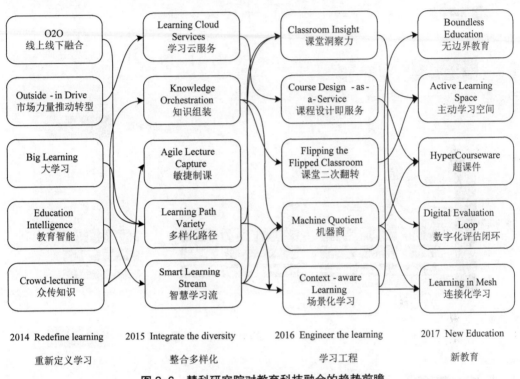

图 2-6　慧科研究院对教育科技融合的趋势前瞻

（二）寻道 - 教育大数据

寻道科技成立于 2015 年，由大数据专家周涛领衔，是大数据校园一体化解决方案的服务商，为高校提供以教育大数据挖掘为基础的平台、应用与增值服务。整合教育数据，建立贯穿幼儿园到大学毕业后数据整合分析平台"校园一生"。通过整合校内外海量数据，进行跨域关联、分析，推演出有效的结论，为学校开展个性化教育引导、教学方式改革、教育资源优化、学生成长与发展预测、教育决策智库建设提供数据支撑，促进教育向定量化、个性化、前置性预警引导转变。产品包括：数据中心、智慧学工、大数据应用[10]。

数据中心打通高校各主题、各系统数据，囊括学校内部数据和互联网数据，通过解决高校数据孤岛、数据结构混乱、数据关联性差等问题，保证高校数据完整性、一致性、准确性、唯一性和规范性。

　　智慧学工以"学生事务"为主线,通过打造学生大学期间全生命周期管理与服务平台,支撑从入校到离校全生命周期各项学生工作业务系统的建设,提升学生工作效率,实现数据伴随式生成。它包括从招生、迎新、在读事务、毕业和校友管理的全流程数据管理,参见图 2-7 所示。

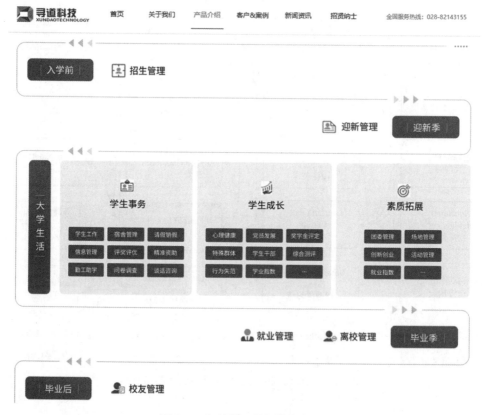

图 2-7　智慧学工数据管理案例

　　大数据应用包括:

　　学生画像。面对学生在校期间的安全、学业、生活、就业等问题,大数据应用可以刻画学生全维度画像,帮助管理者全面认识学生,精准定位异常人群,实现服务于大学生的精细化管理。失联告警可以提供学生行为动态跟踪和失联预警。精准资助可以整合学生在校内消费、图书馆及宿舍门禁出入等多门类数据,解析学生消费水平、经济能力等,精准发现困难学生。智慧心理,即通过学生行为大数据结合传统心理访谈测评数据检测潜在危机个案,掌握学生心理状况。

　　教师画像。大数据应用还可以对教师个体及群体的人事信息、科研成果及教学状况进行精准刻画,为人事管理工作提供定量化决策依据,推动科研管理与决策机制从业务驱动向数据驱动转变,从精细化的单项管理走向趋势化的复合管理。

（三）大数据实验平台

数据嗨客（hackdata.cn）是一个线上大数据实战演练平台，它为高校的大数据教学及企业数据人才培训提供线上实训环境及教学资料。学生通过该线上平台可自主学习及实战演练，理解大数据科学的原理，掌握数据科学的体系，真实体验大数据建模分析的实际操作与演练过程。北大博雅大数据学院采用"数据嗨客"实训，"数据科学导引"等课程率先在北京大学和南方科技大学开设，"大数据师资培训班"为院校、企业、机构培养大数据专业讲师，为学生提供结合真实案例的学习、练习、考试、竞赛、交流服务，弥补大数据教学实训资源的不足。

西普教育大数据实验平台。西普教育联合阿里云共同推出集教学、实验、培训于一体的大数据实训平台，由实验教学、案例实训、技能演练和实战三个部分组成，实验教学系统主要为学生提供多梯度、层次式的系列实验，助力学生掌握知识点和培养基础技能；案例实训系统部分主要为教师和学生提供毕业设计、课程设计以及科研的基础支撑，为教师学生提供良好的大数据演练环境；技能演练和实战部分为学校提供大数据专业人才的选拔提供支撑。

犀牛大数据实验平台，即提供编程语言（Pandas、Hadoop、Spark、Python、Hive、Hbase 等）、大数据技术、数据爬虫、数据分析、机器学习、深度学习、数据可视化的系统性的数据实验平台。

亚马逊大数据实验平台。亚马逊全球项目支持云计算在教学中使用，让学生毕业即成为具有云计算技术能力的工作者。它提供了云端虚拟课堂、虚拟机房、虚拟实验室。它在教学上提供了云计算课程（数据结构、操作系统、网络等课程教学资源）、AWS Academy 全球教学交流社区、各行业免费公用数据集。实验平台提供了课后实验、公共机房、创业孵化和全球联合实验环境。科研平台提供了高性能计算、大数据分析、物联网、人工智能等前沿研究的在线工作环境。

北京邮电大学的大数据实验平台。北邮基于 OpenStack 云技术，建立了共 61 台服务节点的云计算资源，可满足上百名学生同时实验，通过虚拟机提供自由定制的实验环境，通过 Web 页面交互。实验课程包括：安装部署类、程序设计类、大数据并行挖掘算法和高级运维与调优，涉及的具体技术包括：Flume、Kafka、HDFS、HBase、MapReduce、Storm、Spark、Hive、Mahout、Zookeeper、Sqoop、Oozie、数据可视化。

桂林电子科技大学建设了漓江学堂，探索四位一体的课程教学新模式，即在线课程＋虚拟仿真＋综合实验＋课程竞赛，构建一个线上线下互动，将虚拟与现实结合，学校企业协同的课程教学新模式，实现了从知识课堂到能力课堂的转变。

大数据人才培养虽然存在技术前沿、交叉复杂、师资短缺、实训高难等问题，但经过近 6 年的实践，大数据教育的发展路径逐步清晰，即一流高校示范、校内外资源互补、线上线下结合、理论实训融合、多学科交叉实践应用。在大数据人才培养上高校应该找准定位，对学生进行分类培养。综合专家观点，可以将学生大致分三类培养：大数据系统分析师、大数据系统架构师、数据科学家。此外大数据教育一定与行业结合与高校的特色结合，就中国传媒大学来说，大数据教育要与媒体大数据、广电大数据、影视大数据和文化大数据结合，方能做出自己的特色。

第二节 大规模在线网络课程

一、慕课（Mooc）

（一）慕课发展概况

慕课（MOOC，Massive Open Online Course）译为"大规模开放在线课程"，是 2012 年前后涌现的一种在线课程开发模式。

清华大学孙茂松认为，高等教学存在的主要问题：传统教学模式问题严重，优质教学资源严重缺乏。慕课的开设主要是为应对两个挑战，一是能否有助于大众教育，以显著提高普通大学的教学质量；二是能否有助于精英教育，以显著提高一流大学的教学质量。

截至 2019 年 6 月，我国在线教育用户规模达 2.32 亿，较 2018 年底增长 3122 万，占网民总数的 27.2%。2019 年《政府工作报告》明确提出发展"互联网＋教育"，促进优质资源共享。随着在线教育的发展，部分乡村地区视频会议室、直播录像室、多媒体教室等硬件设施不断完善，名校名师课堂下乡、家长课堂等形式逐渐普及，为乡村教育发展提供了新的解决方案。通过互联网手段弥补乡村教育短板，为偏远地区青少年通过教育改变命运提供了可能，为我国各地区教育均衡发展提供了条件。

（二）慕课的特点

1. 慕课

它是以短视频（5-20 分钟）加上交互式练习的即时反馈，提供基于"学习大数据"的个性化服务，依托社交网络的互动交流，在课程组织方式上让在线学生有上课的感觉的这样一种新的开放课程形式。

2. 大规模

不是个人发布的一两门课程，其课程是大规模的。

3. 开放课程

尊崇创用共享（CC，A Creative Commons license）协议，只有当课程是开放的，才可以称之为慕课。

4. 网络课程

课程不是面对面进行的，课程材料在互联网上，上课地点不受局限。

5. 基于大数据的分析与评估

伴随着超大规模的学习访问、全球范围的协作交流和动态创生的信息资源，慕课教学必然产生复杂的大数据，被平台记录在案，为评估学术过程、预测未来表现和发现潜在问题提供服务。慕课还可以研究学习者的学习轨迹，发现学习差异，如用了多少时间，哪些知识点需要重复或强调，哪种陈述方式或学习工具最有效。

（三）中国慕课概况

席卷全球的科技革命和产业变革浪潮奔腾而至，网络改变教育、智能创新教育，网络和智能叠加催生高等教育变轨超车，作为人才摇篮、科技重镇、人文高地的中国大学必须超前识变、积极应变、主动求变。

2019 年 4 月 9-10 日，中国慕课大会在京召开，会上发布的《中国慕课行动宣言》赢得广泛共识。教育部副部长钟登华指出，中国慕课建设自 2013 年起步，经过 6 年的快速发展，形成了"大带小、强带弱、同心同向、共同发展"的良好局面，12,500 余门慕课上线，两亿人次学习，6,500 万人次大学生获得慕课学分，开辟了一条满足全民多样化需求的信息化学习道路，为学习型政党、学习型社会、学习型国家的建设作出了重要贡献。当前，我国慕课的数量和应用规模居世界第一，在发展理念、推广方式、学习模式、管理机制等方面形成了自己的特色，创造了中国经验，为世界慕课的发展贡献了中国智慧。参见图 2-8，扫码收看视频。

图 2-8　中国慕课大会 2019

2018 年，教育部认定推出首批 490 门国家精品慕课。2019 年，教育部认定推出第二批 801 门国家精品慕课。中国慕课为中宣部"学习强国"平台提供 400 余门精品慕课，供 8,900 多万党员干部选学。中国慕课为中央军委军职在线提供 700 多门精品慕课，服务于全军指战员职业发展和终身学习[11]。

六年来，中国慕课在实践中探索，在探索中创新，总结出六点重要经验：质量为王、公平为要、学生中心、教师主体、开放共享、合作共赢。

清华大学经济管理学院教授肖星主讲的"财务分析与决策"这门课，累计学习人数已经超过了 30 万人。"心理学概论""资治通鉴"等课程的学习人数也都超过了 15 万人。

2016 年 4 月，学堂在线推出了教学工具雨课堂，它是一款将 IT 技术融入课堂 PPT 和微信中的工具。教师可以将带有慕课视频、习题、语音的课前预习课件推送到学生手机上，老师和学生可以通过微信互动。课堂上，学生可以使用手机实时答题、发弹幕，给老师点赞，提高教学效果。慕课是在网上观看，雨课堂是在课堂上使用，雨课堂对于调动学生课堂积极性、实现大班教学中的互动、提高学生学习效率等方面十分有效。雨课堂解决了"三率"问题，即到课率、抬头率、入脑率。通过扫码签到、实时答题、答疑弹幕、数据分析，增强了师生互动，提高了课堂教学质量。

慕课存在的问题。辍学率高、版权不清成为慕课发展瓶颈。慕课缺乏课堂氛围，免费的视频资源大多不被珍惜，数据显示获得慕课课程证书的比例在 8% 左右，人文类课程的证书获取者比例超过了 10%，而科技类课程证书获取者比仅为 4%[12]。

二、国外著名慕课平台

（一）Coursera（coursera.org）

2011 年，斯坦福大学计算机系教授达芙妮·科勒（Daphne Koller）和吴恩达（Andrew Ng）将每年容纳 400 人听课的"机器学习"课程放到网站上，意外发现学习人数竟然超过 10 万人，学员来自世界各地。后来，他们共同创办了在线教育公司 Coursera（意为"课程的时代"），旨在同世界顶尖大学合作，在线提供免费的网络公开课程。

Coursera 在课程作业方面，其每门课程都像是一本互动的教科书，具有预先录制的视频、测验和项目。该平台与其他成千上万的学生相联系，将学生想法汇总，让学生进行辩论、讨论课程材料，并帮助学生掌握概念。学习者在获得正式认证的作业后可与朋友、同事和雇主分享学习收获。

截至 2019 年 9 月，Coursera 官网数据显示，有 4000 万学习者注册，190 多所大学合作，3600 多门课程，390 多个专业，15 种认证。网站参见图 2-9 所示，扫码看采访吴恩达的视频。

在此有必要简单介绍一下 Coursera 的创始人吴恩达。他生于 1976 年，华裔美国人，是斯坦福大学计算机科学系和电子工程系副教授，前人工智能实验室主任。吴恩达是人工智能和机器学习领域国际上最权威的学者之一。2010 年，加入谷歌开发团队 XLab，他所开发的人工神经网络通过观看一周 YouTube 视频，可自主学会识别哪些是关于猫的视频，这个案例为人工智能领域翻开崭新一页。2014 年 5 月他加入百度，担任首席科学家，负责 Baidu Brain 计划。2017 年 4 月，他创立 Landing.ai，在 2019 年世界人工智能大会期间，吴恩达谈到了对 5G、深度学习、个人数据隐私等方面的看法，表示深度学习还有很大的潜力，是一项被证明有效的技术，需要继续加大投入。此外他在网易公开课开设了"深度学习"和"卷积神经网络"免费课程，内容与他维护的另一个课程网站 DeepLearning.ai 同步。

图 2-9　Coursera 中文版内容

（二）Udacity（udacity.com）

Udacity（优达学城）是由前 Google XLab 创始人、斯坦福大学人工智能教授、全球无人车发明者 Sebastian Thrun 在 2011 年创立的在线前沿科技教育平台。目前，Udacity 在中国、印度、欧洲、巴西、迪拜 5 个国家设立分部。它拥有来自 168 个国家的 1000 万注册学员，在中国已与滴滴、京东、腾讯、百度等企业在课程内容、企业培训、学员招聘等方面展开战略合作。Udacity 趋于提供更多付费课程，让学生很难找到免费的相应课程。

Udacity 的教育内容包括：人工智能、数据科学、自动驾驶、自然语言处理、计算机视觉、AI 量化投资、区块链、云计算等前沿科技与热门信息与开发技术。中文版网站参见图 2-10。

图 2-10　Udacity 中文版课程

Udacity 的"纳米学位"认证项目和 Google、Facebook、IBM、亚马逊、Nvidia 等企业合作开发，通过系统的课程设计、项目实战和个性化辅导，将学员培养为优秀的工程师、开发者和数字经济时代为企业所需的优质人才。2014 年 1 月，Udacity（优达学城）与美国佐治亚理工学院合作、推出计算机科学在线硕士学位。

Udacity 的课程设计几乎和游戏一样。他们认为，学生应该面对问题、小测验而不是讲课的轰炸，完全避免了讲课，教授简单介绍主题后便由学生主动解决问题，寓教于练比寓教于听更重要，这种模式类似"翻转教室"（Flipped Classroom），Udacity 认为这是教育的未来，认为"书本教学"是灌输真正知识的一种过时又无效的方式。

（三）EDX（edx.org）

EDX 是麻省理工和哈佛大学于 2012 年 4 月联手创建的大规模开放在线课堂平台，两所大学在这个非营利性计划中各资助三千万美元，免费给大众提供大学教育水平的在线课堂。目前它的官网显示有 2500 多门课程，32 种语言支持，4000 万学习者，被世界排名前十的大学中 9 所使用，遍布 20 多个国家和地区，99.96% 被 EDX 的开源代码和文档支持。EDX 官网参见图 2-11。

图 2-11　EDX 在线课程及规模

（四）可汗学院（khanacademy.org）

2004 年，萨尔曼·可汗用雅虎电子笔记本远程教他在新奥尔良市的表妹学数学，当其他的朋友也需要他的帮助时，他就开始把视频放在 YouTube 上面，后来浏览量大增。在 2009 年，可汗把制作教育视频变成他的工作，创立非营利的可汗学院，努力为全世界所有人提供免费的一流教育，他的可汗学院靠捐赠和志愿者维持发展。可汗学院的课程完全免费，内容包括：数学、科学、计算机、历史、艺术史、经济和其他，并提供实践练习、指导视频、个别指导，使学习者完成在教室外的空间学习。可汗学院的网站参见图 2-12 所示。

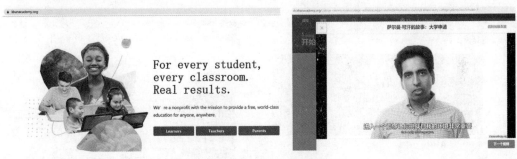

图 2-12 可汗学院在线课程界面

三、国内著名的慕课平台

（一）学堂在线（xuetangx.com）

学堂在线是清华大学于 2013 年 10 月建立的中国首个慕课平台，是教育部在线教育研究中心的研究交流和成果应用平台，由开源的 EDX 项目支持。截至 2019 年 9 月，学堂在线运行了来自清华大学、北京大学、复旦大学、中国科技大学，以及麻省理工学院、斯坦福大学、加州大学伯克利分校等国内外一流大学的超过 1900 门优质课程，覆盖 13 大学科门类。国际知名的第三方在线教育机构 Class Central 的报告显示，学堂在线的课程数量和累计用户数位列全球前三，中国第一。2014 年 3 月 28 日慕华公司成立，负责学堂在线平台的运营，获得 EDX 平台课程在中国大陆的唯一官方授权，2018 年 3 月主站用户突破 1000 万。

学堂在线的业务范畴包括：

（1）高等教育培养解决方案。包括：智慧教学生态解决方案；高校教师培训项目；高校微学位。2018 年 4 月，学堂在线在清华大学发布智慧教学生态解决方案，致力于构建一个连接校内校外、融合线上线下、贯穿课内课外的新型教学生态。方案包括课堂智慧教学平台"雨课堂"、校内网络教学平台"学堂云"、在线课程运行平台"学堂在线"以及课程国际化推广平台，为高校提供从辅助课堂教学，到 SPOC（Small Private Online Course）教学，到国家精品在线开放课程运行，再到课程和学位国际化的全方位、全流程服务。

（2）就业及终身学习解决方案。包括：训练营；名校认证；企业认证；在线学历学位项目；中国创业学院；军事职业教育互联网服务平台。

（3）人才培养衔接解决方案。中国大学先修课，服务于中学人才培养和大学人才选拔。

截至 2019 年 9 月，学堂在线官网共有课程 1900 门以上，其中计算机类课程有 218 门，搜索关键词"大数据"的课程有 389 门，足见"大数据"在当今的人才需求热度，参见图 2-13 所示。

图 2-13　学堂在线课程内容

（二）华文慕课（chinesemooc.org）

华文慕课是一个以中文为主的慕课（MOOC）服务平台，旨在为全球华人服务。平台由北京大学与阿里巴巴集团联合打造，2015 年 2 月正式运行，合作高校包括北京大学、台湾大学和北京师范大学等。截至 2019 年 9 月，开设课程共 204 门课程。华文慕课由北京大学发起，主管为李晓明教授，网站参见图 2-14，其中右图是李晓明老师主讲的"网络与人群"课程。

图 2-14　华文慕课课程资源

（三）网易在线教育（open.163.com，study.163.com）

2010 年 11 月 1 日，网易上线国内名校的公开课课程，首批上线的公开课视频来自哈佛大学、牛津大学、耶鲁大学等世界知名学府，内容涵盖人文、社会、艺术、金融等领域，部分配有中文字幕，网易公开课是面向高等教育的，目前约有 15,000 多门课程。网易作为可汗学院在中国官方授权合作的门户网站，也推出了面向 14-18 岁年龄用户的基础课程。

网易云课堂，是在线实用技能学习平台，于 2012 年 12 月上线。其宗旨是为每一位想学到实用知识、技能的学习者，提供一站式学习服务。课程数量已达 10,000 多门，课时总数超过 100,000，涵盖实用软件、IT 与互联网、外语学习、生活家居、兴趣爱好、职场技能、金融管理、考试认证、中小学、亲子教育等十余大门类。

网易公开课和网易云课堂，参见图 2-15 所示，其中左图是科技传媒专家凯文·凯利，右图是吴恩达的免费课程"卷积神经网络"。网易在线教育，与 TED 合作，还特别开设了 TED 频道。

图 2-15 网易公开课和网易云课堂

四、SPOC 课堂

SPOC（小规模限制性在线课程），由加州大学伯克利分校的阿曼德福克斯教授最早提出和使用。小规模（Small）和限制性（Private）是相对于慕课（MOOC）中的大规模（Massive）和公开性（Open）而言的，Small 是指学生规模一般在几十人到几百人，Private 是指对学生设置限制性准入条件，只有达到要求的申请者才能被纳入 SPOC 课程。

当前的 SPOC 教学案例，主要是针对围墙内的大学生和在校学生两类学习者进行设置，前者是一种结合了课堂教学与在线教学的混合学习模式，是在大学校园课堂，采用慕课的讲座视频，或同时采用慕课在线评价等功能，实施翻转课堂教学。其基本流程是，教师把这些视频材料当家庭作业布置给学生，然后在实体课堂教学中回答学生的问题，了解学生吸收了哪些知识，哪些还没有被吸收，在课上与学生一起处理作业或其他任务。总体上，教师可以根据自己的偏好和学生的需求，自由设置和调控课程的进度、节奏和评分系统。教学团队是根据设定的申请条件，从全球的申请者中选取一定规模（通常是 500 人）的学习者纳入 SPOC 课程，入选者必须保证学习时间和学习强度，参与在线讨论，完成规定的作业和考试等，通过者将获得课程证书。未申请成功的学习者可以旁听生的身份注册在线课程，例如观看课程讲座视频，自定节奏学习课程材料，做作业，参加在线讨论等，但是他们不能接受教学团队的指导与互动，且在课程结束时不被授予任何证书。

SPOC 至少在以下四个方面具有慕课无法比拟的优势：1. SPOC 完美适应了精英大学的排他性和追求高成就的价值观。2. SPOC 模式的成本较低，且能用来创收，提供了慕课的一种可持续发展模式。3. SPOC 重新定义了教师的作用，创新了教学模式。4. SPOC 更加强调学生完整、深入的学习体验，有利于提高课程的完成率。

第三节　新兴技术在教育中的应用

一、面向基础教育的知识图谱

基于大数据的类人智能关键技术与系统。2015 年度国家高技术研究发展计划（"863 计划"）项目申报指南中提出，研究"基于大数据的类人智能关键技术与系统"，具体内容为：研究海量知识获取与深度学习、内容理解与推理、问题分析与求解、交互式问答等类脑计算的关键技术，构建面向基础教育的海量知识资源和知识图谱，研制具有海量知识获取与抽取、语言深层理解与推理、问题求解与回答等能力的类人答题原型验证系统，开展以基础教育智能问答知识服务为核心的示范应用，系统综合测试指标达到中学生群体测试指标的前 20% 以内水平。

该项目下设 6 个研究方向：海量知识库建设与构建关键技术及系统、类人智能知识理解与推理关键技术、知识关联与推理类问题求解关键技术及系统、语言问题求解和答案生成关键技术及系统、初等数学问题求解关键技术及系统、面向基础教育的知识能力智能测评与类人答题验证系统。

中小学教育知识图谱。知识图谱是当前计算机中知识表示的一种重要方式，利用知识图谱可以改善搜索结果、进行基于语义的数据集成，以及提升智能问答的准确性。在基础教育领域，如何构建高质量的知识图谱是一个重要挑战。清华大学承担了该"863 计划"课题之一的"面向基础教育的海量知识库建设与构建关键技术及系统"，提出一种准确高效的领域知识图谱构建方法——"四步法"，并开发了相应的软件平台

（资源管理系统、语义标注系统、知识管理系统、知识展示系统），用此方法构建的中国基础教育知识图谱（edukg.cn）涵盖了基础教育九门学科的知识，包含概念类 1012 个，实例 160 多万个，三元组 2200 多万条，还包括数字化后的教材教辅 1300 本，课外读物 10,011 本。基于该知识图谱研发的基础教育知识记忆类问题自动问答系统的准确率达到 70% 以上；以及利用该知识图谱开展基于知识点的教学资源集成构建的知识图谱系统见图 2-16 所示。

图 2-16　基础教育知识图谱

二、考试机器人

我国的高考机器人。2017 年两场高考机器人与高考考生"争霸赛"落幕，一是学霸君推出的智能机器人 Aidam，与六名高考状元同台考试 2017 年的高考数学，Aidam 用时 9 分 47 秒，成绩为 134 分，6 名状元的平均分为 135 分；二是成都高新造人工智能系统推出的"准星数学高考机器人"AI-MATHS 向全国二卷数学卷发起挑战，10 分钟后答题结束，得分 100 分。学霸君智能机器人通过收集的大数据，可以在系统中不断地自我深度学习，分析学生的答题思路、做题心理、结果与问题点等，通过智能系统为使用者提供个性化的学习解决方案，用更少量的题目得到更高效的学习结果。

日本的高考机器人。2011 年，日本国立信息学研究所（NII）开始了"人造大脑项目：机器人能考上东京大学吗？"项目开发的应试机器人东机君"Torobo-kun"不访问互联网上的信息，由计算机直接挑战模拟考试以及各个高校的入学试题，当时的目标是 2021 年之前考上东京大学。2016 年，Torobo-kun 第一次在模拟考试中获得了成功，显示它有 80% 的概率通过关东"难关私大"（非常难考的私立大学，包括明治大学、青山大学学院、立教大学、中央大学和法政大学，缩写为 MARCH）和"关关同立"四所著名私立大学（关西大学、关西学院大学、同志社大学和立命馆大学）的入学考试。然而，NII 的研究者在 2016 年秋季放弃了让 Torobo-kun 考入东京大学的远大目标，因为"人工智能系统无法理解必要的信息，阅读和理解句子含义的能力存在局限。现在还没有办法使这一系统获得足够的分数，使它通过东京大学的入学考试"。Torobo-

Kun 的机械部件是由电装（DENSO）公司制造的，它有一个机械臂，见图 2-17 所示。

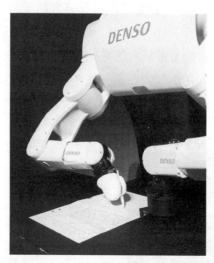

图 2-17　Torobo-kun 在东京参加模拟大学入学考试并用机械臂填写答案

科大讯飞的教育大数据应用。据科大讯飞轮值主席刘文峰在 2019 中国人工智能大会上介绍，2018 年，科大讯飞的机器翻译参加英语六级考试，其翻译部分的成绩超过 99% 的考生水平。科大讯飞和北京师范大学承担的国家发改委的教育大数据专项，统计过去两年 35 亿次的作业，发现 60% 是无效重复作业。在 AI 技术支持下，通过 OCR 自动汇聚学生数据，通过认知智能判断，不仅是客观题，包括主观题，甚至作文都能够评分。然后用知识图谱推荐学习者应该学习的内容，可提升学习效率 286%。

从以往的技术发展进程来看，人工智能从走进高考考场，攻克语义理解等难题，获得较为优异的各科成绩，到考上名校，或许只是时间问题。而对于高考机器人可能带给我们的影响与意义，目前可能还无法预料，但在探究过程中带来的技术突破与科技进步将使人类受益匪浅，我们期待它的未来。

三、人工智能在幼教中的应用

北京爱宾果科技是国内首家将人工智能机器人应用于幼教服务的公司。北京爱宾果科技将人工智能、认知科学、机器视觉、语义理解和智能控制技术融合应用，开发了用于幼教服务的机器人，包括：园所版和家庭版机器人，以及配套的教育内容、增值服务和教育评测数据，旨在建立以机器人硬件为载体的全景智能化幼教服务平台，同时贯通于"家+园"全景互动的幼教服务体系[13]。

在大数据和人工智能技术的落地上，他们提供了超越传统幼儿园信息化的智慧管理、智慧教学和智慧安防和 AI 实验室，选择了若干典型应用场景，包括幼儿园晨检、安防、辅助阅读和儿童陪伴。园所版机器人具有两个核心功能：一个是上课教学；另外一个则是考勤管理。在授课方面，该机器人能够标准化、智能化和采取交互游戏化的策略进行授课。同时，通过人脸识别、表情识别等技术，在上课的同时能够观察孩子们的上课状态并进行评测与分析。在考勤方面，则能够帮助幼儿园迎接小孩，发挥考勤的作用，并且，机器人能够将考勤视频发送给家长，让家长了解接送孩子的人是谁，机器人参见图 2-18 所示。家庭版机器人能让孩子在家得到幼儿园学习内容和知识体系的延伸和拓展，并使家长与孩子、幼儿园之间达成信息层面共享，如发送幼儿园的通知、评价，与同班同学、家长、老师等进行沟通。

图 2-18　宾果幼儿园机器人

小结

　　本章论述了当前的教育大数据和大数据教育。教育大数据重点论述了国内外慕课发展概况，目的是为大学生提供更多免费可得的优质学习资源，助力课业学习和知识拓展，为终身学习提供在线学习资源。大数据教育重点论述了数据科学与大数据技术专业的开设概况以及在大数据和人工智能技术辅助下教育教学模式的变革。

参考文献

［1］教育部.国务院关于印发国家教育事业发展"十三五"规划的通知［EB/OL］.（2017–01–10）. http://www.moe.gov.cn/jyb_xxgk/moe_1777/moe_1778/201701/t20170119_295319.html.

［2］教育部.教育部关于印发《教育信息化 2.0 行动计划》的通知［EB/OL］.（2018–04–13）. http://www.moe.gov.cn/srcsite/A16/s3342/201804/t20180425_334188.html.

续表

［3］教育部.中共中央、国务院印发《中国教育现代化 2035》［EB/OL］.（2019-02-23）.http：//www.moe.gov.cn/jyb_xwfb/s6052/moe_838/201902/t20190223_370857.html.	
［4］黄荣怀.人工智能促进教育发展的核心价值［J］.中小学数字化教学，2019（8）：1.	
［5］陈金华，陶春梅，张旭，廖静雅.面向大数据的教育信息化持续推进模型建构［J］.中国电化教育，2019（6）：52-57.	
［6］董晓辉，郑小斌，彭义平.高校教育大数据治理的框架设计与实施［J］.中国电化教育，2019（8）：63-71.	
［7］余胜泉，李晓庆.区域性教育大数据总体架构与应用模型［J］.中国电化教育，2019（1）：18-27.	
［8］国务院办公厅.国务院办公厅关于深化高等学校创新创业教育改革的实施意见［EB/OL］.（2015-05-13）.http：//www.gov.cn/zhengce/content/2015-05/13/content_9740.htm.	
［9］https：//www.huikedu.com.	
［10］http：//www.xdbigdata.com.	
［11］吴岩.中国慕课行动宣言［EB/OL］.http：//edu.people.com.cn/n1/2019/0409/c1053-31020138.html.	
［12］柴玥，杨连生.慕课教育机会公平的大数据实证分析［J］.现代大学教育，2019（3）：104-111.	
［13］http：//www.hi-bingo.com.	

3 CHAPTER

第三章
媒体大数据

本章概述了融媒体、全媒体、5G通信、4K和8K超高清视频、新闻聚合媒体、新闻推荐系统、机器新闻和虚拟主播等智能媒体大数据发展现状。

第一节　传统媒体的变革

一、融媒体

2019年1月25日上午在人民日报社，中共中央政治局就全媒体时代和媒体融合发展举行第十二次集体学习。习近平总书记发表重要讲话，他强调：推动媒体融合发展、建设全媒体成为我们面临的一项紧迫课题[1]，见图3-1（扫码看视频）。

图 3-1　《新闻联播》报道媒体融合发展

互联网发展现状是融媒体全媒体发展的依据。2020年3月，我国网民规模达9.04亿，手机上网比例达99.3%，互联网普及率达64.5%；网民使用电视上网的比例达 32.0%；使用台式电脑上网、笔记本电脑上网、平板电脑上网的比例分别是 42.7%，35.1% 和 29.0%。我国非网民数量为 4.96 亿，其中城镇地区非网民占比 40.2%，农村地区非网民占比为 59.8%，非网民仍以农村地区人群为主。

融媒体是指通过媒介载体的多元融合，充分实现广播、电视、互联网等不同媒体在人力资源、宣传手段、内容格局等方面优势互补的新型媒体。

（一）习近平总书记提出的关于媒体融合发展的十大"金句"

习近平总书记这次讲话是对我国媒体融合和全媒体发展做出的重要部署，是对融媒体最全面、最完整、最清晰的论述。现将人民网对习近平总书记的融媒体讲话摘取总结如下[2]。

（1）推动媒体融合发展、建设全媒体成为我们面临的一项紧迫课题。要运用信息革命成果，推动媒体融合向纵深发展，做大做强主流舆论，巩固全党全国人民团结奋斗的共同思想基础，为实现"两个一百年"奋斗目标、实现中华民族伟大复兴的中国梦提供强大精神力量和舆论支持。

（2）全媒体不断发展，出现了全程媒体、全息媒体、全员媒体、全效媒体，信息无处不在、无所不及、无人不用，导致舆论生态、媒体格局、传播方式发生深刻变化，新闻舆论工作面临新的挑战。

（3）推动媒体融合发展，要坚持一体化发展方向，通过流程优化、平台再造，实现各种媒介资源、生产要素有效整合，实现信息内容、技术应用、平台终端、管理手段共融互通，催化融合质变，放大一体效能，打造一批具有强大影响力、竞争力的新型主流媒体。

（4）要坚持移动优先策略，让主流媒体借助移动传播，牢牢占据舆论引导、思想引领、文化传承、服务人民的传播制高点。

（5）要探索将人工智能运用在新闻采集、生产、分发、接收、反馈中，全面提高舆论引导能力。

（6）要统筹处理好传统媒体和新兴媒体、中央媒体和地方媒体、主流媒体和商业平台、大众化媒体和专业性媒体的关系，形成资源集约、结构合理、差异发展、协同高效的全媒体传播体系。

（7）要依法加强新兴媒体管理，使我们的网络空间更加清朗。

（8）要抓紧做好顶层设计，打造新型传播平台，建成新型主流媒体，扩大主流价值影响力版图，让党的声音传得更开、传得更广、传得更深入。

（9）主流媒体要及时提供更多真实客观、观点鲜明的信息内容，掌握舆论场主动权和主导权。

（10）党报党刊要加强传播手段建设和创新，发展网站、微博、微信、电子阅报栏、手机报、网络电视等各类新媒体，积极发展各种互动式、服务式、体验式新闻信息服务，实现新闻传播的全方位覆盖、全天候延伸、多领域拓展，推动党的声音直接进入各类用户终端，努力占领新的舆论场。

（二）专家解读习近平总书记的融媒体讲话

在 2019 年第三届中国广电"融媒体中心"改革实战峰会上，中国教育电视台总编辑胡正荣发表了《进入互联网下半场，打造全媒体生态系统》的主题演讲，同时系统解读了习近平总书记融媒体讲话内涵[3]。

（1）融媒体与全媒体的关系。从全球范围看，媒体融合的提出是在 20 世纪 90 年代中期，经过 20 多年的发展，我们已经可以看到，媒体融合就是一个发展过程，不是终结，是所有媒体全媒体化的过程；媒体融合是一种手段，不是目的，是通过各种媒体相互融合，最终实现全媒体化的手段，全媒体才是目的。因此，媒体融合一定是个过渡性的概念，全媒体才是终极目标和最终形态。

（2）媒介融合迫在眉睫，其三个驱动力包括：技术、市场和用户。习近平总书记提的要求非常明确，党报、党刊、党台、党网都要运用新技术、新机制、新模式转型全媒体，用原来的广电模式是不可能做成全媒体的。2019 年 4 月，天津海河传媒中心停了十家报刊，关了六个电视频道，调整了两个网络频率的定位，停、更改、合并了五个新闻网站和三个新闻客户端，举动不可谓不大。

融媒体的技术驱动。要运用信息革命的成果来做媒体融合，它分为"三化"，数字化、网络化、智能化。广电人天生就是从事视听行业的，未来的视听一定会体现"强互动"。所谓的强互动，第一是大型直播，各种各类从大到中到小的直播将会明显放量，这是广电的优势；第二是中长视频将会明显放量，现在我们看到的抖音快手短视频，15秒、30 秒实际上很不解渴，5—10 分钟的中长视频将会明显的放量。因为 5G 提供了高速率、强宽带、低延时，解决了流量问题。增强现实 AR、虚拟现实 VR 和混合现实MR 跟 4K 的结合将会带来沉浸式的强体验视听消费，这个消费将会呈爆炸性的增长。

（3）媒体融合，要技术建设、内容建设并重。主流媒体的四力：公信力、传播力、影响力、舆论引导能力。要遵循两个规律才能把媒体融合做好，一个是新闻传播规律，一个是新兴媒体发展规律。广电人、传统媒体人还始终固守在一个比较偏狭的观念上，就是内容为王，内容为王没错，千真万确，湖南的成功就是靠着湖南的内容，但是别忘了湖南的成功如果光是在湖南卫视上放、湖南经视上放，湖南不会是今天这般。它早早就知道湖南的内容一定要放在互联网上去，放在芒果 TV 上去，现在芒果 TV 已经成为互联网视频平台的第四家，尤其是唯一一家盈利的互联网视频平台。

（4）县级媒体融合建设。在 2018 年 8 月 21 号的全国宣传思想工作会议上，习近平总书记明确提出，我们一定要抓扎实抓好县级媒体融合建设，更好地引导群众、服务群众。广电行业已经到了拐点，传统媒体最辉煌的电视媒体都到了拐点，这个行业已经到一个必须要做深化改革、加速改革的紧迫时期。实际上，习近平总书记没有把县级融媒体中心仅仅当作一个融媒体中心看。习近平总书记是把县级融媒体中心的建设当作一个"郡县安天下稳"的治理平台看的。要调整媒体的布局，报纸广电弱化，新媒体强化，推进媒体融合发展，要坚持管和建同步。

（5）习近平总书记这次讲话里面明确了媒体融合的五招。第一，坚持一体化发展流程优化平台，从而实现信息内容、技术应用、平台终端、互融互通四个要素的互动互通；第二，移动优先。移动优先要做到移动化、社交化、视频化、个性化，这四个化都做到了，移动优先的任务就基本完成了；第三，发展人工智能技术；第四，搭建一个资源节约、结构合理、差异化发展、协同高效的全媒体传播体系；第五，依法监管新媒体。未来的新媒体将会跟广播电台电视台实行统一标准，未来我们的监管模式是一样的。

（三）案例

1.融媒体时代美国地方电视台的经营模式

美国皮尤研究中心提供的数据显示，美国大约有630余家地方电视台，其中378家分别隶属于两大地方广播电视集团：辛克莱尔广播公司（SBGI）和Nexstar广播电视集团（NMGI）。美国地方电视台近年来也面临着开机率下降、观众分流、广告收入下跌等问题，不过其总体收入不降反升，并且通过集中力量打造地方新闻，依托社群互动掌握地方受众资源，本地电视新闻的平均收视率仍然高于有线电视和网络新闻节目[4]。

2018年，Nexstar广播电视集团为互联网社区新闻发布平台提供自制新闻节目，吸引了2.73亿名独立访问者，网页浏览量超过52亿次。辛克莱尔广播公司收购了移动新闻应用"NewsON"，建立起了包括突发新闻、天气、体育、商业等内容的地方信息服务平台。同时，辛克莱尔广播公司旗下的多家电视台和网球频道也与YouTube TV，Sony Vue，Hulu，CBS，All Access和DirecTV Now达成协议，为网络平台提供内容供应服务。

跨媒体的横向多元化布局既可实现品牌、渠道的共享，也可提高效率、降低成本。但进军互联网和移动端，并不意味着将传统电视媒体的内容平移到新的平台上，而是意味着具有更多的互联网去中心化、碎片化和互动性的传播特征。例如，辛克莱尔广播公司旗下的各地方电视台在互联网上发布的视频新闻基本上不超过3分钟。在社交媒体上，地方电视台账号发送的单条文字内容鲜有超过50个字符的，且均配图片推送。

2.北京市16个区级融媒体中心全部建成

2018年8月8日，北京市16个区级融媒体中心均已建成，建设速度全国领先。16个区级融媒体中心的建设着眼于推动传统媒体与新媒体从相"加"到相"融"，力争实现优势互补，产生聚合共振效应。采用的主要措施是：整合电视、广播、报社、网站、移动客户端、微博、微信、第三方账号等平台资源，并按照"中央厨房"模式运行，实现一次采集、多种生成、多元传播。

北京市 16 区在建设区级融媒体中心的实施中，广泛借助"外脑"，与人民网、新华网、央广网、人民日报媒体技术公司、《北京日报》等中央和北京市属媒体、技术公司以智库、技术和渠道方式合作。

3. 江苏邳州的银杏融媒

2019 年 1 月 15 日，中宣部和广电总局组织编制了我国广播电视推荐性行业标准《县级融媒体中心省级技术平台规范要求》与《县级融媒体中心建设规范》。至此，中央对地方完成了媒体转型的战略性部署，推进媒体融合的工作重点转移到了基层媒体。县级融媒体中心要建立"融媒+政务""融媒+服务""融媒+商务"体系，保证地方性的政治效益、社会效益和经济效益的平衡。

邳州广电打造具有本土特色的"银杏融媒"，实现覆盖广播电台用户 300 万级、电视信号覆盖突破 200 万级、移动端用户覆盖超过 100 万级[5]。2018 年 10 月，邳州县级融媒体在全省县级率先挂牌融媒体中心。邳州广电全面改革"采、编、发"流程生产体系，完成全台网高清数字化升级以及融媒体技术平台的技术建设，成立融媒体专业记者团队，组建融媒体指挥调度中心，形成"一次采集、多种生成、多元传播、全方位覆盖"的工作格局。在服务本地百姓上，提供线上线下的影视、演艺、直播、策划、创意、推广、执行等专业服务，2018 年组织开展各类活动 200 多场，增强造血功能，为银杏融媒发展提供坚强的经济保障。通过融媒体建设，邳州广电树立了可复制、可借鉴、可学习的"邳州模式"。2019 年 5 月，邳州市融媒体中心与中国广播影视出版社共同出版了专著《银杏融媒——县级融媒体中心建设的邳州实践》，全方位展示了邳州融媒的理论思考与实践探索，为县级融媒体建设提供参考。

二、全媒体

（一）传统媒体衰退现状

胡正荣在报告中指出[3]，我们现在深深地感觉到了，广电的严冬来了，报纸负增长 32%，杂志负增长 18%，同时，互联网是正增长的，影院视频、电梯海报、电梯电视都是正增长的——这三种不是新媒体，为什么会呈正增长？因为它符合互联网下半场的特点，因为这三种媒体叫场景媒体。场景媒体，抓住了在特定场景下，垂直的用户需求和智能化的消费匹配。互联网的下半场有三个非常关键的词，垂直、场景、智能。再看整个 2018 年全国媒体的广告表现，所有传统媒体加一块下降了 1.5%。2018 年全中国的电视业进入负增长的转折点。有线电视用户的数量下滑，这些的用户都去了 IPTV（基于网络的电视）跟 OTT（Over The Top TV）。55 岁以上的人看电视还是在家里，用有线网的机顶盒；25—45 岁的人接触最多的渠道是智能电视、OTT、IPTV。现象是，年龄越大的人看的屏越大，年龄越小的人看的屏越小，而现在的互联网原住民只对手机有概念。

2011—2017 年，媒体行业的发展迅猛，年复合增长率为 14.2%，产业体量已经达到 1.9 万亿。其中，广播电视等传统媒体在媒体总产业体量的新媒体业务分析占比从 2011 年起逐年下降，目前已低至 13%。新媒体（互联网及移动互联网）在媒体总产业体量的占比从 39% 提升至 66%。

整个传统媒体只有走融合发展的道路才能生存，且目标非常明确，即谁不走融合之路谁就很难持续发展，这是必然的。因此，从广电行业以及传统媒体发展的角度出发，广电必须走融合发展之路。

（二）全媒体概述

根据百度百科，"全媒体"不仅包括报纸、杂志、广播、电视、音像、电影、出版、网络、电信、卫星通信在内的各类传播工具，涵盖视、听、形象、触觉等人们接受资讯的全部感官，而且针对受众的不同需求，选择最适合的媒体形式和管道，深度融合，提供超细分的服务，实现对受众的全面覆盖及最佳传播效果。

全媒体的概念在学界没有正式的定义，它来自传媒界的应用层面。媒体形式的不断出现和变化，媒体内容、渠道、功能层面的融合，使人们在使用媒体的概念时需要意义涵盖更广阔的词语，于是催生了"全媒体"的概念。其特点是：动静结合、深浅互补、全时在线、即时传输、实时终端、交互联动。

全媒体就是全程、全息、全员和全效的媒体。

全程媒体，即全媒体是一个全时空的媒体，能够覆盖人与信息交流全程的载体。在 5G、物联网、人工智能等技术的支持下，人类社会的信息传播将前所未有地实现无时不在、无处不在、无所不及，也无人不用。任何时间节点、任何空间都可以进行人类传播，真正做到最大化地释放人类社会最为重要的四个资源，即人、物、财、信息的互动潜力，最大化实现价值创造。全程就是一天 24 小时全涵盖。通俗来说，一天 24 小时，你到任何地方信息全能够到达，不管在什么状态下信息都能到达，所以简单来说叫全时空媒体。我们传统媒体不是全时空的，传统媒体时空是割裂的。北京市委宣传部 2018 年把北京的三家媒体《新京报》《京华时报》及千龙网合并，《新京报》全员转型互联网做 App，过去《新京报》做报纸的时候叫"5×18"，每周工作 5 天，每天 18 个小时，现在《新京报》做了 App 之后就是"7×24"，这就是互联网全程媒体的概念。

全媒体就是全息媒体，也就是说全媒体将是一个全现实（真实现实＋虚拟现实）传播的媒体，能够触达人所有感官的、使人有完整体验的载体。5G，加上超高清 4K 乃至超超高清 8K 的广泛应用，特别是虚拟现实 VR、增强现实 AR、混合现实 MR 等全息沉浸式交互技术普遍应用之后，人类将不仅实现真实现实连接，更能够实现虚拟现实连接，使人与虚拟世界完全对接，而且在智慧的万物互联时代，现实世界与虚拟世界的界限也可能基本消除，人所有的感官都可以被调动，人的体验将可以被完全触发。

全员不是光链接人，互联网上半场解决链接问题，下半场解决价值问题。上半场的链接不光链接人，还要把人、财、物、信息及数据全部都打通、链接，到了下半场才能创造价值。胡正荣认为广播电台电视台现在最大的问题是链接人的能力在下降、节目链接资金、物和数据的能力欠缺，因此不能创造价值，这就是广电创造价值能力越来越低的原因[3]。

全效，即所有产品覆盖，所有场景覆盖。全媒体将是一个能实现各种场景效果的媒体。人类社会将进入物联网时代、人工智能时代，万物互联也就带来了万物皆媒。万物互联所有连接的节点，不论是人还是物都可能成为一个释放信息并分享信息的中介，也就是媒体。大数据、人工智能将赋能这种全媒体传播，可以完成信息在任意时间、空间条件下，通过任意媒介到达需要到达的任意节点，在任意场景中都可以实现传播效果。

（三）互联网下半场的全媒体生态体系

建设全媒体将是一个系统工程，同时也是一个生态系统，因此，需要从思维、技术、用户、产品、业态以及机制体制等方面全面推进[3]。

（1）全媒体的思维。习总书记多次强调各级干部尤其是高级干部要主动适应互联网的要求，强化互联网思维，善于学习和应用互联网。如果思维僵化的局限不突破的话，要真正做全媒体非常难，管理层是需要全媒体思维的。

当下是移动互联时代，这个时代需要有这样一些概念，包括粉丝经济、黏性、碎片化、互动式，等等。未来2022到2025年的媒体，一定是场景化、智能化的媒体，5G和4K更普及，场景化、智能化普及，用户数据是其核心、多元产品为其基础、多个终端是其平台、深度服务可作为其延伸。

（2）技术系统。技术系统要具备四个能力：大数据、云计算、高平台生产、多渠道分发，这四个能力同时具备的技术系统才是先进和必要的。所有媒体融合的第一要务是融媒体的技术中心，全息沉浸式消费和智能化的视听消费一定是未来的方向。视听消费过去都是单屏的，最早是电影，后来有了多屏，再后来有了跨屏，之后慢慢会走向无屏。

（3）用户系统。媒体的对象不再是听众、观众、读者的概念。"用户"实际上被称为"生产消费者"才最准确。因为这个时代的用户一定既消费内容、又生产内容，分享行为就是再生产过程，所以今天对于用户的认识是前半段我们生产，后半段我们生产结束了，但是只要仍有人在消费，消费链没结束，它就可能再生产。

2020 年 3 月全国的网民数量达到 9 亿多，用手机上网的已经达到 99.3%，也就是说绝大多数网民都在手机这个平台上，这也是"移动优先"的原因。另外是社交化，广电的短板是用户数据，用户数据实际上应该成为最重要的资源，但是它掌握在商业化、社会化的平台手里。

过去的影视生产都是以作者为中心、创作者为中心、制片人为中心、编导为中心。现在的生产是基于大数据、以用户为中心进行创作、生产、传播，进行精准传播到达的。传统媒体的产品是：报纸就是版面，广电人就是节目和栏目，在今天这个时代，广播和电视的改版，说难听点，改破天了你能改出啥[3]？湖南台早些年就提出"一云两翼"，实际上就是一次创意、多次生产、多次传播。

（4）在互联网下半场，未来做内容做产品一定要关注垂直、场景和智能。越垂直，最后一公里到达用户的精准性就解决得越好；老百姓在动态场景、静态场景、休息场景、工作场景下的需求是不一样的，关键是围绕它的场景怎么去做分类的产品，去找分类的平台；最后一个是智能，那就必须基于数据。没有数据就没有对用户的了解，就没有对用户需求的分析判断，这可以通过基于大数据的用户画像来解决。

未来的传媒消费业态可能是场景的沉浸消费或者叫全息体验。互联网分为 1.0 时代、2.0 时代和 3.0 时代，1.0 时代就是以 PC 为终端，以门户流量为核心资源的时代；2.0 时代是以移动为终端，以社交和数据为核心资源的时代；3.0 是人工智能时代。媒体融合跟互联网对应，也呈现 1.0、2.0、3.0 三个阶段。媒体融合的 1.0 阶段就是一个产品导向，媒体融合 2.0 阶段就是大平台，我们现在已经进入 2.0 时代了，在 4K、5G 全面普及之后，3.0 就来了，万物皆联，万物皆"媒"，每一个点都是媒体。

（四）科技部批准建设媒体融合与传播等 4 个国家重点实验室

为适应全媒体时代的发展需求，推动媒体融合向纵深发展，强化科技支撑，经专家评审，2019 年 11 月 12 日，科技部批准建设依托单位为中国传媒大学的"媒体融合与传播国家重点实验室"、依托单位为人民日报人民网的"传播内容认知国家重点实验室"、依托单位为新华通讯社新媒体中心的"媒体融合生产技术与系统国家重点实验室"、依托单位为中央广播电视总台的"超高清视音频制播呈现国家重点实验室"[6]。

国家重点实验室是国家组织开展基础研究、聚集和培养优秀科技人才、开展高水平学术交流、具备先进科研装备的重要科技创新基地，是国家创新体系的重要组成部分。国家重点实验室主要分布在教育部和中国科学院，其中教育部所属的实验室有 131 个，中国科学院所属部门分布 78 个，其他部门和地方有 45 个。

国家在传媒一线阵地布局国家重点实验室，足见对媒体融合发展、对新闻传播、对文化宣传建设的高度重视和做出的实质性举措。

（五）案例：中国传媒大学全媒体中心

为适应媒体融合的发展需求，培养全媒体人才，中传自 2016 年初开始规划设计，与索贝华栖云、艾迪普两家机构合作建设了中传全媒体中心。项目基于云架构，建设了开放式媒体云桌面工具资源池、融媒体指挥与内容发布平台，提供基于阿里云的大数据服务。同时引入业界前沿课程，为传媒类课程建设探索新道路，全面提升中传在传媒实践教学领域的影响力和领先优势。

中传全媒体中心位于学校综合楼，总面积达 700 平方米，2017 年正式启用，由融合媒体指挥中心及多平台发布系统、全媒体交互式新闻演播室系统、融合媒体虚拟化生产平台三大部分组成，包含了融媒体新闻采编制作、数据可视化和虚拟图文包装制播、多屏矩阵展示、云桌面资源管理、手机采访制作等 16 个子系统。全媒体中心分为：指挥控制中心、编辑制作区和发布运营区，见图 3-2 所示。

图 3-2 中国传媒大学全媒体中心

指挥中心能够管理媒体融合云平台所承载的所有业务，实现对融合新闻、融合内容生产、互动运营发布等多种业务、多种场景实践和教学活动的全流程生产、演示和监控，并对发布运营效果进行实时响应和反馈。

指挥控制区作为整个全媒体运行中心的中枢，可以实现线索汇聚、选题策划、任务指派、流程监控、生产力监控以及媒体传播力统计分析。通过大数据分析平台，可实现对焦点话题、热门网站数据的采集和挖掘分析。

编辑制作区，配备苹果电脑工作站点，可以使用多样化的生产制作工具，完成视频后期剪辑、特效包装、图形渲染、三维创作等工作。

发布运营区，可以利用手机、电脑、iPad 终端上网编辑，在网站、微博、微信、App 等多种终端的发布新闻。

三、5G 通信

（一）2019 年是 5G 商用元年

2019 年 7 月 20，央视《开讲啦》邀请邬贺铨院士开课：5G 会如何塑造我们的未来？该节目为百姓讲解了 5G 通信及应用前景。参见图 3-3，扫码看视频。

图 3-3　央视《开讲啦》邬贺铨院士讲解 5G 应用

5G，即第五代移动通信技术。2019 年 6 月 6 日，工信部正式向中国电信、中国移动、中国联通、中国广电发放 5G 商用牌照，中国正式进入 5G 商用元年。5G 以全新的网络架构，提供 10Gbps 以上的带宽、毫秒级时延、超高密度连接，实现网络性能新的跃升。

移动通信的发展体现了十年一代，每一代移动通信都是上一代峰值的 1000 倍。与五年前相比，移动宽带平均下载速率提升约 6 倍，手机上网流量资费水平降幅超 90%。虽然 5G 与前面几代一样会提高峰值，但是 5G 更大的不同特点是扩展到了产业互联网，而 1G 到 4G 则是面向消费者应用的。5G 有三大应用特点，增强移动宽带、超可靠低时延、广覆盖大连接，这也是数字经济很重要的一个引擎[7]。

截至 2019 年第一季度，我国固定宽带网络平均可用下载速率为 31.34Mbit/s，同比增长 55.5%，我国移动宽带用户使用 4G 网络访问互联网时的平均下载速度达 23.01Mbit/s，同比增长 20.4%。无线通信在过去 20 年经历了突飞猛进的发展，从以话音为主的 2G 时代，发展到以数据为主的 3G/4G 时代，目前正在步入万物互联的 5G 时代。2019 年 6 月，中国用户月均使用移动流量达 7.2GB，为全球平均水平的 1.2 倍，移动互联网接入流量同比增长 107.3%。

5G 技术以"增强宽带、万物互联"为发展愿景，其目标是为移动互联网提供更强的连接能力，并为各行各业提供万物互联的基础服务能力。5G 技术的诞生标志着公众移动通信系统服务对象的一次根本性转变，面向行业的普适性广域物联网正在成为拉动公众移动通信系统发展的主要动力。

5G 是一个"两高两低"的通信技术，高速率、高容量，低时延、低能耗。按照华为 5G 技术专家的说法，在 5G 网络之下，它可以连接 5 亿个场景、50 亿个人和 500 亿个数据传感器。

（二）5G 与数字经济、移动经济

中国电子信息行业联合会专家委员会主任董云庭指出，全球经济下行，产业增长放缓，5G 成为解决问题的主要抓手。5G 的主要优势：第一是快速率。用户端可达 100Mbs。第二是低时延。原先的标准为 0.5ms，实际为毫秒级。第三是高可靠。可靠率达 99.99%。第四是广连接。到 2022 年将连接 1000 亿台设备。有了这四点才能做工业互联网，有专家说 4G 远远没有用完，5G 主要用在工业互联网上。发展工业互联网，物联网是基础，数据是要素，算法是核心，生态系统是平台，安全是保障，改革是要务。

2019 年的 GSMA（全球移动通信系统协会）的报告显示，2018 年全球互联网普及率为 51%，移动互联网普及率为 47%，我国 2020 年 3 月互联网普及率为 64.5%，移动互联网普及率为 64%，超过世界平均水平。到 2025 年，5G 用户将占我国所有移动用户的 28%，世界所有用户的三分之一。

中国互联网协会理事长邬贺铨院士在 2020 年 3 月的报告《大数据助力疫情防控》[8] 中提到，2018 年我国移动通信普及率是 112%，全球是 106%，扣除一人多号的情况，仅计算独立移动通信用户的普及率，我国是 82%，接近发达国家的水平，移动互联网的普及率高于全球的平均水平。而且中国实行手机用户实名制，从手机用户就可以识别持有人身份。基于卫建委＋交通＋工信的数据，可以查找新冠肺炎密切接触者。把卫健委、交通系统、工信部门的数据组合起来，可以找出密切接触者。卫健委可以知道确诊患者的姓名、身份证号，交通部门可以给出这个患者近期乘坐过的航班、车次数据，工信部提供所涉及航班、车次中人员的手机号码。根据手机号码，地方政府可以找到密切接触者，这是从官方渠道进行查找。实际上平台也可以开放，便于近期有出行经历的人群在查询平台查出所坐的航班和车次上有没有确诊患者，这样就可以很快地发现密切接触者。

（三）5G 发展应用场景有待开发

董云庭认为 5G 发展应用目前还存在一些问题，第一，投资大。基站布设在高频段，辐射距离短，5G 基站密度约为 4G 的 4 倍左右，网络投资约为 4G 的 4 倍，总投资量估计达 2.3 万亿元。三大运营商尚不足应对此巨额投资，那么钱从哪来、到哪去、如何解决。第二，回收慢。4G 投资了 5 年至今远未回收成本，5G 在前期推广中仍面临规模小、成本高、利润低、回收慢的问题。第三，技术瓶颈。5G 终端的射频、存储芯片、镜头、柔性面板、传感器仍主要依赖进口，基站功耗较高和网络辐射距离短也是瓶颈。第四，商业模式。成本、定价、收费与用户承受力之间的矛盾，一是手机价高，估计在 5000 元以上；二是套餐资费高，韩国 5G 套餐起步价（8G 流量）55000 韩元，约为 325 元人民币；美国在 85–105 美元；其他各国基本上在 400 元人民币以上，中国资费在 120 元左右。第五，应用前景。目前来看，能实际付诸 5G 的应用场景还有待开发，需要有更大更多的应用市场以支撑 5G 的巨额投资[9]。

邬贺铨院士在 2019 世界 5G 大会报告中总结到，预计 2030 年，全球工业互联网的经济产出为 14 万亿美元，5G 经济产出为 12 万亿美元，AI 经济产出为 13 万亿美元，总计 40 万亿美元，形成三足鼎立的局面，成为数字经济的三大支撑。

四、4K 与 8K 超高清电视

（一）4K 超高清

4K 超高清，即画质清晰、自然逼真，相对于现有的高清、标清电视系统，是一次技术升级换代。4K 电视的 3840×2160 物理分辨率、800 万级别像素点是目前普遍使用的 1080P 全高清总像素的 4 倍之多。其图像清晰度和色彩亮度堪比影院，三维声的音响效果甚至可以超过影院。8K 超超高清分辨率（7680×4320）是目前普遍的 1080P 分辨率的 16 倍，它们的比较参见图 3-4。

图 3-4　4K 与 8K 高清的分辨率及视觉比较

　　超高清视频是未来新媒体行业的基础业务，广电媒体和互联网媒体都在积极布局超高清视频直播业务。"信息视频化、视频超高清化"已经成为全球信息产业发展的大趋势。从增长和规模来看，到 2022 年超高清占视频直播 IP 流量的百分比将高达 35%；从技术演进来看，视频图像分辨率已经从标清、高清进入 4K，即将进入 8K 时代[10]。

　　2018 年 10 月 1 日上午 10 点，国内首个上星超高清电视频道 CCTV-4K 超高清频道在中央广播电视总台开播。这是中央广播电视总台向着建设具有强大引领力、传播力、影响力的国际一流新型媒体迈进的重要一步，也是总台实施创新驱动发展战略、促进文化与科技融合、深化广播电视供给侧结构性改革、更好满足人民群众视听体验需求的创新之举。CCTV-4K 超高清频道 10 月 1 日开播，每天播出 18 小时，持续为观众提供纪录片、体育赛事、综艺，参见图 3-5。

图 3-5　2018 年 10 月 1 日央视 4K 超高清频道开播

（二）8K 超超高清

　　日本 NHK 在 2016 年的里约奥运会进行 8K 广播测试，2018 年 12 月 1 日开始 8K 卫星电视广播，并规划在 2020 年的东京奥运会进行 8K 电视转播，2018 年年底率先开通了全球首个 8K 卫星广播频道。截至 2018 年年底，NHK 是唯一提供 8K、22.2 声道内容的电视台，试播 8K 内容是库布里克的科幻电影《2001：太空漫游》，华纳基于该电影 70mm 的底片进行了 4K/8K 重制。

　　在电视终端方面，LG 发布世界上最大的 8K OLED 屏幕，实现 8K 技术与 OLED 技术的首次结合；索尼研发基于 8K HDR 显示的高端画质图像处理引擎；海信推出激光电视和 ULED 电视；TCL 专注于 4K 画质高动态渲染；夏普则率先推出消费级 8K 电视[10]。

　　2019 年 8 月 21 日，佳能公司携全线专业影像产品亮相第二十八届北京国际广播电影电视展览会（BIRTV2019），并重点展示了涵盖输入到输出的 8K 专业影像解决方案。展会上，佳能的展品涵盖了 8K 专业摄影机和转换器，51 倍 8K 箱式广播镜头和 8K 便携式广角镜头，以及 55 寸和 29 寸两款 8K 专业视频监视器，可见，佳能力求通过 6 款重量级 8K 产品呈现佳能在 8K 超高清影像领域的深厚光学技术与产品研发实力。

　　视频已经成为当今主流的媒体传播形式，随着技术的发展，视频的分辨率由标清、高清向超高清发展，视频的观看方式由平面向 VR 全景发展，5G 的大带宽、低时延特性解决了超高清视频、VR 全景视频等大带宽业务传播的技术问题，赋能新媒体、融媒体和全媒体的快速发展。

　　（三）5G 赋能新媒体

　　通信技术发展带动新媒体行业体验进一步提升，视频类业务成为主流媒体形式，围绕着图像分辨率、视场角、交互三条主线提升用户体验。其中，视频类媒体图像分辨率由高清发展到 4K、8K；视场角由单一平面视角向 VR 和自由视角发展，对通信网络带宽提出更高的要求；交互类业务的发展对通信网络的时延提出更高的要求。

　　5G 为超高清电视提供无线通道。超高清 8K 电视码率 100 兆，4G 是不能支持的，并且超高清电视不仅仅是分辨率，帧率也大大提升，编码率提升，时域也增加，图 3-6 上黄三角的范围是现在的高清电视所感受到时域范围，黑三角的范围是 8K 所能感受到的范围，而全部范围则是未来激光电视所能感受到的范围。

　　4K 直播的码率需要 25-40M，帧率为 60，接入码率需要 50M，像素质量 830 万，支持 65-85 寸的电视高品质画质。而 8K 直播的码率需要 50-80M，帧率 120，接入码率需要 100M，像素质量 3320 万，支持 100 寸以上的电视高品质画质。

	分辨率	像素	帧率	位深	直播码率	点播码率	接入码率	TV
全高清（FHD）	1920*1080	207万						40~55 吋
超高清（UHD）	4096*2160 4K	830万	60	10bit	25-40M	10-30M	50M	65-85 吋
超高清（UHD2）	7680*4320 8K	3320万	120	12bit	50-80M	35-60M	100M	100 吋以上

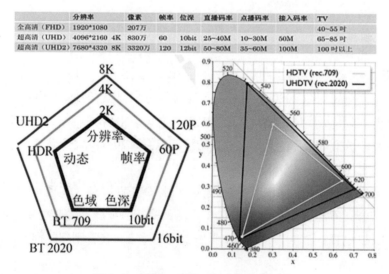

图 3-6　高清、4K 和 8K 电视参数对比

五、5G+4K+AI 融媒体案例

（一）中央广播电视总台 5G+4K+AI 媒体应用实验室

2019 年 5 月 5 日，中央广播电视总台的 5G+4K+AI 媒体应用实验室落户上海，同一时间 4K 纪录片《而立浦东》开机（见图 3-7，扫码看视频）。中宣部副部长、中央广播电视总台台长慎海雄，上海市委副书记、市长应勇为媒体应用实验室揭牌，并宣布《而立浦东》开机。中央广播电视总台自 2018 年组建以来，不断加快打造具有强大引领力传播力影响力的国际一流新型主流媒体，2019 年已实现 5G+4K、5G+VR 的全流程、全要素制播，产生了广泛影响。推动媒体融合发展，构建全媒体传播格局，成为我们面临的一项紧迫课题，运用好信息革命成果，解决好文明恐慌问题，真正成为运用现代传媒新手段新方法的行家里手，刚刚成立一年的中央广播电视总台已经成为一个巨大的试验场和孵化器，走过 36 年的春晚在 2019 年实现了 4K 的 5G 网络传输，2018 年 10 月 1 日，中央广播电视总台 4K 超高清频道开播，2018 年 12 月 28 日，与三大运营商及华为公司签署合作建设 5G 新媒体框架协议，2019 年 1 月 13 日，春晚深圳分会场中国首次成功实现 4K 超高清电视 5G 网络传输测试，2019 年 1 月 28 日，春晚长春分会场首次成功实现 5G 网络 VR 实时制作传输测试。2019 年 2 月 26 日，中共中央政治局委员，中宣部部长黄坤明考察总台 5G 新媒体实验平台，2019 年 2 月 28 日，中央广播电视总台 5G 新媒体平台成功实现 4K 超高清视频集成制作。2019 年 3 月 3 日－15 日，两会记者招待会和代表委员部长通道在 4K 超高清频道进行 5G+4K 直播。2019 年 4 月 6 日，跑酷世界杯实现 5G+VR 赛事直播。2019 年 4 月 21 日总台与华为签署战略合作协议，2019 年 4 月 22 日一带一路 5G+4K 传播创新国际论坛召开，2019 年 4 月 26 日，4K 超高清直播第二届一带一路国际合作高峰论坛开幕式，5G+4K+AI 是中央广播电视总台展开的全新战略部署，由此一个媒体融合发展自主可控，具有强大引领力、传播力、影响力的国家级新媒体新平台正在凝心聚力脱颖而出，努力成为国际一流新型主流媒体的中央广播电视总台扬帆出海、奋进远航。

图 3-7 中央广播电视总台 5G+4K+AI 媒体应用实验室揭牌

（二）中央广播电视总台 5G+4K+AI 制作系统

中央广播电视总台于 2019 年 4 月 21 日在"一带一路"5G+4K 传播创新国际论坛现场布置了制作展示区，展示了 5G+4K+AI 制播系统。

现场展示区布置了主播台，架设一台 4K 摄像机拍摄主持人，4K 信号接入中央广播电视总台 5G 背包。该背包由总台自主设计，采用全国产化设备，编码后的 4K 信号通过 5G 链路回传中央广播电视总台私有云实时收录。主播台话筒采集音频，交由 AI 智能语音合成，将普通人的声音转化为指定主持人的声音。通过 5G 链路访问总台私有云，实时剪辑收录素材、现场合成成片输出至大屏，实现"边收录、边剪辑"的高效伴随制作，合成成片在现场大屏播放展示。

5G+4K 信号传输、AI 智能语音合成、5G+4K 移动制作助力实现了在机场、火车站、大型会场等的媒体制播一体化移动生产，使节目创作不再受时间和地点的束缚，尤其适用于新闻、财经、体育等强调高时效性的节目制作。

（三）国庆 70 周年"世界一流、历史最好"的 5G+4K 直播

2019 年 10 月 1 日直播的中华人民共和国成立 70 周年庆祝活动，为全球电视观众奉献了一道大气磅礴、震撼人心的视听盛宴，尽显大国风采。而在这背后，是中央广播电视总台以"世界一流、历史最好"为目标的奋力追求。多角度全景、正面纵深、跟踪移动、接力航拍……这一组组大气、雄壮、震撼的镜头，极富视觉冲击力[11]。画面质量参见图 3-8，均为央视客户端视频截图。

图 3-8 国庆 70 周年的 4K 超高清现场制播

为了达到这样的视觉效果，中央广播电视总台早在今年 2 月就组建了 5000 多人的报道团队，其中前方直接参与人员达 2800 人，是有史以来重大直播活动中投入力度最大的一次。在长达 7 个月的筹备中，创作团队以"世界一流、历史最好"为目标，细抠每一个细节，力求做到行云流水、有条不紊。电视解说文稿历经一百多次的反复修改，直播团队通过多次走访踏勘，最终形成了共计 1500 多个直播分镜头的脚本。分列式和群游这部分，粗略估计大概是九百多个镜头，要保证在准确的时间，拍到准确的人，准确的情绪。九百多个镜头榫卯耦合，堪称实现了天衣无缝的结合。制作团队的制作流程全部采用 4K 信号制作，此外还投入了大量携带 4K 拍摄设备的特种设备，包括陀螺仪、近距离贴地机位、索道摄像机等。现场阅兵式以及群众游行一共是 99 个方阵，央视制播组自称是第 100 个方阵，接受祖国和人民检阅，为祖国母亲献上一份珍贵的节日礼物。

同时，我国首部进入电影院线的"直播大片"《此时此刻——共庆新中国 70 华诞》于国庆节在全国 70 家影院同步播出，这也是我国首次将 4K 超高清信号通过卫星传输引入院线。流畅的 3 个小时的 4K 直播视音频、超高清的画面与震撼的音效让观众如同身临其境。

第二节 互联网新媒体

一、互联网新媒体

媒体互联网化和互联网媒体化是互联网 + 媒体发展中的两种形态，前者是以内容为王的传统媒体向融媒体和全媒体化发展，后者是互联网公司借助技术优势承担了媒体的传播特性，并以广告形式实现经济效益。

新媒体是新的技术支撑体系下出现的媒体形态，如网络视频、数字杂志、数字报纸、数字广播、手机短信、移动电视、数字电视、触摸媒体等。相对于报纸、杂志、广播、电视四大传统意义上的媒体，新媒体被形象地称为"第五媒体"。

在没有互联网、社交媒体之前，基本上是专业媒介、专业媒体人、专业传播机构统揽或者承担社会传播的基本职能。社交媒体出现后，内容生产的主体开始多元化，出现了个人生产内容（UGC）、机构生产内容（OGC）、专业生产内容（PGC），而 5G 之后还会出现一个更重要的生产类别——技术生产内容（MGC）。

近年来，网络新闻行业管理成效显著，内容生产效率得到显著提升，传播形式进一步丰富，共同推动媒体融合向纵深发展。

截至 2020 年 3 月，我国网络新闻用户规模达 7.31 亿，较 2018 年年底增加 5598 万，占网民整体的 80.9%；手机网络新闻用户规模达 7.26 亿，较 2018 年年底增加 7356 万，占手机网民的 81.0%。

截至 2019 年 6 月 30 日，各级网信部门审批的互联网新闻信息服务单位共计 910 家，较 2018 年年底增加 149 家；服务项目共计 4560 个，较 2018 年年底增长 21.1%，具体包括互联网站 896 个，应用程序 675 个，论坛 135 个，博客 25 个，微博客 3 个，公众账号 2793 个，即时通信工具 1 个，网络直播 14 个，其他 18 个。

在内容供给方面，新闻生产效率显著提升。近年来，新闻生产流程与数字技术的结合日益紧密，为提升内容生产效率、提高内容质量奠定了基础。例如，人民日报联合多家企业运用数据采集、大数据分析、自然语言处理等技术，推出"人民日报创作大脑"平台，在内容纠错、数据分析、信息整理等方面支持新闻创作者；新华社联合搜狗公司推出的 AI 合成主播具备与真人同样的播报能力，截至 2019 年 2 月已发稿 3400 余条，累计时长达一万多分钟。

在内容传播方面，新型传播模式层出不穷，推动了全媒体时代下新闻工作实现更好的传播效果。近年来，网络新闻报道充分结合图片、文字、音视频、动漫等元素，推出 Vlog（Video Blog，视频博客）、VR（Virtual Reality，虚拟现实）直播等一系列新型新闻传播形式。例如，在 2019 年"两会"期间，5G 首次实现会场覆盖，为多家媒体传输高清素材、进行 VR 直播提供了保障；虚拟 AI 主播也亮相"两会"，成为新闻生产的新生力量；"两会"期间还涌现出一系列贴近生活的 Vlog 报道，向公众传递了一种充满生活气息的"两会"文化，实现了良好的传播效果。

二、新闻聚合媒体

传统的互联网新媒体是由新浪、网易、搜狐、腾讯等提供服务的网站新闻，在社交网络和移动互联网时代，出现了由博客、微博、公众号和朋友圈等社交媒体形成的通过点击、转发、话题、热搜而形成的互联网媒体。随着互联网大数据的积累，网络新闻冗余泛滥，筛选有价值和令人民感兴趣的新闻成为一种现实需求。为实现通过数据采集技术聚合新闻、通过推荐算法和用户画像技术而生成的千人千面的个性化新闻，新闻聚合产品应运而生，如今日头条、天天快报、一点资讯、云息等。从今日头条的口号"你关心的就是头条"可以看出，新闻聚合媒体以用户为中心筛选新闻的特性。

下文以今日头条为例，说明新闻聚合媒体的体量和技术原理。

（一）字节跳动公司的今日头条

字节跳动公司成立于 2012 年 3 月，截至 2019 年 10 月其产品和服务已覆盖全球 150 个国家和地区、75 个语种，曾在 40 多个国家和地区位居应用商店下载总榜前列。字节跳动在海内外推出了多款有影响力的产品，包括综合资讯类的今日头条、TopBuzz、News Republic，视频类的抖音、TikTok、西瓜视频、BuzzVideo、火山小视频、Vigo Video，及 AI 教育产品、AI 技术服务和企业 SaaS 等新业务[12]。2020 年 1 月 9 日，胡润研究院发布《2019 胡润中国 500 强民营企业》，字节跳动以市值 5300 亿元位列第 7 位。2020 年 6 月，字节跳动入选《2020 福布斯中国最具创新力企业榜》。

2012 年，字节跳动的重要产品今日头条诞生。它颠覆了搜索引擎，建立了全新的人与信息的连接方式。它是一款个性化资讯推荐引擎产品，致力于连接人与信息，让优质、丰富的信息得到高效、精准的分发。今日头条目前覆盖科技、体育、健康、美食、教育、三农、国风、NBA 等超过 100 个垂直领域，拥有了图文、图集、小视频、短视频、短内容、直播、小程序等多种信息体裁。它采用分布式的学习理解人的特征、内容的特征，其核心的排序算法技术，让千人千面成为可能。在这个时代，今日头条重新定义了内容分发，用个性化精准推荐的方式，让用户能够随时随地得到所需的信息。

字节跳动的 CEO 张一鸣提出："今日头条没有采编人员，没有立场，没有价值观，运转核心是一套由代码搭建而成的算法。"实际上，专家一直认为从技术伦理学角度看，无论是算法推荐新闻也好，还是机器生成新闻也罢，媒体必须具有价值观，因此推荐新闻和机器新闻自然必须要有价值观。

包括今日头条在内的新闻聚合平台，声称大数据个性化的新闻分发，千人千面，却也存在过度拟合的情况，难以实现精准推送。

（二）数据采集

今日头条类的新闻聚合媒体，对于互联网日常产生的原创新闻，大约有 1 万篇左右。这些新闻聚合媒体包括各大新闻网站、地方站、博客等，采用爬虫抓取新闻数据，采用算法和人工结合对敏感文章审核过滤，包括头条号的原创文章也会进入内容遴选队列。它们对文章进行文本分析，比如分类，标签、主题抽取，按文章或新闻所在地区，计算权重热度。

（三）用户画像

个性化推荐技术的关键在于对海量用户行为的数据分析和挖掘。当用户开始使用今日头条后，今日头条会实时分析用户动作生成日志，了解用户的行为、年龄、地域、职业、兴趣和用户订阅等。

新用户的"冷启动"。今日头条不仅会通过用户使用的手机的操作系统、版本以及用户安装的 APP 等识别用户特征，还会通过用户的社交帐号登录方式，如新浪微博，甚至会利用用户的好友、粉丝、微博内容及转发、评论等维度对用户做初步"画像"，以决定对用户推荐的新闻内容。

（四）推荐系统

推荐系统是今日头条技术架构的核心部分，包括自动推荐系统与半自动推荐系统两类。

自动推荐系统，包括自动候选、自动匹配用户、自动生成推送任务。需要高效率、大并发的推送系统，可满足上亿用户的个性化需求。半自动推荐系统，包括自动选择候选文章，根据用户站内外动作推荐。

如果用形式化的方式去描述推荐系统，实际上它是拟合一个用户对内容满意度的函数，这个函数需要输入三个维度的变量。第一个维度是内容。头条现在已经是一个综合内容平台，包含图文、视频、UGC 小视频、问答、微头条，每种内容有很多特征，通过提取不同内容类型的特征用于推荐。第二个维度是用户特征。这包括各种兴趣标签，如职业、年龄、性别等，还有很多模型刻画出的隐式用户兴趣等。第三个维度是环境特征。这是移动互联网时代推荐内容的特点，用户随时随地移动，在工作场合、通勤、旅游等不同的场景，信息偏好有所不同。结合这三方面的维度，模型会给出一个预估，即推测推荐内容在这一场景下对这一用户是否合适。

图 3-9 是字节跳动 AI 实验室主任马维英在 2018 年 CCF 中国计算机大会上的报告所阐述的 AI 赋能内容创作和交流的关键技术（扫码看视频）。

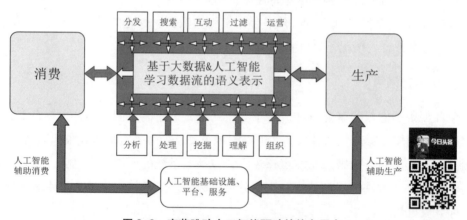

图 3-9　字节跳动人工智能驱动的信息平台

今日头条和抖音等字节跳动旗下的各个产品，基于大数据和人工智能学习数据流的语义表示，要实现数据的分析、处理、挖掘、理解和组织，一端需要人工智能辅助消费，一端需要人工智能辅助生产，二端并行，才能完成智能化的内容分发、搜索、互动、过滤和运营。

（五）头条号

头条号是今日头条针对媒体、国家机构、企业以及自媒体推出的专业信息发布平台，它致力于帮助内容生产者在移动互联网上高效率地获得更快的传播和关注。截至 2019 年 6 月底，各级政府共开通政务头条号 81,168 个，较 2018 年年底增加 2,988 个，31 个省市自治区均已开通政务头条号，开通最多的省份为山东，共开通 8,241 个政务头条号；开通数量在 3,000 个以上的省份有 7 个。

三、短视频新闻

（一）抖音

抖音是一款可以拍摄短视频的音乐创意短视频社交软件，该软件于 2016 年 9 月上线，是字节跳动公司的第二主力产品，是一个专注于年轻人音乐短视频社区的平台。用户可以通过这款软件选择歌曲，拍摄音乐短视频，生成并发布自己的作品。2017 年 11 月 10 日，"今日头条"花费 10 亿美元收购北美音乐短视频社交平台 Musical.ly，并与抖音合并。2020 年年初，日活用户数达到 4 亿。

2018 年 5 月 30 日，国资委新闻中心正式入驻抖音开设账号"国资小新"，并发布第一支视频，国资委新闻中心主任毛一翔亲自出镜"严肃卖萌"。2018 年 6 月，国资委新闻中心携中央企业媒体联盟与抖音签署战略合作，首批 25 家央企集体入驻抖音，包括中国核电、航天科工、航空工业等，昔日人们印象中高冷的央企，正在借助新的传播形式寻求改变。此前，七大博物馆、北京市公安局反恐怖与特警总队和共青团中央等机构也开始入驻抖音等短视频平台。

（二）快手

快手是北京快手科技有限公司旗下的产品。快手的前身，叫"GIF 快手"，诞生于 2011 年 3 月，最初是一款用来制作、分享 GIF 图片的手机应用软件。2012 年 11 月，快手从纯粹的工具应用转型为短视频社区，用于用户记录和分享生产、生活。通过打磨产品和提升用户体验，2020 年年初快手日活用户数达到 3 亿，成为全民生活分享平台。2018 年 6 月快手全资收购被称为 A 站的 Acfun，在资金、资源、技术等方面给予 A 站支持，使 A 站保持独立品牌和原有团队维持独立运营。

（三）《新闻联播》等央媒入驻短视频平台

2019 年 8 月 24 日，《新闻联播》正式入驻短视频平台抖音、快手。平台上，《新闻联播》的自我介绍颇为俏皮，"41 岁""摩羯座"等赫然在目，参见图 3-10。

《新闻联播》的首条抖音短视频中，康辉在主播台上说："《新闻联播》值得您期待，这里有足够的理智与情感……关注联播的抖音号，我们一起抖起来，一起上热搜。"开通当日，抖音号的粉丝数将近 1,500 万，直接冲上当天的热点榜第一名。截至 2020 年 7 月，《新闻联播》在抖音上发布了 215 条视频，粉丝已超过了 2,743 万。

图 3-10 《新闻联播》入驻抖音和快手平台

同一天,《新闻联播》入驻快手,粉丝数瞬间涨到 1210.9 万。第一个视频中,李梓萌用网络语气非常接地气地讲述了《新闻联播》入驻快手的原因:"《新闻联播》开播至今已经 41 年了,可能比很多老铁的年龄还要大。我知道,快手的 Slogan 是'记录世界,记录你',《新闻联播》每天都在记录中国,记录真正追求幸福与进步的中国人。在这一点上,我们是一样的……"2020 年 7 月,《新闻联播》在快手上发布了 228 条视频,粉丝量达到了 3600 多万。

第三节　机器新闻和虚拟主播

一、机器新闻写作

由于数据到文本的生成技术的巨大应用价值,业界成立了多家从事文本生成的公司,为多个行业基于行业数据生成行业报告或新闻报道,从而节省大量的人力。比较知名的公司有 ARRIA、AI、Narrative Science 等。其中 ARRIA 是一家总部设在欧洲的公司,其前称为 Data2Text,由来自阿伯丁大学的两名教授 Ehud Reiter 与 Yaji Sripada 创办,后来自然语言生成领域的另一位科学家 Robert Dale 也加入了该公司,该公司的核心技术为 ARRIA NLG(Natural Language Generation)引擎。AI(Automated Insights)则是一家美国人工智能公司,由一名思科的前工程师 Robbie Allen 所创办,最早基于体育数据生成文本摘要,目前能为包括金融、个人健身、商业智能、网站分析等在内的多个领域内的数据生成文本报告,其核心技术为 WordSmith NLG 引擎。目前,AI 公司已经为美联社等多家单位生成数亿篇新闻报道,造成了巨大的影响力。

Narrative Science 则是根据美国西北大学的一个研究项目 Stats Monkey 发展而来的，其核心技术为 Quill NLG 引擎。Forbes 是 Narrative Science 的一个典型客户，在网站上有个 Narrative Science 专页，全部文章都是由 Narrative Science 自动生成的，参见图 3-11。

图 3-11　福布斯采用 Narrative Science 撰写财经新闻

2017 年，今日头条人工智能实验室与北京大学万小军团队共同完成的"互联网信息摘要与机器写稿关键技术及应用"项目，荣获第七届吴文俊人工智能技术发明奖。他们发现大部分的文章被阅读的次数比较少，只有少量的文章被阅读的次数非常多。这是在社会学、自然科学和工程领域都常见的一个现象，即存在一个阅读者的长尾现象。以体育新闻为例，专业记者成稿大致在比赛 30 分钟后，信息传递时效性偏弱。此外，新闻写作需要投入记者采编组稿的精力，但最终写出的很多内容，阅读量非常少，可能不会超过 1000 次，这样的内容投入产出效率很低。如果这部分内容可以用机器创作，成本就会小很多。针对这一需求，今日头条开发了写作机器人 Xiaomingbot，参见图 3-12。

图 3-12　今日头条的 Xiaomingbot

Xiaomingbot 最初用于奥运会的赛事新闻撰写，它包含三方面的输入：实时比分、实时图片数据以及热门比赛的文字直播，机器人将这三方面融合起来，生成对应的文章。在 2016 年里约奥运会的 13 天内，它共撰写了 457 篇关于羽毛球、乒乓球、网球的简讯和赛事报道，每天 30 篇以上。它撰写的报道不仅囊括了从小组赛到决赛的所有赛事内容，而且可以在 2 秒内完成并上传至媒体发布，速度几乎与电视直播同步，令人惊叹。

Xiaomingbot 的核心"写稿模块"结合最新的自然语言处理、机器学习和视觉图像处理的技术，通过语法合成与排序学习生成新闻。它作为第二代新闻机器人，采用了图像识别技术，在文章中自动选取插入赛事图片。根据比赛选手的排名、赛前预测与实际赛果的差异，比分悬殊程度，可以自动调整模仿人类的语气，使用诸如"笑到了最后""实力不俗"等词语。

Xiaomingbot 出现以前，新闻机器人就已被世界上的主流媒体关注使用。例如，国外有美联社的 WordSmith、华盛顿邮报的 Heliograf 以及纽约时报的 blossom 等。国内则有新华社的快笔小新、腾讯的 dreamwriter、第一财经的 DT 稿王等，这些写稿机器人无一例外都运用到了大数据处理技术，比较参见表 3-1[15]。

机器新闻的初级版本，通过数据采集，先将其录入数据库中，再将这些数据按照语句出现频率以及新闻要素关键词进行分析加工，制作出一套符合该媒体发稿风格的模板，然后将新闻元素 5W1H 代入其中，就可以用算法生成新闻了。

表 3-1 国内外主要新闻机器人对比

国内外主要新闻机器人一览									
国内					国外				
名称	机构	时间	领域	功能	名称	机构	时间	领域	功能
DreamWriter	腾讯	2015.09	财经	写稿	Quakebot	洛杉矶时报	2014.03	地震预警	写稿
快笔小新	新华社	2015.11	财经、体育	写稿	WordSmith	美联社	2014.07	财经、体育	写稿
DT 稿王	第一财经	2016.05	财经	写稿	Blossombot	纽约时报	2015.05	新媒体	编辑
张小明	今日头条	2016.08	体育	写稿	Heliograf	华盛顿邮报	2016.08	体育	写稿

二、机器新闻的优势与不足

（一）机器人写稿的优势

1. 加快发稿速度，监测全天候新闻热点，提高新闻的时效性

新闻机器人通过之前学习相似稿件的写作模式，凭借其快速的信息处理能力，可

以在极短的时间内就写出一篇符合该媒体写作风格的作品。Xiaomingbot 在奥运会期间以 2 秒写稿的速度，第一时间发稿，减轻了现场记者报道的压力，并可以 24 小时监测赛事热点，保证了记者有充分的精力应对关键比赛的深度报道。

2. 机器新闻满足小众人群的新闻阅读需求

今日头条实验室负责人李磊博士介绍，Xiaomingbot 最大的意义在于，面对奥运会这样同时举行上百场比赛的综合赛事，记者很难关注到每一场比赛，而机器人可以任劳任怨地为每一场比赛报道，无论这场比赛多么冷门和不重要。传统新闻理论并不认为这些冷门比赛或者热门比赛的前几轮小组赛有新闻价值，可是往往冷门场次的报道有可观的阅读量。这说明在互联网平台上新闻报道的长尾效应十分突出，即由于受众基数巨大，因此小众用户的数量也十分可观。个性化新闻也有利于增加用户黏性，符合未来定制新闻，分众化新闻的大趋势。

3. 使记者从快新闻中解脱出来，专注于深度新闻的组稿

媒体行业的激烈竞争使记者疲于应付千篇一律的消息，即便如此，漏题现象也时有发生。机器写作使记者可以从疲于奔命式的抢新闻中解脱出来，对事件背后的新闻线索进行深入挖掘和批判性思考，专注于人工智能不擅长的深度新闻报道。

4. 面对巨大数据量处理时减少出错量

对于经济、体育类的新闻，常常有许多数字、数据需要整理汇总。人类记者在处理这些数字、图表时，常常因为数据量大而出错。但是，程序算法可以处理海量数据，且不容易出错。

5. 不带有个人情感，文章更加客观

机器新闻不带有人类情感，文章的生成完全依赖于数据。如在赛事汇总上，它不会因为喜爱某支球队而厚此薄彼，而是严格按照数据，客观地陈述事实。在某种程度上，机器人撰写的新闻更接近新闻对客观性的要求。

（二）目前机器人写稿存在的不足

目前机器人写稿存在的不足如下：（1）机器算法对文章的深度理解能力还远不能与人类相提并论。（2）扁平化新闻千篇一律，缺乏亮点和重点。（3）对信息的提炼和概括能力不足。写作机器人理解、提炼和概括的能力十分有限。（4）写作领域较为单一，目前局限为财经和体育领域。

目前的机器新闻并不等于智能新闻。很多人忧虑，由于写作高效客观，表述全面，机器人会取代编辑记者。但从目前机器人撰写的新闻的涉及面和功能来看，还不足为虑。所谓的新闻机器人只是一个自动化写作程序，尚不能对新闻事件进行提炼升华，也没有感性的语言作支撑，文章千篇一律，缺乏与读者情感的共鸣。

（三）未来机器人撰写新闻的发展方向

1. 跨领域的多面手

2. 人类记者、编辑的助手

未来的新闻编辑部可能出现二加一的局面，即机器人记者同人类记者一起撰稿，共同审核把关。机器人记者可以对大量的文本、音视频数据进行处理，形成报道提纲或数据图表，后期可以协助编辑校对文稿，并快速发布到各媒体终端。

3. 平等的交流者

随着数据量的增多、算力的增加和算法自然语言理解的增强，机器人可以平等地同人类交流，对人类的意见做出反馈和建议。

4. 多平台终端、数据库资源的连通者

随着各机构数据库的融合，新闻机器人可以实现多平台终端和跨数据库资源连接的查询和使用，并在多个平台媒体上进行新闻的分发。

5. 媒介融合的推动者

未来机器新闻可以将视频、音频甚至虚拟现实技术整合起来，实现真正地媒介融合，在新闻现场，根据新闻对象的需要，安装相应的新闻模块，装配虚拟现实摄像头，实现快速写稿、现场直播、制作 VR 作品。

三、机器新闻的技术原理概述

目前从数据到新闻文本的生成方式可分为两种：基于模板填充的方法与基于自然语言生成的方法。前者需要人工定制写作模板，通过向固定模板中填充数据生成新闻文本。后者基于自然语言生成技术，采用统计方法从语义表示生成自然语言文本。

Xiaomingbot 的文章写作涉及体育、财经和房产等领域，所有文章从写作到配图，再到分发推荐给读者全部自动完成，中间不需要任何人工参与。Xiaomingbot 主要涉及的技术包括以下方面：关于比赛的实时比分的数据通过文法结构和模板生成。通过计算机视觉分析图片内容，将它和文字结合匹配出来[17]。知识库的建立，像是比赛球队的历史、球员信息，作为额外信息补充文章内容。它会抓取网上直播文字信息，通过机器学习里排序学习的技术去挑选最重要的内容，融入文章中，参见图 3-13。

对于比赛过程中会产生比赛文字直播的体育比赛，机器新闻的实质是将新闻构建归结为对直播文本进行自动摘要的过程[16]。万小军团队对此采用基于学习排序框架，构建针对体育直播文字的学习排序模型，应用学习排序模型预测每个直播句子的权重，选取权重最高的句子集合构建体育新闻。

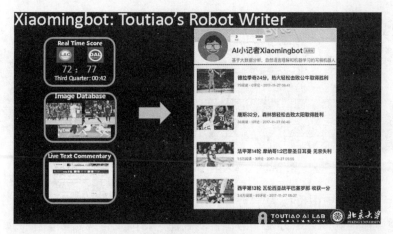

图 3-13　今日头条和北京大学合作的新闻机器人 Xiaomingbot 的工作原理

四、虚拟主播

虚拟主播，是综合利用自然语言处理、语音识别与合成技术、图像处理、虚拟现实技术等实现的能播报新闻的仿真人形象，具有主持人的功能和作用，其智力水平依赖于算法和知识库。2001 年英国，世界上诞生了第一个虚拟主播——阿娜诺娃（Ananova）。国内的虚拟主播的研究和尝试包括：科大讯飞虚拟主持人小晴、新华社虚拟主播和百度虚拟主播小灵。

（一）科大讯飞虚拟主播小晴

科大讯飞 AI 虚拟主播利用讯飞的语音合成、语音识别、语义理解、图像处理、机器翻译等多项人工智能技术，实现了多语言的新闻自动播报，并支持从文本到视频的自动输出[18]，其虚拟主播参见图 3-14。实现的功能包括：

虚拟形象：同时具有 2D/3D 虚拟形象，可定制真人形象，也可打造 3D 虚拟形象，支持半身和全身。多语言播报：支持中、英、日、韩、泰、越等多国语言，虚拟主播自由切换不同语言。声音定制：科大讯飞利用其领先的语音合成技术，自然流畅的声音体验，为形象定制提供专属的个性化语音库。实时合成：一键快速将文稿内容转换成虚拟主播视频，实现虚拟形象对文字内容的实时播报。表情生成：人工智能技术自动预测表情、实时处理唇形，表情真实，接近自然生动。AI 系统：AI 虚拟主播系统，支持音频、视频实时导出，满足各种场景的内容自动化生产。

图 3-14　科大讯飞 2D 与 3D 虚拟主播

2019 年 12 月，中国传媒大学与科大讯飞签署战略合作协议。双方将在舆情发布引导、智慧媒体与新闻导语分发、语音智能翻译、新闻发言人培训、虚拟播音员打造、脑科学与人工智能领域、商业广告模式创新、新闻媒体"采编播审存"系统设计等方面开展广泛而深入的合作。

（二）虚拟主播琥珀·虚颜签约新华网

2017 年 11 月，深圳狗尾草公司自主研发的人工智能虚拟生命琥珀·虚颜亮相新华网 20 年周年庆现场，以新华网签约虚拟主播的身份现场播报新闻。她是通过 3D 全息投影打造的虚拟生命形象，已实现理解、记忆、学习、表达、推理、联想、情感等丰富的认知能力，可与人进行有情绪、有情感的交流互动，具备智能推荐、信息咨询、任务提醒等生活服务功能，参见图 3-15。

图 3-15　虚拟主播琥珀·虚颜

二次元虚拟生命琥珀，破次元引领主流，既成了二次元粉丝的新偶像，也成了全媒体发展的一个新的媒体播报形态。

（三）新华社与搜狗研发的人工智能主播

2018 年 11 月 7 日，新华社在乌镇举行的世界互联网大会上公布了"人工智能新闻主播"，他是第一个全仿真智能合成主持人，其嘴唇动作和面部表情都是基于新华社的两位真人主播[19]而设计的，参见图 3-16。

图 3-16 新华社和搜狗合作的人工智能虚拟主播

该主播由新华社和搜狗公司开发，基于人脸识别、人脸合成和语音合成技术，旨在模拟人类的声音、面部表情和手势。据新华社报道，人工智能新闻阅读器"自己从现场直播视频中学习，可以像专业新闻主播那样自然地阅读文本"。这不仅是人工智能合成领域的技术创新和突破，更是开创了新闻领域实时音、视频与人工智能真人形象合成的先河，引起泰晤士报、今日俄罗斯电视台、福克斯新闻、英国广播公司等国际媒体对新华社虚拟主持人的关注报道。

（四）百度虚拟主播小灵

百度大脑增强现实项目，将 AR、语音互动、深度学习等 AI 能力，与定制化 3D 虚拟 IP 形象相结合，打造生动、可交互的人工智能虚拟主播，用于知名 IP 的立体化包装，出现在影视节目录制、网络直播、演唱会等多样化场景。

2019 年"五四运动"迎来百年诞辰，在中央广播电视总台主题为"我们都是追梦人"的《五月的鲜花》五四晚会上，百度大脑 AI 虚拟主播小灵首次亮相。作为"新新"青年的代表，小灵既能通过人脸识别技术与嘉宾互动，又有极强的控场能力[20]，参见图 3-17。

图 3-17 百度虚拟主播小灵参加 2019 年五四晚会

小灵作为 3D 立体虚拟主持人，糅合了百度大脑的语音、视觉、大数据，以及 AR 等多重技术，其中最引人注目的是"唇动技术"。小灵的唇动技术，是基于大量的面部特征数据学习，辅之以人工智能和深度学习技术而生成的。

小灵通过人脸识别技术采集了小尼的人脸信息，并利用知识图谱清楚地知道小尼的年龄。在小尼企图用《喜羊羊与灰太狼》来欺骗小灵时，小灵迅速运用自己的"超级大脑"知识图谱来反驳他说，《黑猫警长》《葫芦兄弟》才是真正属于他的年代记忆。人脸识别加知识图谱的技术让小灵能够在现场做到随机应变，与此同时人脸识别技术还运用到了嘉宾互动的环节。

小结

本章论述了两方面内容，一方面是传统媒体的互联网化、全媒体和融媒体化发展，以及超高清视频和 5G 通信技术为视频媒体带来的变革；另一方面，论述了以社交和推荐为基础的互联网新媒体发展现状，包括短视频、机器新闻和虚拟主播的应用发展现状。二维码推荐了 4 段视频，即习近平总书记论述融媒体、邬贺铨院士谈 5G、央视 5G+4K+AI 的制播、马维英讲述今日头条和抖音的 AI 创作。

参考文献

［1］新华网.习近平：推动媒体融合向纵深发展 巩固全党全国人民共同思想基础［EB/OL］.（2019-01-25）.http：//www.xinhuanet.com/politics/leaders/2019-01-25/c_1124044208.htm.

［2］人民网.习近平 1.25 谈媒体融合发展十大"金句"［EB/OL］.（2019-01-26）.http：//media.people.com.cn/n1/2019/0126/c14677-30591465.html.

［3］胡正荣.媒体融合，要真融、快融、彻底融！［EB/OL］.http：//www.huzhengrong.net.

［4］王晓红.俞逆思，融媒体时代美国地方电视台经营模式研究［J］.当代传播，2019（4）：109-111.

［5］胡正荣，张英培.5G 与人工智能时代县级融媒体中心建设的关键点——以江苏邳州为例［J］.电视研究，2019（4）：4-6.

［6］中国传媒大学官网.喜讯：我校获批建设媒体融合与传播国家重点实验室［EB/OL］.http：//www.cuc.edu.cn/news/2019/1126/c1976a159636/page.htm，2019.11.

［7］邬贺铨.5G 引领数字经济发展［J］.互联网经济，2019（11）：14-19.

［8］邬贺铨.大数据助力疫情防控［J］.网信军民融合，2020（2）：17-21.

续表

［9］董云庭.做好工业互联网必须解决好十个环节问题［EB/OL］. https：//mp.weixin.qq.com/s/NDWMx5M19StmADcX8nkBuA.	
［10］中国信息通信研究院.5G新媒体行业白皮书［EB/OL］. http：//www.caict.ac.cn/kxyj/qwfb/bps/201907/P020190717790406367218.	
［11］央视网.以"世界一流 历史最好"为标准呈现70周年大庆视听盛宴［EB/OL］. http：//m.news.cctv.com/2019/10/03/ARTIRs7Ic7aMzn7q8tBXRoQA191003.shtml.	
［12］字节跳动官网［EB/OL］. https：//www.bytedance.com/zh.	
［15］赵禹桥.新闻写作机器人的应用及前景展望——以今日头条新闻机器人张小明（xiaomingbot）为例［EB/OL］. http：//media.people.com.cn/n1/2017/0111/c409691-29014245.html.	
［17］李磊.机器写作与AI辅助创作,机器之心［EB/OL］. https：//www.jiqizhixin.com/articles/2017-12-26-3.	
［18］科大讯飞.虚拟主播解决方案［EB/OL］. https：//www.xfyun.cn/solutions/virtual-host-solution.	
［19］新华网.全球首个"AI合成主播"在新华社上岗［EB/OL］. http：//www.xinhuanet.com//politics/2018-11/07/c_1123678126.htm.	
［20］百度大脑之增强现实［EB/OL］. https：//ar.baidu.com/interactive/.	

第四章

CHAPTER 4

电商大数据

本章概述了中国电子商务发展概况和主要的演变过程，介绍了电子商务大数据应用，包括阿里巴巴、京东、当当、拼多多等电商平台的概况。

第一节　互联网企业概况

一、数字经济

2016 年，在 G20 杭州峰会上，国家主席习近平提出来将发展数字经济作为中国创新增长的主要路径，受到各方的积极响应支持。2017 年《政府工作报告》再次提出要推动"互联网 +"深入发展，并首次明确了促进数字经济加快成长的要求[1]。"数字经济，是亚太和全球未来的发展方向"，2018 年 11 月 18 日，亚太经合组织 APEC 第 26 次会议上，习近平主席又一次为全球经济发展指明了方向。

数字经济是继农业经济、工业经济之后的一种新的经济社会发展形态。数字经济指一个经济系统，在这个系统中，数字技术被广泛使用并由此带来整个经济环境和经济活动的根本变化。

数字经济也是一个信息和商务活动都数字化的全新的社会政治和经济系统。企业、消费者和政府之间通过网络进行的交易迅速增长。数字经济主要研究生产、分销和销售都依赖于数字技术的商品和服务。数字经济的商业模式创建了一个企业和消费者双赢的环境。

早在 1994 年，加拿大著名新经济学家、商业策划大师唐·考斯卡特出版了《数字经济》一书，预言了数字经济的到来。他认为，信息技术的革新掀起新时代的数字革命，将彻底改变经济增长方式以及世界经济格局，带领企业进入数字经济时代；消费者和生产者可以通过网络直接接触，两者之间的中间商逐步消失。这些预言都已实现，他因而被称为"数字经济之父"。他2016年出版的《区块链革命》成为畅销书，被翻译成了20多种语言。

2019年10月20日，第六届世界互联网大会在浙江乌镇开幕。国家主席习近平致贺信，指出：今年是互联网诞生50周年。当前，新一轮科技革命和产业变革加速演进，人工智能、大数据、物联网等新技术新应用新业态方兴未艾，互联网迎来了更加强劲的发展动能和更加广阔的发展空间。发展好、运用好、治理好互联网，让互联网更好造福人类，是国际社会的共同责任。各国应顺应时代潮流，勇担发展责任，共迎风险挑战，共同推进网络空间全球治理，努力推动构建网络空间命运共同体。

世界互联网大会发布的《世界互联网发展报告2019蓝皮书》和《中国互联网发展报告2019蓝皮书》中提到，2018年中国数字经济规模达到31.3万亿元，占GDP比重34.8%，数字经济已成为我国经济增长的新引擎。

2019中国国际数字经济博览会于10月11日在河北省石家庄市正定县开幕，习近平主席在贺信中指出[2]：当今世界，科技革命和产业变革日新月异，数字经济蓬勃发展，深刻改变着人类生产生活方式，对各国经济社会发展、全球治理体系、人类文明进程影响深远。中国高度重视发展数字经济，在创新、协调、绿色、开放、共享的新发展理念指引下，中国正积极推进数字产业化、产业数字化，引导数字经济和实体经济深度融合，推动经济高质量发展。

二、从福布斯数字经济榜单看中国互联网企业

在2019福布斯全球数字经济100强榜单[3]上，中国内地企业有9家上榜，包括阿里、腾讯、中国电信、京东、百度、小米、中国铁塔、联想和网易。此外中国香港有3家，中国台湾有2家企业上榜。全部榜单见表4-1，前三名为：苹果、微软和三星电子。

表4-1　2019福布斯全球数字经济100强榜

排名	英文名	中文名	国家/地区	分类
1	Apple	苹果	美国	计算机硬件
2	Microsoft	微软	美国	软件与程序
3	Samsung Electronics.	三星电子	韩国	半导体
4	Alphabet	Alphabet	美国	计算机服务
5	AT&T Inc.	AT&T	美国	电信服务
6	Amazon	亚马逊	美国	互联网和目录零售
7	Verizon Communications	Verizon Communications	美国	电信服务

排名	英文名	中文名	国家／地区	分类
8	China Mobile Limited	中国移动有限公司	中国香港	电信服务
9	Walt Disney Company	华特迪士尼	美国	广播与有线电视
10	Alibaba Group	阿里巴巴集团	中国内地	互联网和目录零售
11	Intel Corporation	英特尔	美国	半导体
12	SoftBank	软银	日本	电信服务
13	IBM	IBM	美国	计算机服务
14	Tencent Holdings	腾讯控股	中国内地	计算机服务
15	Nippon Telegraph and Telephone	日本电信电话	日本	电信服务
16	Cisco Systems	思科系统	美国	通信设备
17	Oracle Corporation	甲骨文	美国	软件与程序
18	Deutsche Telekom AG	德国电信	德国	电信服务
19	Taiwan Semiconductor Manufacturing	台积电	中国台湾	半导体
20	KDDI	KDDI	日本	电信服务
21	SAP	SAP	德国	软件与程序
22	Telefonica	Telefonica	西班牙	电信服务
23	America Movil	America Movil	墨西哥	电信服务
24	Hon Hai Precision	鸿海精密	中国台湾	电子产品
25	Dell Technologies	Dell Technologies	美国	计算机硬件
26	Orange	Orange	法国	电信服务
27	China Telecom	中国电信股份有限公司	中国内地	电信服务
28	SK hynix	SK 海力士	韩国	半导体
29	Accenture	埃森哲	爱尔兰	计算机服务
30	Broadcom	博通	美国	半导体
31	Micron Technology	美光科技	美国	半导体
32	QUALCOMM	高通	美国	半导体
33	PayPal	PayPal	美国	消费金融服务
34	China Unicom	中国联合网络通信（香港）股份有限公司	中国香港	电信服务

排名	英文名	中文名	国家/地区	分类
35	HP	惠普	美国	计算机硬件
36	BCE	BCE	加拿大	电信服务
37	Tata Consultancy Services	塔塔咨询服务公司	印度	计算机服务
38	Automatic Data Processing	Automatic Data Processing	美国	商业与个人服务
39	BT Group	BT Group	英国	电信服务
40	Mitsubishi Electric	三菱电机	日本	电气设备
41	Canon	佳能	日本	商业产品与供应
42	Booking Holdings	Booking Holdings	美国	商业与个人服务
43	Saudi Telecom	沙特电信	沙特	电信服务
44	JD.com	京东	中国内地	互联网和目录零售
45	Texas Instruments	德州仪器	美国	半导体
46	Netflix	Netflix	美国	互联网和目录零售
47	Philips	飞利浦	荷兰	联合大企业
48	Etisalat	Etisalat	阿联酋	电信服务
49	Baidu	百度	中国内地	计算机服务
50	ASML Holding	阿斯麦控股	荷兰	半导体
51	salesforce.com	salesforce.com	美国	软件与程序
52	Applied Materials	应用材料公司	美国	半导体
53	Recruit Holdings	Recruit Holdings	日本	商业与个人服务
54	SingTel	新加坡电信	新加坡	电信服务
55	Adobe	Adobe	美国	软件与服务
56	Xiaomi	小米集团	中国内地	/
57	Telstra	Telstra	澳大利亚	电信服务
58	Vmware	VMware	美国	软件与程序
59	TE Connectivity	TE Connectivity	瑞士	电子产品
60	SK Holdings	SK控股	韩国	/
61	Murata Manufacturing	村田制作所	日本	电子产品
62	Cognizant	高知特信息技术	美国	计算机服务
63	NVIDIA Corporation	NVIDIA	美国	半导体

排名	英文名	中文名	国家 / 地区	分类
64	eBay	eBay	美国	互联网和目录零售
65	Telenor	挪威电信	挪威	电信服务
66	Vodafone	沃达丰	英国	电信服务
67	SK Telecom	SK 电讯	韩国	电信服务
68	Vivendi	维旺迪	法国	电信服务
69	Naspers	Naspers	南非	广播与有线电视
70	Infosys	印孚瑟斯	印度	计算机服务
71	China Tower Corp.	中国铁塔股份有限公司	中国内地	/
72	Swisscom	瑞士电信	瑞士	电信服务
73	Corning	康宁	美国	通信设备
74	Fidelity National Information	繁德	美国	商业与个人服务
75	Rogers Communications	罗杰斯通信	加拿大	电信服务
76	Nintendo	任天堂	日本	娱乐产品
77	Kyocera	京瓷	日本	电子产品
78	NXP Semiconductors	恩智浦半导体	荷兰	半导体
79	DISH Network	DISH 网络	美国	广播与有线电视
80	Rakuten	日本乐天	日本	互联网和目录零售
81	Altice Europe	Altice Europe	荷兰	广播与有线电视
82	TELUS	TELUS	加拿大	电信服务
83	Capgemini	凯捷	法国	计算机服务
84	Activision Blizzard	动视暴雪	美国	娱乐产品
85	Analog Devices	Analog Devices	美国	半导体
86	Lam Research Corporation	泛林集团	美国	半导体
87	DXC Technology	DXC Technology	美国	商业与个人服务
88	Legend Holdings	联想控股	中国内地	计算机硬件
89	Lenovo Group	联想集团	中国香港	计算机硬件
90	NetEase	网易	中国内地	计算机服务
91	Tokyo Electron	东京电子	日本	半导体
92	Keyence	基恩士	日本	电子产品

排名	英文名	中文名	国家/地区	分类
93	Telkom Indonesia	Telkom Indonesia	印尼	电信服务
94	Nokia	诺基亚	芬兰	通信设备
95	Fortive	Fortive	美国	电气设备
96	Ericsson	爱立信	瑞典	通信设备
97	Fiserv	Fiserv	美国	软件与程序
98	Fujitsu	富士通	日本	计算机硬件
99	Hewlett Packard Enterprise	慧与	美国	计算机硬件
100	Telia	Telia	瑞典	电信服务

三、从《财富》世界 500 强排行榜看中国的互联网企业

财富中文网于 2019 年 7 月 22 日全球同步发布最新的《财富》世界 500 强排行榜[4]。中国大公司数量首次与美国并驾齐驱，但是如何做强变得更为迫切。从数量看，在世界最大的 500 家企业中，有 129 家来自中国，历史上首次超过美国（121 家）。即使不计算中国台湾地区企业，中国大陆企业（包括香港企业）也达到了 119 家，与美国数量旗鼓相当。

在盈利方面，沙特阿美以近 1110 亿美元的超高利润登顶利润榜首位，苹果位列第二。利润榜前 10 位的四家中国公司仍然是工建农中四大银行，谷歌母公司 Alphabet 则以年度 142.7% 的利润增长率成功跻身前十强，位列第七。在中国大陆公司中，利润率最高的是中国工商银行。

与世界 500 强比较，中国企业盈利指标比较低。世界 500 强的平均利润为 43 亿美元，而中国上榜企业的平均利润是 35 亿美元。中国企业的盈利能力还没有达到世界 500 强的平均水平。如果与美国企业相比，中国企业则存在的差距更加明显。

今年上榜的互联网相关公司共有 7 家，除新上榜的小米外，其余 6 家排名较去年均有提升，分别为京东、阿里巴巴、腾讯、亚马逊、谷歌母公司 Alphabet 和 Facebook。

四、从排行榜看中国的互联网企业

2019 年 8 月 14 日，中国互联网协会、工业和信息化部网络安全产业发展中心（工业和信息化部信息中心）联合举办 2019 年中国互联网企业 100 强发布会暨百强企业高峰论坛，公布了 2019 年互联网企业 100 强和互联网成长型企业 20 强，并发布了《2019 年中国互联网企业 100 强发展报告》[5]。

阿里巴巴、腾讯、百度公司、京东、蚂蚁金融、网易、美团点评、字节跳动、三六零、新浪位列榜单前十名，详细见表 4-2 所示[6]。

表 4-2　2019 年中国互联网企业 100 强名单

排名	中文名称	中文简称	主要品牌
1	阿里巴巴（中国）有限公司	阿里巴巴	淘宝、阿里云、高德
2	深圳市腾讯计算机系统有限责任公司	腾讯公司	微信、QQ、腾讯网
3	百度公司	百度	百度、爱奇艺
4	京东集团	京东	商城、物流、京东云
5	浙江蚂蚁小微金融服务集团股份有限公司	蚂蚁金服	支付宝、相互宝、芝麻信用蚂蚁森林
6	网易集团	网易	网易邮箱、网易严选、网易新闻
7	美团点评	美团	美团、大众点评、美团外卖、美团买菜
8	北京字节跳动科技有限公司	字节跳动	抖音、今日头条
9	三六零安全科技股份有限公司	三六零	360 安全卫士、360 浏览器
10	新浪公司	新浪公司	新浪网、微博
11	上海寻梦信息技术有限公司	拼多多	拼多多
12	搜狐公司	搜狐	搜狐媒体、搜狐视频
13	北京五八信息技术有限公司	58 集团	58 同城、赶集网、安居客
14	苏宁控股集团有限公司	苏宁控股	苏宁易购、PP 视频
15	小米集团	小米集团	小米、米家、米兔
16	携程计算机技术（上海）有限公司	携程旅行网	携程旅行网、天巡
17	用友网络科技股份有限公司	用友网络	U8c、财务云、精智工业互联网平台
18	北京猎豹移动科技有限公司	猎豹移动	猎豹清理大师、AI 智能服务机器人
19	北京车之家信息技术有限公司	汽车之家	汽车之家、二手车之家
20	湖南快乐阳光互动娱乐传媒有限公司	快乐阳光	芒果 TV
21	唯品会（中国）有限公司	唯品会	唯品会
22	央视国际网络有限公司	央视网	央视网、中国 IPTV、CCTV 手机电视
23	三七文娱（广州）网络科技有限公司	三七互娱	37 手游、极光网络、37 游戏、37Games
24	北京昆仑万维科技股份有限公司	昆仑万维	GameArk、闲徕互娱、Grindr
25	浪潮集团有限公司	浪潮	浪潮云，质量链、爱城市网、一贷通
26	北京网聘咨询有限公司	智联招聘	智联招聘

续表

排名	中文名称	中文简称	主要品牌
27	新华网股份有限公司	新华网	学习进行时、国家相册、思客
28	人民网股份有限公司	人民网	中国共产党新闻网、强国论坛、两会进行时
29	同程旅游集团	同程旅游	同程旅游、艺龙旅行网
30	武汉斗鱼网络科技有限公司	斗鱼直播	斗鱼直播
31	广州华多网络科技有限公司	欢聚时代	多玩游戏网、YY Live
32	网宿科技股份有限公司	网宿科技	网宿云分发、网宿云、网宿网盾
33	咪咕文化科技有限公司	咪咕文化	咪咕视频、咪咕音乐、咪咕阅读
34	巨人网络集团股份有限公司	巨人网络	征途系列、仙侠世界系列
35	贵阳朗玛信息技术股份有限公司	朗玛信息	39 互联网医院、39 健康网、39 健康智慧家庭
36	鹏博士电信传媒集团股份有限公司	鹏博士	鹏博士数据中心、鹏博士云网、长城宽带
37	上海钢银电子商务股份有限公司	钢银电商	钢银电商
38	东方明珠新媒体股份有限公司	东方明珠	百视通、东方购物、SITV
39	黑龙江龙采科技集团有限责任公司	龙采科技集团	龙采、资海、采云平台、龙采智慧云
40	深圳市迅雷网络技术有限公司	迅雷集团	迅雷 X、迅雷影音、玩客云
41	易车控股有限公司	易车	易车网、易鑫集团
42	四三九九网络股份有限公司	4399	4399 小游戏、4399 休闲娱乐平台
43	上海米哈游网络科技股份有限公司	米哈游	米哈游
44	完美世界股份有限公司	完美世界	完美世界游戏、完美世界影视
45	竞技世界（北京）网络技术有限公司	竞技世界	JJ 比赛
46	前锦网络信息技术（上海）有限公司	前程无忧	前程无忧、应届生求职网、51 米多多
47	北京蜜莱坞网络科技有限公司	映客直播	映客 App、种子视频
48	无锡华云数据技术服务有限公司	华云数据集团	华云、CloudUltra、H2CI™
49	上海波克城市网络科技股份有限公司	波克城市	波克城市、捕鱼达人、猫咪公寓
50	东软集团股份有限公司	东软集团	Neusoft 东软
51	盛跃网络科技（上海）有限公司	盛趣游戏	盛趣游戏
52	科大讯飞股份有限公司	科大讯飞	讯飞输入法、讯飞翻译机、讯飞听见
53	优刻得科技股份有限公司	优刻得	UCloud、优铭云、安全屋
54	杭州顺网科技股份有限公司	顺网科技	网维大师、顺网云、顺网游戏

排名	中文名称	中文简称	主要品牌
55	北京光环新网科技股份有限公司	光环新网	互联网数据中心服务、云计算及相关服务
56	汇通达网络股份有限公司	汇通达	超级老板 App、汇通达汇掌柜 App+ 微商城
57	深圳市房多多网络科技有限公司	房多多	房多多
58	福建网龙计算机网络信息技术有限公司	网龙网络公司	魔域、英魂之刃、101 贝考
59	美图公司	美图	美图秀秀、美颜相机、美拍
60	汇量科技集团	汇量科技	Mobvista、Mintegral、GameAnalytics
61	广州多益网络股份有限公司	多益网络	多益网络、神武、梦想世界
62	深圳市创梦天地科技有限公司	创梦天地	乐逗游戏
63	深圳市梦网科技发展有限公司	梦网科技	富信 RBM、IM 云、物联云
64	上海二三四五网络控股集团股份有限公司	二三四五	2345 网址导航、2345 加速浏览器
65	北京搜房科技发展有限公司	房天下	房天下网、开发云、家居云
66	世纪龙信息网络有限责任公司	世纪龙（21CN）	天翼云盘、189 邮箱、21CN 门户
67	游族网络股份有限公司	游族网络	少年三国志、权力的游戏凛冬将至
68	河南锐之旗网络科技有限公司	锐之旗	锐之旗、云和数据
69	好未来教育科技集团	好未来	学而思网校
70	珍岛信息技术（上海）股份有限公司	珍岛	珍岛、T 云、Trueland
71	杭州边锋网络技术有限公司	边锋网络	边锋游戏、游戏茶苑
72	金蝶软件（中国）有限公司	金蝶软件	金蝶、金蝶云
73	上海幻电信息科技有限公司	哔哩哔哩	哔哩哔哩
74	湖南竞网智赢网络技术有限公司	竞网	智营销综合服务、网络营销推广服务
75	北京中钢网信息股份有限公司	中钢网	中钢网、抢钢宝、现货通
76	湖南草花互动网络科技有限公司	草花互动	草花手游平台
77	北京密境和风科技有限公司	花椒直播	花椒直播
78	贝壳找房（北京）科技有限公司	贝壳找房	贝壳找房
79	二六三网络通信股份有限公司	二六三网络通信	263 云通信、263 企业邮箱、263 企业直播
80	南京途牛科技有限公司	途牛	途牛旅游网、笛风云、途牛金服

续表

排名	中文名称	中文简称	主要品牌
81	东方财富信息股份有限公司	东方财富	东方财富网、天天基金网、股吧
82	拉卡拉支付股份有限公司	拉卡拉	拉卡拉支付、积分购
83	厦门吉比特网络技术股份有限公司	吉比特	《问道》《问道手游》《不思议迷宫》
84	福建乐游网络科技有限公司	乐游网络	6Y乐游网、乐游App
85	广州荔支网络技术有限公司	荔枝	荔枝App
86	深圳市岚悦网络科技有限公司	中手游	中手游
87	满帮集团	满帮	货车帮、运满满
88	山东开创集团股份有限公司	开创集团	开创、开创云、众创社群、曹操送
89	厦门翔通动漫有限公司	翔通动漫	绿豆蛙、酷巴熊等动漫IP
90	第一视频通信传媒有限公司	第一视频集团	第一视频网、疯狂体育、中阿卫视
91	上海东方网股份有限公司	东方网	翱翔、东方头条、纵相
92	上海创蓝文化传播有限公司	创蓝253	短信、空号检测、国际短信
93	中至数据集团股份有限公司	中至数据集团	中至长尾广告、中至游戏
94	行吟信息科技（上海）有限公司	小红书	小红书App、小红书之家
95	湖北盛天网络技术股份有限公司	盛天网络	易乐游网娱平台、战吧电竞平台
96	百合佳缘网络集团股份有限公司	百合佳缘集团	世纪佳缘网、百合网、百合情感
97	上海找钢网信息科技股份有限公司	找钢网	钢铁全产业链电商、找钢指数
98	厦门美柚信息科技有限公司	美柚	美柚、柚宝宝、柚子街
99	深圳市思贝克集团有限公司	思贝克	思贝克、SPEK
100	山东海看网络科技有限公司	海看	海看IPTV、轻快融媒、海看健康

　　2019年互联网百强企业数量再创新高，以服务实体经济客户为主的产业互联网领域的企业数量达到60家，累计服务近4000万家企业。互联网百强企业通过不断向各行各业"渗透"和"赋能"，推动云计算、大数据、物联网等信息通信技术与实体经济深入融合，培育新产业、新业态、新模式，支撑实体经济高质量发展。其中，涉及互联网数据服务的有41家，生产制造服务的有13家，科技创新和知识产权的有24家，B2B电商的有11家，互联网基础服务的有10家。之前宣称进军产业互联网的阿里、腾讯、用友、浪潮等企业均在互联网百强之列。

　　工业和信息化部总工程师张峰指出，互联网作为新一轮科技革命和产业变革的有力引擎，是落实网络强国和制造强国战略，推动数字经济发展的关键力量和重要支撑。

培育更多具有创新引领能力的互联网企业，打造实力雄厚的现代互联网产业体系，对于适应新常态、打造新动能，抢抓新一轮科技革命和产业变革战略制高点具有重要意义[5]。

互联网企业要以习近平新时代中国特色社会主义思想为指导，着力推动信息技术领域核心技术突破，全面带动经济社会各领域高质量发展。一是科学认识互联网是培育壮大数字经济的关键载体。互联网将有效促进供给侧改革，优化产业结构，提升产业效率；有效推动需求侧升级，拉动投资需求，有效促进进出口贸易。二是充分肯定现代互联网产业创新发展所取得的成绩。互联网市场规模高速增长，我国互联网行业整体市场规模同比增速17.9%，整体增速高于全球平均水平。企业竞争力不断提升，融合应用持续深化。三是加快构建实力雄厚的现代互联网产业体系。互联网企业应加强创新能力，夯实持续发展基础；坚持开放融通，完善产业生态体系，加快推进数字化转型；全面提升关键信息基础设施、网络数据、个人信息等安全保障能力，提升安全保障能力。

五、电子商务

中国的电子商务包括三个层面：（1）平台类。淘宝是典型，特点是搭建一个卖家和买家展示和交易商品，以及支付转账和物流的平台，自己本身不存货买卖；（2）商家平台类。京东是典型，特点为搭建一个为自己的商品展示、交易、支付和物流的平台，自己本身存货买卖；（3）商家类。淘宝店铺是典型，即在别人的平台上卖自己的东西，同时也是电子商务的经营者。

在2014年首届乌镇世界互联网大会的互联网领袖高峰对话上，马云说，阿里巴巴不是一家电子商务公司，是帮助别人做电子商务的平台，淘宝自己不卖货、不送货、不存货。尽管马云说，阿里就是要培养更多的京东，实际上，这句话不准确，京东卖货有自己的平台，并不在淘宝或者天猫平台上卖，阿里要培养的是更多的从事电子商务的商家，并且让这些商家盈利。

实际上，随着电子商务的发展，阿里又孕育了商家和平台类的天猫商城，而最初只自己卖商品的京东，也开始作为平台为商家提供店铺功能。

六、《电子商务法》

在我国电子商务不断发展的背景下，《电子商务法》在2018年8月31日第十三届全国人民代表大会常务委员会第五次会议上通过，自2019年1月1日起施行[7]。它包括：总则、电子商务经营者、一般规定、电子商务平台经营者、电子商务合同的订立与履行、电子商务争议解决、电子商务促进、法律责任和附则共七章，参见图4-1所示。

电子商务，是指通过互联网等信息网络销售商品或者提供服务的经营活动。国家鼓励发展电子商务新业态，创新商业模式，促进电子商务技术研发和推广应用，推进电子商务诚信体系建设，营造有利于电子商务创新发展的市场环境，充分发挥电子商务在推动高质量发展、满足人民日益增长的美好生活需要、构建开放型经济方面的重要作用。

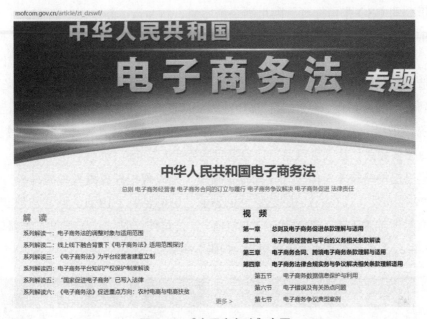

图 4-1 《电子商务法》专题

《电子商务法》专门设立了"电子商务促进"章节，明确了国家发展电子商务的重点方向。其中，农村电商和电商扶贫成为促进的重点。电子商务经营者应当依法办理市场主体登记。但是，个人销售自产农副产品、家庭手工业产品，个人利用自己的技能从事依法无须取得许可的便民劳务活动和零星小额交易活动，以及依照法律、行政法规不需要进行登记的除外。对于电商平台，未尽到资格审核义务的最高罚款二百万元。

从电子商务快速发展到规范提升，《电子商务法》将真正实现电子商务活动有法可依。从国内淘宝到跨境电商，从平台电商到社交电商，电子商务已成为商业模式多样、细分门类众多、技术创新活跃的领域。《电子商务法》针对默认勾选、删除差评、大数据杀熟等用户网购过程中遇到的具体问题进行了明确规定，将规范电商发展。针对强制捆绑搭售、退还押金困难、微商假货横行投诉无门这些问题，电子商务法无疑是一剂良药，为规范电子商务发展迈出了重要一步，未来仍需要立法执法部门以良法促善治。此外，由于涉及电子商务领域包括数据交换、证据固定等技术问题也需要进一步优化，法律实施后需要司法权威判决，以案例为网上边界问题提供行为指引和价值导向，让电子商务从业者有更多参考（自 2019 年 1 月 2 日央视新闻直播间）。

第二节　阿里巴巴集团

一、阿里巴巴的 20 年发展简况

2019 年，阿里巴巴成立 20 周年，在 2019 年主题为"数智驱动商业"的云栖大会上，阿里公司 CEO 张勇提到，阿里围绕新零售、新制造、新金融、新能源、新技术，由三年前的五新发展到今天的百新，即新建筑、新农业、新传媒、新通讯、新政务、新城市、新出行、新公益、新娱乐、新物流、新健康等，新需求和新消费产生了新供给的创造，推动社会走向数字化和智能化。大数据和算力是数字经济时代的石油与发动机，阿里围绕新零售、新物流、新金融和云计算产生了百新，构建了阿里巴巴商业操作系统，是数字经济时代的基础设施，为民生服务、公共管理和城市治理提供驱动力，让数据多跑路，让人少跑路，让数据对话替代人与企业的对话。

阿里巴巴网络技术有限公司（简称：阿里）是以曾担任英语教师的马云为首的 18 人于 1999 年 9 月 9 日在浙江杭州创立的公司。2014 年 9 月 19 日，阿里巴巴集团在纽约证券交易所挂牌上市，股票代码"BABA"，公司使命是"让天下没有难做的生意"（参见图 4-2，《马云和他的少年阿里》，扫码看视频）。

图 4-2　纪录片《马云和他的少年阿里》

到 2019 年 6 月，阿里巴巴拥有员工 10.3 万多人，其首席执行官是张勇，注册资本为 59,690 万美元，2019 财年营业额为 3,768 亿。阿里巴巴目前业务范围包括：淘宝网、天猫、聚划算（团购网）、全球速卖通、阿里巴巴国际交易市场、1688、阿里妈妈（互联网广告）、阿里云、蚂蚁金服、菜鸟网络等。2019 年 9 月 6 日，阿里巴巴集团宣布 20 亿美元全资收购网易考拉，领投网易云音乐 7 亿美元融资。

2019 年 8 月 14 日，2019 中国互联网企业 100 强名单发布，阿里位列第一。2019 年 9 月 1 日，2019 中国服务业企业 500 强榜单发布，阿里排名第 24 位。2019 年 10 月，阿里在 2019 福布斯全球数字经济 100 强榜位列 10 位。2019 年 10 月 23 日，2019《财富》未来 50 强榜单公布，阿里排名第 11。

二、淘宝网

淘宝网是亚太地区较大的网络零售商圈，由阿里巴巴集团在2003年5月创立。淘宝网拥有近5亿的注册用户数，每天有超过6000万的固定访客，同时每天的在线商品数已经超过了8亿件，平均每分钟售出4.8万件商品。

随着淘宝网规模的扩大和用户数量的增加，淘宝也从单一的C2C网络集市变成了包括C2C、团购、分销、拍卖等多种电子商务模式在内的综合性零售商圈。目前已经成为世界范围的电子商务交易平台之一。

2016年3月29日，阿里巴巴集团CEO张勇为淘宝的未来明确了发展方向，即社区化、内容化和本地生活化三大方向。2018年3月，北京市消协官网显示，北京市消协2017年在淘宝购买了4种比较试验样品，其中有1种不达标，不达标率为25.0%。

三、菜鸟网络

2013年5月28日，阿里、顺丰、三通一达（申通、圆通、中通、韵达）等共同组建"菜鸟网络科技有限公司"。在该公司股权结构中，天猫投资21.5亿，占股43%；圆通、顺丰、申通、韵达、中通各出资5000万，占股1%。目前，阿里巴巴集团CEO张勇担任菜鸟网络董事长、万霖担任总裁。2019年6月11日，菜鸟网络入选"2019福布斯中国最具创新力企业榜"。2019年10月21日，胡润研究院发布《2019胡润全球独角兽榜》，菜鸟网络排名第12位。

张勇在年会中强调，菜鸟正在做一家创新的、没有经验可循的企业，菜鸟不是一家物流公司，其做的事情是让仓储、快递、运输、落地配送等各环节的合作伙伴获得更清晰的业务场景，用数据让它们获得更好的生产能力。

菜鸟网络官网2019年11月10日的数据显示，菜鸟的业务定位为"我们是以数据为驱动的社会化协同平台""仓配网络"。其目前业务规模达到：覆盖224个国家和地区，覆盖国内县区2700多个，包裹与网点精准匹配率99%，日处理数据16万亿条，合作伙伴数量3000家，合作伙伴运输车辆超过23万辆，接入快递员300万人，专业线路609万条。

2018年11月11日23点18分09秒，2018天猫双11当日物流订单量突破10亿大关，十年来强劲增长3800多倍。中国快递进入了一天10亿的新时代，显现出中国商业的巨大活力和强劲消费信心。

天猫双11十年，物流订单从26万起步，增长3800多倍，大步跨过历史性的10亿关口，创造了世界新纪录、行业新奇迹，这也标志着菜鸟智能物流骨干网正式进入10亿新时代。10亿物流订单大致相当于美国20天的包裹量、英国4个月的包裹量。10亿也相当于中国2006年全年的快递业务量。这些包裹连接起来，长度足以绕地球赤道 7 圈多。菜鸟物流云自动化仓参见图 4-3。

图 4-3　菜鸟物流云的全自动化仓内作业

天猫双 11 期间，全球 100 多个物流合作伙伴与菜鸟并肩迎战。近 30 个国家的邮政、快递公司与菜鸟进行了物流详情直接链接，近 20 个国家的仓库使用菜鸟生态的仓库系统，纷纷进行数字化升级。全球各国邮政动用了 20 万名快递员，为天猫双 11 提供专门保障。马来西亚、泰国等国家的海关按照新的标准进行流程提升，平均通关速度提前 3-5 天。今天的峰值就是明天的常态。从一天 10 亿包裹到未来每天 10 亿包裹，单靠任何一个物流企业都无法承接，携手共建国家智能物流骨干网成为必然。业内人士认为，10 亿包裹是智能物流骨干网的冲锋号。全行业正紧密协同，把物流要素连接在一起，形成智慧、协同、绿色、面向全球化的智能物流骨干网，加快实现"全国 24 小时，全球 72 小时必达"。

2018 年 12 月 21 日，国家发改委、交通运输部制定发布了《国家物流枢纽布局和建设规划》[8]，物流枢纽建设正式成为一项国家战略，并鼓励企业共同推进这项战略。

菜鸟网络方面介绍，该平台积极响应国家战略，通过先行先试的方式，从 5 年前开始探索打造物流骨干网，将与国家物流枢纽战略全面对接，加快"全国 24 小时，全球 72 小时必达"。

中国物流业已经形成"一张菜鸟骨干网 + 中国邮政和 7 家快递上市公司 +N 家物流生态企业"的"1+8+N"全新行业格局。其中，1 和 8、N 是完整一体，协同共享，共同建设智能物流骨干网。

四、双 11 购物节大数据

在双 11 大战进入第 11 个年头之际，中国的电商格局和用户习惯都开始发生巨大变化。2019 年 11 月 12 日，百度发布的《百度 2019 年双 11 大数据报告》显示，双 11 也已由 2009 年淘宝商城的一家独大进入今天百家争鸣的新阶段，十大热搜电商平台包括：淘宝、天猫、京东、拼多多、苏宁易购、小米商城、唯品会、当当网、小红书和网易严选，这些电商平台在今年"双 11"期间都得到了网民们的重点关注。另一个趋势是，下沉市场用户则开始成为双 11 的新主力，相较于 2015 年，一线城市居民对双 11 的关注度增长幅度达 30%，二线城市居民对双 11 的关注度增长幅度达 35%，而三线及以下城市居民对双 11 的关注度增长幅度则超过了 70%。

2019 年"天猫双 11"再次刷新世界纪录，购物节一天成交量达到 2684 亿，和 2009 年的 0.5 亿相比，10 年增长了 5000 倍，与 2018 年比增长 25.7%，包裹有 12.9 亿个，是美国一个半月的包裹量，也是相当于 2007 年整个国家一年的包裹量，2019 年中国一年的包裹量已经达到 600 亿个。历年的淘宝和天猫销售数据参见图 4-4。

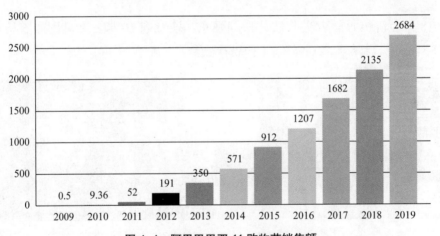

图 4-4 阿里巴巴双 11 购物节销售额

阿里巴巴集团的 CTO 张建峰表示，阿里云 10 年前从第一行代码写起，构建了中国自研的云操作系统飞天。今年阿里巴巴核心系统 100% 上云，撑住了双 11 的世界级流量洪峰，订单创新峰值达到 54.4 万笔 / 秒，单日数据处理量达到 970PB。阿里云在微博骄傲地说："不是任何一朵云都能撑住这个流量。中国有两朵云，一朵是阿里云，一朵叫其他云。"

第三节　京东集团

一、京东的 20 年发展简况

1998 年 6 月 18 日，刘强东创立京东公司，即中国自营式电商企业，其公司口号为"多快好省"。它旗下设有京东商城、京东金融、拍拍网、京东智能、O2O 及海外事业部等，截止到 2019 年 3 月底共有 17.9 万全职员工，以及 100 多万兼职快递员。2013 年 3 月，京东商城正式将 360buy 的域名切换至 jd。2014 年 5 月京东在美国纳斯达克证券交易所正式挂牌上市，股票代码 JD，创始人刘强东担任京东集团董事局主席兼首席执行官。2016 年 6 月与沃尔玛达成深度战略合作，1 号店并入京东。

京东在线销售：计算机、手机及其他数码产品、家电、汽车配件、服装与鞋类、奢侈品、家居与家庭用品、化妆品与其他个人护理用品、食品与营养品、书籍与其他媒体产品、母婴用品与玩具、体育与健身器材以及虚拟商品等，共 13 大类 3150 万种商品。

2018 年经济传媒学者吴晓波访谈刘强东，谈京东 20 年。参见图 4-5 吴晓波频道 2018：《十年二十人》之刘强东。（扫码看视频）

图 4-5　吴晓波访谈刘强东

2017 年 8 月 3 日，2017 年"中国互联网企业 100 强"榜单发布，京东排名第四位。2019 年 7 月，2019《财富》发布世界 500 强，京东位列 139 位。2019 年 8 月 22 日，进入 2019 中国民营企业 500 强前十名；2019 中国民营企业服务业 100 强发布，京东排名第 4。2019 年 9 月 7 日，中国商业联合会、中华全国商业信息中心发布 2018 年度中国零售百强名单，京东排名第 2 位。2019 年 10 月，在福布斯全球数字经济 100 强榜排第 44 位。2019 年 8 月 14 日，"2019 年中国互联网企业 100 强"发布，京东排名第四。

2006 年腾讯最早的电商网站拍拍网上线，2014 年拍拍网被京东并购，一年三个月后宣布关停，后又转为京东旗下的二手交易平台。

二、京东物流

2016 年 4 月 1 日起，选择京东配送自营商品的订单运费调整为每单 6 元。订单运费的具体标准为：企业会员、金牌会员、银牌会员、铜牌会员、注册会员购买自营商品单笔订单总金额满 99 元免运费，钻石会员购买自营商品单笔订单总金额满 79 元免运费。选择上门自提的自营商品订单运费调整为每单 3 元。

京东物流体系包括：211 限时达（当日上午 11:00 前提交的现货订单，当日送达；夜里 11:00 前提交的现货订单，次日 15:00 前送达）；次日达；极速达（3 小时将商品送达，覆盖在北京、上海、广州、成都、武汉、沈阳六个城市）；京准达（精确收货时间段的增值服务，大件商品每单 39 元，中小件商品每单 6 元）；夜间配（19:00–22:00 时段，限北京、上海、成都、广州、武汉）；自提柜；无人机。2016 年 11 月 10 日，进入双 11 以来，京东无人机在宿迁、西安、北京等多地同时投入运营。

京东物流的无人机、无人仓、无人车、无人超市和无人售卖柜参见图 4–6。

图 4–6　京东的智慧物流体系

三、京东的大数据应用

京东的大数据研究和应用，包括京东大数据研究院（research.jd.com）和京东数科（jddglobal.com）。

京东大数据研究院是基于京东大数据所打造的专业、开放的智库平台。它以京东消费数据为基础，研究用户消费行为及品牌发展趋势、构建消费评价消费指数体系、评估市场发展潜力，提供决策支持资讯服务。2018 年 12 月，《京东大数据技术白皮书》发布，总结了大数据技术在京东的落地和成长，分享了大数据技术体系和管理架构，阐述了大数据在京东的典型业务应用场景，并对大数据的技术方向进行了展望，是对京东大数据平台的全面解读。摘录要点如下：

众所周知，大数据是企业的基本生产资料，数据信息是企业宝贵的资产。不同于其他资产，数据资产主要在企业运营过程中产生较易获取，但要持续积累、沉淀和做好管理却并不容易，这是一项长期且系统性的工程。未经雕琢的数据是一组无序、混乱的数字，并不能给企业带来何种价值，从庞杂晦涩的数据中挖掘出宝藏充满着挑战，这需要将业务、技术与管理三者相互融合起来进行创新。

京东大数据平台覆盖 Hadoop、Kubernetes、Spark、Hive、Alluxio、Presto、Hbase、Storm、Flink、Kafka 等技术全栈，满足各类应用场景对数据平台的要求，参见图 4-7（扫码可看京东大数据技术白皮书），包括数据源、数据接入、数据存储、数据处理、数据分发、在线存储，支持上层的业务系统，包括搜索、广告、推荐、供应链和仓客配等。

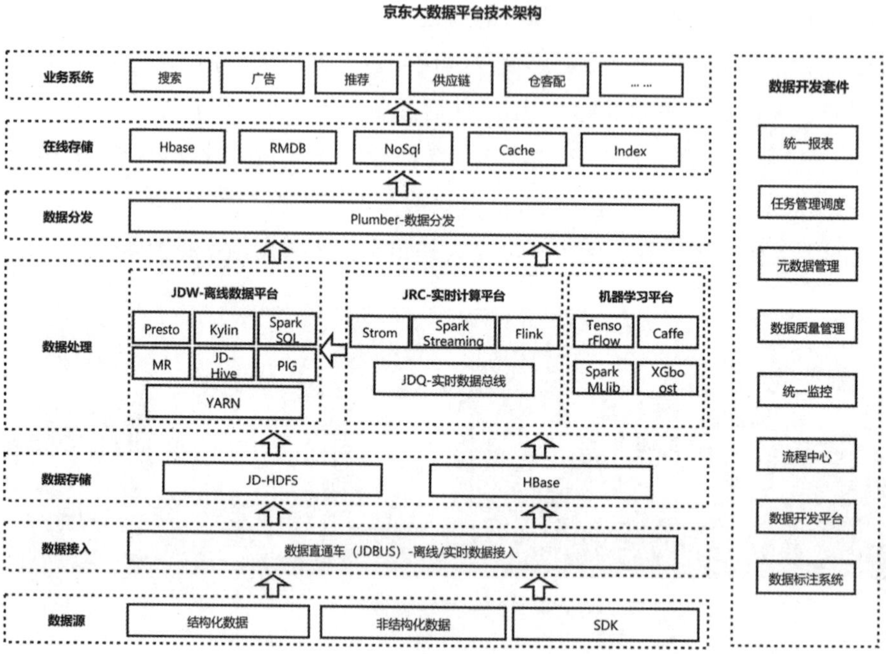

图 4-7　京东大数据平台技术架构

早在 2010 年，京东集团就启动了大数据领域的研发和应用探索工作，经过八年的持续投入，京东大数据平台在规模、技术先进性、体系完整性等方面已达到国内一流水平。作为支撑公司数据运营的重要阵地，它目前已拥有集群规模 4 万多的服务器，数据规模达 800PB，每日的 JOB 数 100 多万，业务表 900 多万，每日的离线数据日处理量 30PB，单集群规模达到 7000 多台，实时计算每天消费的数据记录近万亿条。

京东大数据平台建设了完整的技术体系，包括离线计算、实时计算和机器学习平台，可以满足多种复杂应用场景的计算任务。元数据管理、数据质量管理、任务调度、数据开发工具、流程中心等构成了其全面的数据运营工具。分析师、指南针等数据应用产品提供了便利的数据分析功能，以及敏感数据保护、数据权限控制等策略方案，能够最大限度地保护数据资产的安全。

京东数科由京东金融转型而来，是一家以 AI 驱动产业数字化的新型科技公司，目前独立运营。公司以 AI、数据技术、物联网、区块链等前沿数字科技为基础，建立并发展起核心的风险管理能力、用户运营能力、产业理解能力和企业服务能力。其使命是"以科技为美,为价值而生",经营宗旨是从数据中来,到实体中去,通过数字科技助力产业降本增效,提升用户体验,最终实现新增长,并在这个过程中创造公平与普惠的社会价值。目前,京东数科完成了在 AI 技术、AI 机器人、智能城市、数字营销、金融科技等领域的布局,服务客户纵贯个人端、企业端、政府端,累计服务 4 亿个人用户、700 多家各类金融机构和 30 余座城市的政府及其他公共服务机构。参见图 4-8。

图 4-8 京东数科提供的行业技术解决方案

从官网看,包括 AI 科技、智能城市、数字营销和金融科技。AI 科技将计算机视觉、机器学习、自然语言处理、行为识别等人工智能技术应用于行业。智能城市提供时空 AI 和时空数据能力,包括智能能源、智能交通、智能公安、信用城市,助力 AI 在产业发展、社会治理现代化和现代生活服务业的应用。物联网数字营销平台,为广告营销行业提供集成"线下屏幕 IoT+ 大数据 +AI 技术"的全新数字营销解决方案,实现场景数字化营销、精准定向服务、社区数字智能解决方案。金融科技操作系统,为金融机构提供从 IT 系统架构升级,到数字化产品运营、风险管理、客户经营、投资交易,再到与外部场景生态融合等在内的数字化能力,提供移动银行、移动证券、智能交易、智慧产业链解决方案。

第四节 垂直电商和移动电商

一、拼多多

拼多多是国内主流的手机购物 App,属于移动电商和社交电商,成立于 2015 年 9 月,用户通过发起和朋友、家人、邻居等的拼团,以更低的价格,拼团购买商品。旨在凝聚更多人的力量,用更低的价格买到更好的东西,体会更多的实惠和乐趣。拼多多母公司为上海寻梦科技有限公司,2018 年 7 月 26 日,拼多多在美国上市。2019 年 9

月 7 日，在中国商业联合会、中华全国商业信息中心发布的 2018 年度中国零售百强名单上，拼多多排名第 3 位。

目前拼多多在用户数和市值上有超越京东的趋势。央视经济网 2018 年 12 月 4 日报道，拼多多在年度活跃用户方面则达到了 3.855 亿人，超过京东的 3.052 亿成为中国第二大电商平台。2019 年 10 月 25 号，拼多多股价报 39.96 美元，上涨 12.56%，市值增加至 464 亿美元，超过京东。

提起拼多多的商业成功，不得不提起黄峥。黄峥，拼多多创始人、董事长兼首席执行官，浙江杭州人，2002 年本科毕业于浙江大学，2004 年获得美国威斯康星大学麦迪逊分校计算机硕士学位，随后加入美国谷歌。2006 年回国，参与谷歌中国办公室的创立。2007 年从谷歌离职创业，先后创立电商代运营公司和游戏公司。2015 年 4 月创立拼好货，开创社交电商新模式。2016 年 9 月，拼好货、拼多多宣布合并，黄峥担任新公司的董事长兼首席执行官。拼多多在 2019 年福布斯全球亿万富豪榜上排名第 94 位。2019 年 10 月 28 日，胡润研究院发布《2019 胡润 80 后白手起家富豪榜》，黄峥以 1350 亿元的资产排名第 1。11 月 7 日，福布斯发布 2019 年度中国富豪榜，黄峥排名第 7 位，拥有财富 1499 亿元人民币。

二、当当网

当当是知名的综合性网上购物商城，由国内著名出版机构科文公司、美国老虎基金、美国 IDG 集团、卢森堡剑桥集团、亚洲创业投资基金（原名软银中国创业基金）共同投资成立，创始人为李国庆和俞渝。

从 1999 年 11 月正式开通至今，当当已从早期的网上卖书拓展到网上卖各品类百货，包括图书音像、美妆、家居、母婴、服装和 3C 数码等几十大类，数百万种商品。在图书品类，当当占据了线上市场份额的 50% 以上，同时图书不但领先市场占有率 43.5%。当当的图书订单转化率高达 25%，远远高于行业平均的 7%，这意味着每四个人浏览当当，就会产生一个订单。

物流方面，当当在全国 600 个城市实现了"111 全天达"，在 1200 多个区县实现了次日达，货到付款方面覆盖全国 2700 个区县。

当当于美国时间 2010 年 12 月 8 日在纽约证券交易所正式挂牌上市，成为中国第一家完全基于线上业务、在美国上市的 B2C 网上商城。2016 年 9 月 12 日，当当股东投票批准了该私有化协议，当当从纽交所退市，变成一家私人控股企业。2019 年 2 月 20 日，李国庆宣布离开当当网，董事长俞渝兼任公司 CEO。

三、苏宁易购

苏宁易购是苏宁易购集团股份有限公司旗下新一代 B2C 网上购物平台，现已覆盖传统家电、3C电器、日用百货等品类。2011年，苏宁易购强化虚拟网络与实体店面的同步发展，不断提升网络市场份额。

2018年1月14日，苏宁云商发布公告，拟计划将"苏宁易购"这一苏宁智慧零售的渠道品牌名称升级为公司名称，对公司中文名称、英文名称、证券简称等拟进行变更。2019年9月7日，在中国商业联合会、中华全国商业信息中心发布的2018年度中国零售百强名单上，苏宁易购排名第4位。

苏宁易购集团是中国O2O智慧零售商，2017年苏宁易购首次跻身《财富》杂志"2017年全球财富500强榜单"，2019年在《财富》榜单上位列第333位，比2018年上升94位。

小结

本章围绕电商大数据论述了我国互联网发展概况、电子商务法、电商发展规模、电商平台的大数据应用，以及电商平台的物流概况。推荐的视频包括阿里的纪录片和吴晓波访谈刘强东，视频资料提供的信息直观具体，由当事人说话，更加准确可信，一定记得收看。

参考文献

［1］马化腾.数字经济：中国创新增长新动能［M］.北京：中信出版社，2017.
［2］河北省工业和信息化厅官网.习近平向2019中国国际数字经济博览会致贺信［EB/OL］.http：//gxt.hebei.gov.cn/hbgyhxxht/ztzl11/2019zggjszjjblh/xwlb/660866/index.html.
［3］2019福布斯全球数字经济100强榜［EB/OL］.http：//www.forbeschina.com/lists/1724.
［4］2019年财富世界500强排行榜［EB/OL］.http：//www.fortunechina.com/fortune500/c/2019-07/22/content_339535.htm.
［5］工业和信息化部信息中心.2019年中国互联网企业100强发布会在京召开［EB/OL］.http：//www.miitnsidc.org.cn/n955454/n955459/c1077215/content.html.
［6］人民网创投频道.《2019年中国互联网企业100强发展报告》发布［EB/OL］.（2019-08-15）.http：//capital.people.com.cn/n1/2019/0815/c405954-31296513.html.

［7］商务部. 电子商务法解读［EB/OL］.（2019–10–31）. http：//www.mofcom.gov.cn/article/zt_dzswf/.	
［8］国家发展改革委. 交通运输部关于印发《国家物流枢纽布局和建设规划》的通知［EB/OL］. https：//www.ndrc.gov.cn/xxgk/zcfb/tz/201812/t20181224_962345.html.	

第五章
区块链与金融大数据

区块链是一种全局共享的分布式账本，通过自证清白的方式建立分布式信任机制，具有去中心化，高公信力，数据不可篡改等特点。区块链技术被认为是数字经济的基石，广泛应用于金融、物联网、智能制造、供应链管理、数字资产交易等多个领域。区块链的技术领域主要包括区块链的体系结构、安全与隐私保护、性能优化与互操作、共识机制、智能合约、激励机制等。2017 年被称为区块链元年，区块链应用与金融大数据密切相关。

第一节 区块链概述

一、国家对区块链技术的重视

2019 年 10 月 24 日，中共中央政治局首次就区块链技术发展现状和趋势进行集体学习。习近平主席在主持时发表了讲话，他指出：区块链技术应用已延伸到数字金融、物联网、智能制造、供应链管理、数字资产交易等多个领域。全球主要国家都在加快布局区块链技术发展。我国在区块链领域拥有良好基础，要加快推动区块链技术和产业创新发展，积极推进区块链和经济社会融合发展[1]。（参见图 5-1，扫码学习视频。）

科学技术从来没有像今天这样深刻影响着国家前途命运，从来没有像今天这样深刻影响着人民生活福祉。习近平总书记用四个"要"为区块链技术如何给社会发展带来实质变化指明方向，央视网梳理这四个"要"点如下：

（1）要探索"区块链＋"在民生领域的运用，积极推动区块链技术在教育、就业、养老、精准脱贫、医疗健康、商品防伪、食品安全、公益、社会救助等领域的应用，为人民群众提供更加智能、更加便捷、更加优质的公共服务。

图 5-1　《新闻联播》报道区块链发展

（2）要推动区块链底层技术服务和新型智慧城市建设相结合，探索在信息基础设施、智慧交通、能源电力等领域的推广应用，提升城市管理的智能化、精准化水平。

（3）要利用区块链技术促进城市间在信息、资金、人才、征信等方面更大规模的互联互通，保障生产要素在区域内有序高效流动。

（4）要探索利用区块链数据共享模式，实现政务数据跨部门、跨区域共同维护和利用，促进业务协同办理，深化"最多跑一次"改革，为人民群众带来更好的政务服务体验。

习近平主席强调，区块链技术的集成应用在新的技术革新和产业变革中起着重要作用。我们要把区块链作为核心技术自主创新的重要突破口，明确主攻方向，加大投入力度，着力攻克一批关键核心技术，加快推动区块链技术和产业创新发展。

浙江大学教授、中国工程院院士、趣链科技董事长陈纯，就当前区块链发展做了讲解，并谈了自己的意见和建议。

二、区块链是继互联网之后的一次颠覆式创新

区块链（Blockchain）技术被认为是继蒸汽机、电力、互联网之后，下一代颠覆性的核心技术。互联网由 Email 诞生，区块链以比特币问世为标志。互联网彻底改变了信息传递的方式，区块链作为构造信任的机器，有可能彻底重构人类社会价值传递的方式。从互联网到区块链，是从信息流到信用流，从信息网到价值网的转变。

无论是大数据、云计算还是物联网、人工智能，都掩盖不了区块链的锋芒。区块链的颠覆式创新表现为通过构建价值互联网重构大数据时代的生产关系。由于其为新生事物，标准尚未建立，技术探索之中，应用模式模糊，在此有必要系统讨论一下区块链的背景。

除金融领域外，区块链应用已经延伸到物联网、智能制造、供应链管理、数字资产交易等多个领域，它是生产关系的革命性变革，是使参与创造的群体人人取得相应

的经济收益。区块链是去中心化分布式数据存储、点对点传输、共识机制、加密算法等计算机技术在互联网时代的创新应用模式。它利用块链式数据结构来验证与存储数据，利用分布式共识算法来生成和更新数据，利用密码学方式保证数据传输和访问的安全性。

以金融业为例，区块链金融颠覆传统支付流程。在传统方式下，A 要转账给 B，需经过中间机构 C，AB 存备付金在 C，AB 与 C 对账。而区块链代币的支付流程为，A 直接把代币转给 B，所有矿工参与记账，通过抢记账权获得代币，矿工自己更新总账。

三、区块链的特点

区块链代表着下一代的互联网基础架构。分布式记账，系统通过分布式数据存储记账管理，数据公开透明；去中心化，节点的权利与义务平等，节点之间履行相互稽核的共识机制；去信任化，系统通过点对点数据交换，无须信任；自我实现，数据记录按经加密算法保护的智能合约约定并自动执行。此外，由于区块链在密码学上的突破应用，可以在不获得数据的情况下，通过协议使用数据，数据的所有权被交还给数据所有者。

央视 2018 年 6 月《对话》栏目：把脉区块链（参见图 5-2，扫码看视频），邀请了多位专家从各个维度分析区块链政策、技术和应用，其中专家包括《区块链革命》的作者唐·塔斯考特及著名物理学家张首晟。

图 5-2　央视《对话》栏目把脉区块链

区块链的特点是不易篡改、很难伪造、可追溯。凡是需要公正、公平、诚实的应用领域，都可以应用区块链技术。区块链设计为一个链表式数据结构，每个区块都包含前一区块的加密哈希值，可创造出一条有效的、不可篡改的由区块及对应指纹信息构成的链。它依赖分布式数据库系统，也可以理解为分布式账簿（Distributed Ledger Technology，简称 DLT）。区块链记录所有发生交易的信息，过程高效透明，数据高度安全。以数字资产交易为例，全球区块链应用涉及音乐和娱乐版权保护、房地产交易、信用记录、法律、政府和公共记录等。区块链容易实现资产数字化、过程数字化、状态数字化。

四、各国政府和各行业布局区块链规划和技术研究

联合国、国际货币基金组织、美英日各国对区块链的发展高度关注，积极探索区块链应用。2016 年 10 月，工信部发布的《中国区块链技术和应用发展白皮书》系统梳理了我国区块链发展概况，总结的生态圈包括：通信、共享经济、物联网、IP 版权、教育、医疗健康、金融服务、文化娱乐、慈善公益、社会管理等。2017 年 8 月，由安妮股份牵头，成立了版权区块链联盟。2018 年 3 月，中国计算机学会筹备成立了区块链专委会。

从区块链应用现状看，一方面数字货币受到政策严控，另一方面政府扶持并率先将区块链用于信息容易失真和被篡改的精准扶贫、信用监管等方面。2018 年，浙江和深圳成立区块链研究院，广州黄埔区每年投入 2 亿元扶持区块链产业发展。

截至 2020 年 7 月 13 日，中国公开区块链相关专利 15,412 件，BATJ（百度，阿里，腾讯，京东）公司与各自业务结合布局区块链应用，如阿里的捐赠和跨境食物供应链、腾讯金融区块链、京东物流管理链等。阿里通过区块链技术与大数据技术跟踪进口商品全链路，实现集生产、通关、运输等信息一体化，以期为跨境商品添加"身份证"。

2018 年 3 月，区块链人才需求比同期增长 9.7 倍。2018 年 3 月统计结果显示，区块链媒体平台成为热点投资领域，一个月诞生 50 多家区块链媒体，反映出区块链虽然受资本关注，但是尚未成熟的状态。

五、区块链重构大数据时代的生产关系

区块链 3.0 被认为是建立信用社会，基于信用机器的社会组织与价值网，它将重构大数据时代的生产关系。行业专家认为，若机器智能是生产力，则区块链就是生产关系。生产关系包括三个要素：生产工具的所有权，生产和商业活动中人和人的关系，以及分配制度。当区块链改变这三个要素时，生产关系就变革了。

区块链通过去中心化将改变传统的业务协作模式。从依靠基于业务流的低效协同升级为不依靠任何中介节点由平台保证基本业务流程的低成本、高效率、高可信协作系统。我们可以预计区块链优先适用的场景包括：共享经济中的文化与版权系统、信用系统、房地产交易所有权确认、优化证券交易的清算和结算流程、个人电力能源交易。如美国的股票交易不到 1 秒即可完成，但结算流程需要 3 天，单笔交易涉及多方时，交易会被各方使用多个不同的系统记录，而采用区块链结算效率可在秒级完成。

无论是价值网络、下一代互联网协议还是重构生产关系，区块链都属于颠覆性技术和高精尖领域。在影视传媒领域，区块链有望解决未来文化影视业的版权确权和价值转移，通过新技术手段促进影视收益分配合理化。

第二节 区块链相关技术

一、区块链起源于比特币

区块链是比特币的底层技术，比特币是区块链技术的一个应用。比特币最初由中本聪（Satoshi Nakamoto）在《比特币：一种点对点电子现金系统》[2]中提出，2009 年比特币作为第一种数字货币发布，其后产生了莱特币、以太坊[3]等系列电子货币。

比特币的数学原理。它基于两个假设，一是网络上"好人"永远多于"坏人"，二是基于椭圆曲线的加密算法的安全性，无法被轻易破解（椭圆曲线理论与费马方程：$x^n+y^n=z^n$，当 n>2 时，不存在整数解）。传统金融交易系统建立在信任之上，由可信赖的中心机构认证个人拥有的财富值，由可信赖的中心机构来认证每一笔交易的正确性。比特币颠覆了传统的金融交易，不需要信任机构作为中介，具有不可追踪性，无法从账户地址推断所有者。中本聪研究机构官网的数字货币记账的区块链图示见图 5-3。

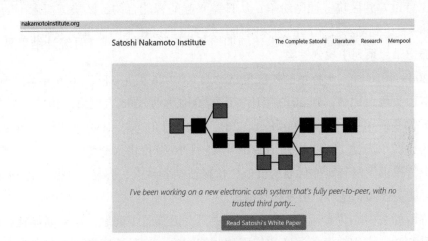

图 5-3 中本聪研究机构官网的区块链结构

二、探秘区块链：《区块链之新》

2018 年三橙传媒陈一佳奔赴中国、美国、加拿大、墨西哥、日本、瑞士、法国、澳大利亚等十余个国家和地区，拍摄历时一年，走访了上百位顶级区块链行业先驱者，打造了世界首部关注区块链技术的 6 集纪录片《区块链之新》，成为探秘区块链和比特币技术的一手视频资料。该片入围 2018 戛纳电视节最佳纪实类项目，豆瓣评分高达 8.8 分。

纪录片受访者包括了比特大陆 CEO 吴忌寒、以太坊创始人 V 神、比特币早期投资人罗杰·维尔（Roger Ver）、比特币早期开发者杰夫·加齐克（Jeff Garzik）、Blockstream 的 CSO 缪永权、风投界风云人物蒂姆·德雷珀（Tim Draper）、数学经济之父唐·塔斯考特（Don Tapscott）、行业争议人士查理·史莱姆（Charlie Shrem）等上百位意见领袖，堪称是区块链行业前所未有的全明星阵容。（《区块链之新》采访人物参见图5-4，扫码看视频。）

图 5-4　三橙传媒的纪录片《区块链之新》

纪录片团队在超过1000个小时的素材中精剪制作了这部六集的系列纪录片，第一次以最直观的方式梳理了过去10年中影响着区块链行业发展变革的重要事件。从饱受争议的比特币，到区块链社区纷争；从日益兴起的智能合约、区块链概念下的"价值互联网体系"，到新科技掀起的泡沫骗局。关于区块链技术的前世今生和价值反思，都能在这部纪录片系列中找到答案。

在2009年10月，比特币的初次价格约为0.00076美元/枚，2010年曾经有人用1万个比特币买两个比萨，到2013年比特币的价格达到8000人民币，2015年跌到1300元，一天曾暴跌40%，跌到900块钱，2017年12月17日，比特币达到了历史最高价格，单枚比特币高达19142美元，2019年11月16日价格为9934美元。与股市相比，数字虚拟货币由于没有实体代表的价值，价格波动非常大，容易成为投机洗钱的渠道，炒币者可能一夜倾家荡产，引发社会动荡。

比特币的去中心化实际是一种无政府主义，面临若干问题：挖矿高能耗，炒作带来的金融泡沫，应用缺失，认证和信用的监管困难，交易速度慢，为赌博犯罪提供黑市交易等法律问题。

在区块链技术领域，《区块链之新》中的业内人士说，我国拥有世界区块链算力的70%。其中较大的芯片和矿机厂商包括：毕业于北京大学的吴忌寒创办的比特大陆（bitmain.com），博士期间从北航辍学的张楠赓创办的嘉楠canaan（canaan-creative.com，2019年11月21日，在美国纳斯达克上市，股票代码为CAN）。

三、区块链发展历程

区块链经历了三次重要演进，即：2009年的比特币，2013年的以太坊[3]，2015年的HyperLedger Fabric[4]和趣链（Hyperchain[5]），技术比较见表5-1。

表 5-1　区块链发展代表产品比较

	2009 年	2013 年	2015 年
代表产品	比特币	以太坊	Fabric/ 趣链（HyperChain）
功能	数字货币	可编程	权限控制、隐私保护、复杂合约
核心技术	基于 POW 的共识算法	智能合约	高效共识
性能指标	每秒几笔交易	每秒几百笔交易	每秒几千到万笔交易
组织形态	公有链	公有链	联盟链

　　区块链可以分成三类：公有链、联盟链和私有链。公有链无官方管理，有规则自由接入，任何人都可以加入网络、读写数据和参与共识，典型如比特币，以太坊。联盟链由若干机构联合发起，只有授权公司和组织才能加入网络，参与共识、写入与查询数据通过授权控制，可实名参与过程，典型如开源项目 HyperLedger 和 R3。私有链由某机构或企业内部自行规制管理，写入权限控制在一个组织手中，读取权限可视需求有选择地对外开放，如 Overstock 等。

　　在三种区块链类型中，只有公有链真正解决了信任问题，联盟链和私有链还是建立在一定的信任机制之上的，但公有链的性能最低。

　　超级账本 HyperLedger 是一个旨在推动区块链跨行业应用的开源项目[4]，由 Linux 基金会在 2015 年 12 月主导发起该项目，成员包括金融、银行、物联网、供应链，制造和科技行业的领头羊，为开发各种区块链应用提供了一个可重用的代码库，参见图 5-5。

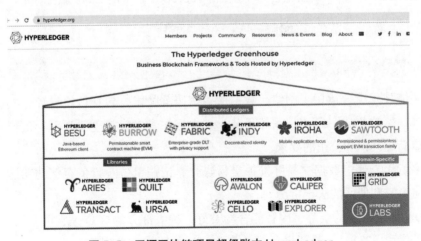

图 5-5　开源区块链项目超级账本 HyperLedger

　　趣链公司成立于 2016 年[5]，创始人均毕业于浙江大学计算机学院，由中国工程院院士陈纯教授担任董事长，为国内区块链准独角兽企业。公司有 260 余人的团队，90%

以上为技术人员，目前已经获得超过 15 亿元人民币的 B 轮融资，其区块链平台和服务内容参见图 5-6，包括区块链底层基础平台、数据共享与安全计算平台，解决方案涵盖数字资产类、业务协作类、存证溯源类和数据交换类。

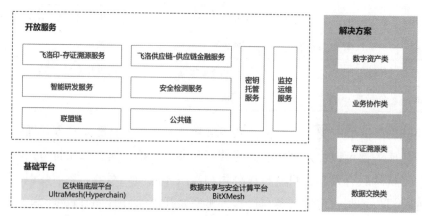

图 5-6　趣链的区块链平台和服务内容

Facebook 的加密货币项目 Libra 于 2019 年 6 月 18 日发布白皮书[6]。Libra 希望建立一套简单的、无国界的货币和为数十亿人服务的金融基础设施。Libra 旨在成为一个新的去中心化区块链，打造低波动性的加密货币和一个智能合约平台，不追求稳定美元汇率，而追求实际购买力相对稳定的加密数字货币。最初由美元、英镑、欧元和日元这 4 种法币计价的一篮子低波动性资产作为抵押物。2019 年 7 月 17 日，美国众议院金融服务委员会举行有关 Facebook 虚拟货币的听证会。2019 年 9 月 14 日路透社报道，法国财政部表示，法国和德国已经同意抵制 Facebook 旗下的 Libra 加密货币。2019 年 10 月 5 日，PayPal 宣布放弃参与 Facebook 旗下的这一加密货币项目。

四、区块链关键技术

区块链技术综合运用了网络、数据库、密码等技术，包括区块设计、共识算法确定记账者、区块生成、区块挂账等环节，其中记账者确定是重要环节。记账者的确定过程应该满足共识和公正的要求。

数字货币。通过数据交易并发挥交易媒介、记账单位及价值存储的功能，但它并不是任何国家和地区的法定货币。

ICO。加密货币的众筹，因智能合约友好，绝大部分的 ICO 是在以太坊上进行的。通常发行代币（Token）给项目参与者交换未来收益或项目使用权。

共识机制。即区块链系统中实现不同节点之间建立信任、获取权益的数学算法。

智能合约。一种用计算机语言取代法律语言记录条款的合约。

挖矿。它是比特币系统中争取记账权从而获得奖励的活动。

分布式账本。一个可以在多个站点、不同地理位置或者多个机构组成的网络中分享的资产数据库。资产可以是货币及法律定义的实体或电子的资产。

区块链共识机制的目标是使所有诚实节点保存一致性记账。联盟链共识算法需满足一致性和有效性。所有诚实节点保存的区块链账本必须一致，由某诚实节点发布的信息终将被其他所有诚实节点记录。比特币采用工作量证明来推举记账者，即"挖矿"，第一个完成满足一定条件的计算成为记账者。

北京知金链推出了一维和多维区块链随机数共识推举方法，采用超级账本（HyperLedger）开发了知金链平台[7]。基于成员随机数与平均随机数的近邻作为记账者，具有一定的随机性和公正性，应用于联盟链的电子存证、知识产权交易、电子合同签署和实体 ICO（Initial Coin Offering，首次公开募币）。

五、我国对数字货币的态度和政策

2017 年 9 月 4 日，央行等七部委发布的《关于防范代币发行融资风险的公告》中定性 ICO 是未经批准的非法融资行为。（参见图 5-7，扫码可看公告原文。）9 月 14 日，国内三大交易平台比特币中国、火币网、OKCoin 币行等所有国内平台停止数字资产兑换人民币交易业务，且中国大陆境内 ICO 活动已全部停止。

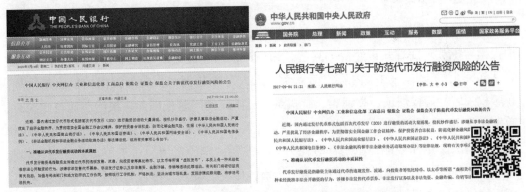

图 5-7　《关于防范代币发行融资风险的公告》内容

央行数字货币研究所所长姚前声明，现阶段中国研发央行数字货币的首要出发点是补充与替代传统实物货币，其界定属于现金 M0 范畴，而非 M1 和 M2 的替代。2018年全国两会上中国人民银行行长周小川明确表态，数字货币应用趋向虚拟资产交易方向要更加慎重，未来对于数字货币实行的动态监管，取决于技术的成熟度、测试试验和评估情况。

2019 年 10 月 28 日，中国国际经济交流中心副理事长黄奇帆对由 Facebook 推出的数字加密货币项目 Libra 表示，不相信 Libra 会成功。由中国金融四十人论坛等机构共同推出的首届外滩金融峰会当天在沪举行。黄奇帆说，在数字时代，有部分企业试图通过发行比特币、Libra 挑战主权货币，这种基于区块链的去中心化货币脱离了主权信用，发行基础无法保证，币值无法稳定，难以真正形成社会财富。

"对主权国家来讲，最好的践行货币国家发行权的办法是由政府和中央银行发行主权数字货币。"黄奇帆认为，在全球央行发行主权数字货币过程中，除了要提高便捷性、安全性之外，还要制定一种新规则，使数字货币能够与主权信用挂钩，与国家GDP、财政收入、黄金储备建立适当比例关系，通过某种机制遏制滥发货币的局面。

作为全球金融科技领域的领先者，中国亦在探索研究数字货币。相关研究已取得积极进展，但未就何时正式推出设立时间表。黄奇帆说，中国央行数字货币（DCEP）是基于区块链技术推出的全新加密电子货币体系。DCEP 将采用双层运营体系，即中国人民银行先把 DCEP 兑换给银行或其他金融机构，再由这些机构兑换给公众，其意义在于它并非是现有货币的数字化，而是 M0（流通中现金）的替代。

第三节　区块链应用

一、区块链在数字版权业的应用

区块链助力实现创作即确权、使用即授权、监测即维权。知识经济时代向版权保护提出新挑战。随着知识经济的兴起，知识产权已经成为市场竞争力的核心要素。随着认知冗余的发展，数字内容空前繁荣，人人可参与创作，向版权保护提出新挑战。在版权领域，确权烦琐、举证难、维权难、成本高的问题长期无法根治，而与此同时，我国文化市场规模已达到 10 万亿元，并维持着 10% 的增速。传统的版权保护包括版权登记、司法鉴定和公证，但是耗时耗力，还需要一定的费用。对于短文章、短视频和单张图片等零星创意和微作品的产生与传播，传统的确权、授权与维权方式无法解决。版权区块链或许可帮助微作品创作者获得相应收益。

区块链在确权认证方面，基于共识机制分布式记录版权认证信息，能证明作品的存在性、真实性和唯一性。区块链的安全机制、加密货币和智能合约技术，使版权内容的全生命周期可追溯、可查验，实现版权内容自动登记、自动验权、自动获权、自动结算、自动备案，形成一个去中心化的、可信的、可追溯的数字版权内容流通生态。区块链的不可篡改性，杜绝了"洗稿"，解决了信息内容的公信力问题和版权溯源问题。

（一）区块链在音乐版权中的应用

区块链技术实现了数字内容从创作到消费的有序流通。区块链在文化娱乐 IP 版权的应用场景众多，包括：音乐版权、影视剧本版权管理，文化众筹等。以音乐发行为例，在传统模式下，音乐人很难获得合理的版税。利用区块链技术，使音乐整个生产和传播过程中的收费和用途都是透明、真实的。2015 年 10 月，格莱美获奖者英国创作人伊莫金·希普（Imogen Heap）使用了区块链发表她的新歌 *Tiny Human*，跨过出版商和发行商，通过区块链平台自行发布和推广作品，让音乐作品直接面向听众销售，有效确保音乐人直接从作品销售中获益。

（二）华夏微电影微视频区块链版权（交易）平台

该平台由中国版权保护中心、华夏微影文化传媒中心共同建设，将纳入中国版权保护中心 DCI（数字版权唯一标识符）体系，它实现了微电影微视频作品实名上传、审查确权优先、自行定价分销、自动结算分配等功能融合一体，提供了视频从拍摄、生产、交易、传播到结算等全流程自动服务。（参见图 5-8）

2017年1月18日，华夏微电影和中国版权保护中心等共同打造的华夏微电影短视频（区块链）版权中心——"微视频360"正式上线，得到广电总局、国家网信办、公安部、文化部和团中央等国家部委的大力支持和联合推动。

图 5-8　华夏微电影短视频（区块链）版权中心

（三）安妮股份的版权家与区块链版权联盟

安妮股份通过收购畅元国讯推出了区块链版权产品版权家（bqj.cn），提供确权、授权、监测、维权、交易等服务，累计服务作品量超过 100 万件。参见图 5-9 所示版权区块链存证和音乐版权应用。

图 5-9　区块链应用版权家和音乐版权应用

2017 年 8 月 18 日，安妮股份联合艾瑞咨询、小米科技等 13 家企业成立版权区块链联盟（http：//cbca.net/），参见图 5-10。

图 5-10　版权区块链联盟

版权区块链或许能够开启版权保护的新模式，利用其技术的不可伪造性，客观记录作品的创作信息，以低成本和高效率为海量作品提供版权存证。

二、区块链在电商中的应用

华为区块链应用。以红酒溯源为例，环境数据、栽培过程信息、酿酒过程信息、分销和售后过程信息都上链存储，从酒瓶的二维码可以回溯该红酒的所有生产和加工过程，物流、分销、零售可溯源信息防止仿冒、变造和侵权，参见图 5-11。

蚂蚁金服区块链 BaaS 平台。相当一部分的区块链项目基于开源项目实现。良好的服务支持、高性能安全可靠的区块链运行平台是目前市场上缺少的。依托于生产级的区块链平台，蚂蚁区块链 BaaS 可以为区块链项目提供有力的支撑。大部分公司在联盟链落地应用领域仍处于尝试阶段。借助蚂蚁区块链，各行业的专业公司聚焦垂直领域，专注行业场景，容易创造出具有业务价值的行业解决方案。

蚂蚁区块链能源交易应用探讨。随着电力现货市场试点的建设与发展，电价与电能的动态调节成为未来的趋势，电网公司、电力交易中心、售电公司与用电企业间的用电合同变得趋于复杂。利用蚂蚁区块链的技术能力，结合智能电表等电力设备，有望实现用电合约智能化，电费结算自动化，避免人工处理带来的效率问题和潜在争议。

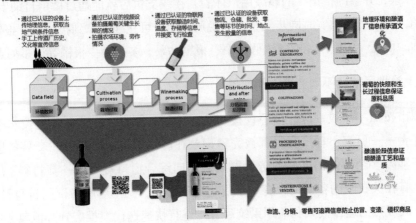

图 5-11 以红酒为例在区块链上溯源

三、区块链在电子政务中的应用

近年来，我国电子政务建设不断推进，走向数字政务新阶段。这一阶段强调将前沿信息技术运用到电子政务当中去，它是电子政务发展到更高阶段的产物，是一种数据化、自动化、智能化、智慧化形态的电子政务。

区块链为大数据和人工智能提供多方参与条件下开放的信任基础，实现了数据完整性、可靠性认证，以及包括所有权、使用权、管理权、传播权在内的数据的完整确权。

区块链的技术特性契合电子政务发展方向，可以为其提供良好支撑：为数据共享、共治提供广泛的信任基础；数据确权、数据行为可追溯保障数据提供者权益，并提供数据的不可抵赖性；高安全、高可靠性、数据不可篡改、不可伪造，使数据价值得到保护和认证；智能合约技术可以有效促进行政业务流程规范化、智能化和自动化。

（一）公益扶贫防腐平台

构建区块链公益扶贫平台，打好脱贫攻坚战，成败在于精准。而区块链系统可以有效实现对扶贫对象的精准拨付，从而避免了在中间环节中普遍存在的拨付成本、贪污腐败、资金行政审批事项等问题。

（二）深圳区块链发票

2018 年 8 月 10 日，在国家税务总局的指导下，深圳市税务局、腾讯与金蝶软件三方合作，发布了中国首个"区块链＋发票"生态体系应用的研究成果，打造了"微信支付－发票开具－报销报账"的全流程发票管理应用场景，并宣告深圳成为全国区块链电子发票试点城市，这也是深圳第一例利用区块链的智慧政务案例。该应用使用户可享受"交易即开票，开票即报销"的超级用户体验，在线支付后就能通过微信自助申请开票、一键报销，发票信息被实时同步至企业和税局，用户可在线上拿到报销款，报销状态可实时查询。可见，该应用能够解决假发票、报销贴票、多报销少报销等诸多痛点。

（三）深圳区块链不动产登记和交易

深圳市按照"一数一源、多源校核、动态更新"原则，构建区块链技术不动产信息共享平台——所有不动产交易都被完整记录在区块链上，能对以往交易信息进行跟踪；对于涉及多个部门的同一业务，群众只需向综合窗口提交"一套材料"；数据会即时送达有相关权限的各部门，有利于促进业务协同，又不影响各部门自身管理要求。在平台形成成熟的运作模式和应用系统后，可进行快速迭代，推广到其他政务领域。

（四）福州区块链信用报告

以福州市区块链信用报告为例，在该平台输入身份证号后，即可显示用户的区块链信用报告。它由福链公司与北京国信新网公司联合开发。中国计算机学会区块链专委会主任斯雪明表示，此举标志着全国首份区块链信用报告诞生。区块链信用报告是市民诚信记录的"总和"、今后办事的"试金石"和"敲门砖"，将广泛应用于市民日常生活中。这是福州市将区块链技术与公共信用信息平台相结合，在全国首家提出并开发的区块链应用落地项目，支持市民通过区块链实现对自然人及法人信用报告的检索、查看、下载、核验、溯源等功能。

区块链信用报告可用于信易游、信易学、信易阅、信易行、信易批、信易评、信易购、信易贷、信易医、信易保、信易付、信易存、信易租等13种应用场景，涵盖市民衣、食、住、行各个方面，为市民提供高效、准确而便利的公共信用信息报告服务。

（五）北京互联网法院的"天平链"

2018年12月22日，北京互联网法院正式发布"天平链"，它是由工信部安全中心、百度等国内领先区块链产业企业形成联盟，共建的区块链电子证据平台，其节点数和应用量均列国内司法行业第一。

（六）杭州互联网法院的司法区块链

2019年9月18日，杭州互联网法院的司法区块链正式上线运行，成为全国首家应用区块链技术定纷止争的法院。司法区块链让电子数据的生成、存储、传播和使用的全流程透明可信。

第四节 金融大数据

一、贝宝（Paypal）

（一）贝宝支付平台概况

贝宝（纳斯达克股票代码：PYPL，外文名为 PayPal）于 1998 年 12 月建立，是一个总部在美国加利福尼亚州圣荷塞市的在线支付服务商。公司理念为"普惠金融服务大众"，致力于提供普惠金融服务、通过技术创新与战略合作相结合，为转账、付款或收款提供不经过账号仅通过邮箱完成的捷径，当然首次需要绑定银行账号，以帮助个人及企业参与全球经济活动，贝宝会收取一些佣金，在互联网时代获得商业成功，它也是全球第一个第三方互联网支付平台。

PayPal 和一些电子商务网站合作，作为他们的支付转账方式，贝宝会收取一定数额的手续费。2018 年 12 月，世界品牌实验室发布的"2018 世界品牌 500 强榜单"，贝宝排名第 402 位。2019 年，贝宝入选"2019 福布斯全球数字经济 100 强"，排第 33 位。2019 年 10 月，Interbrand 发布全球品牌百强榜，它排名 72。

贝宝是倍受全球亿万用户追捧的国际贸易支付工具，可即时支付、即时到账，它的全中文操作界面，能通过中国的本地银行轻松提现，解决外贸收款难题。作为在线付款服务商，贝宝有 2.54 亿的用户，集国际流行的信用卡、借记卡、电子支票等支付方式于一身，帮助买卖双方解决交易过程中的支付难题。贝宝是全球化支付平台，服务范围超过 200 个市场，支持 100 多个币种。在跨国交易中，近 70% 的在线跨境买家用 PayPal 支付海外购物款项。

（二）贝宝的发展历程

1998 年，马克斯·莱文（Max Levchin）和彼得·蒂尔（Peter Thiel）成立了康菲尼迪（Confinity）。1999 年，贝宝正式上线。2000 年，康菲尼迪与埃隆·马斯克（Elon Musk）创立的 X.com 合并。2001 年，X.com 更名为贝宝。2002 年，贝宝在纳斯达克首次上市，随后被 eBay（易贝）收购。

2019 年 4 月 3 日，贝宝公司参与区块链初创企业 Cambridge Blockchain（剑桥区块链）的 A 轮融资，这也是贝宝首次投资区块链行业。2019 年 10 月 1 日,PayPal 获得中国人民银行的批准，能够购买国内支付公司的控股权，贝宝成为首家进入中国支付服务市场的外资机构。2019 年 10 月 1 日，贝宝收购国付宝 70% 的股权，正式进入中国支付市场。2019 年 10 月 4 日，贝宝宣布退出 Facebook（脸书）的 Libra 协会，成为首个退出该组织的成员。

（三）贝宝的收费策略

贝宝的标准费率：3000 美元及以下为 0.3 美元 +4.4%，3000—10000 美元为 0.3 美元 +3.9%，10000—100000 美元为 0.3 美元 +3.7%，10 万美元以上为 0.3 美元 +3.4%。它在使用美元收款时，固定费用为 0.30 美元。参见图 5-12 所示，右图是国付宝官网 2019 年 9 月 30 日国付宝股权变更，贝宝进入中国市场的官方消息。

图 5-12　贝宝的收费策略和其控股的国付宝

（四）贝宝创始人之一埃隆·马斯克

埃隆·马斯克（Elon Musk），1971 年出生于南非，18 岁时移民美国，集工程师、企业家和慈善家身份于一身，并且是贝宝、空间探索技术公司（SpaceX）、特斯拉汽车（Tesla）及太阳能公司 SolarCity 四家公司的 CEO。2017 年 7 月，马斯克从贝宝那里重新购回了域名 X.com，目前该网站只显示一个 x，可以说在 .com 域名为稀有资源的时代，这也是一笔不小的资产。

图 5-13　马斯克及其创立和参与过的一些公司

特斯拉的官网[8]上是这样介绍马斯克的：埃隆·马斯克是特斯拉的联合创始人和 CEO，负责监管公司电动汽车、电池产品和太阳能屋顶（Solar Roof）的设计、工程和制造。自 2003 年成立以来，特斯拉的使命始终是加速世界向可持续能源的转变。

埃隆还是太空探索技术公司（SpaceX）的联合创始人、CEO 和主设计师，监督高级火箭和航天器的研发与制造，以期实现完成突破地球轨道的艰巨任务，并最终实现在火星上建立自给型城市的宏伟目标。他还担任 Neuralink 的 CEO。该公司研发超高带宽脑机接口，助力人脑与电脑联结。埃隆还创立了挖洞公司（The Boring Company）并担任 CEO，此公司将快速、经济的隧道技术与全电动公共交通系统相结合，旨在缓解令人头痛的城市交通拥堵并为长距离高速旅行提供支持。

早年间，埃隆曾联合创建世界领先的互联网支付系统贝宝（PayPal），随后将其出售；他还参与打造了早期互联网地图和导航服务系统 Zip2，并协助诸如《纽约时报》（New York Times）和《赫斯特》（Hearst）等主流出版商成功完成线上转型。

二、支付宝

（一）支付宝概述

为解决网络购物支付和信任难题，2004 年阿里巴巴集团推出了第三方互联网支付平台支付宝。它目前具有担保交易、快捷支付、移动支付、先享后付和刷脸支付等功能。2010 年，支付宝经过各级网页跳转完成支付，支付成功率 70% 左右，经过与银行的协商合作，快捷支付的成功率达到 95%，支付体验大大提高，让移动支付成为可能。在盒马生鲜或肯德基都可以使用刷脸支付。

2014 年 10 月，蚂蚁金服正式成立，它是一家旨在为世界带来普惠金融服务的科技企业，支付宝成为其最主要的产品和业务，服务体系参见图 5-14 所示。

图 5-14　支付宝的服务体系

蚂蚁金服以"为世界带来更多平等的机会"为使命，致力于通过科技创新能力，搭建一个开放、共享的信用体系和金融服务平台，为全球消费者和小微企业提供安全、便捷的普惠金融服务。其产品和服务包括：支付宝、余额宝、蚂蚁商家中心、芝麻信用、蚂蚁微贷、网商银行以及开放平台。

（二）支付宝结算规则

支付宝一直倡导为中小企业提供普惠金融服务。它的《支付宝收钱码协议》第

（七）条规定："在 2021 年 3 月 31 日前，如您选择本服务将指定款项转入您指定的银行借记卡，支付宝不收取服务费。您同意，后续支付宝有权对收费规则予以调整，具体以支付宝页面展示为准。您承诺收钱码服务只能用于线下正常收款，如支付宝发现您存在异常收款行为，支付宝有权采取包括但不限于取消收款资金免费提现的优惠、停止提供收钱码服务的措施。"[9] 免费支付和交易服务推动了中国全面的移动支付发展，使中国成为全世界最为普及移动支付的国家之一。

（三）大数据和人工智能应用与风控和信用管理

2017 年云栖大会 ATEK 蚂蚁金服大会的报告中提到，支付宝的资损率不到十万分之一。支付宝通过对账户、设备、环境、行为等多个维度的风险识别检测，从而在第一时间提供风险预警和管控。大数据和机器学习为蚂蚁金服提供更强的风险甄别能力，生物识别技术提供可靠的身份认证，所有技术综合保障用户的账户安全。上千条风控规则应对不同的风险预警，在智能风控大脑和专业大脑的保护下，资损率极低，完善的赔付机制与保险也为消费者提供了保障。用 1~2 元来保障 100 万的保额，在传统模式下对财产险而言曾经是天方夜谭，但是从核保的角度看，支付宝有广泛的网络人群，风险非常分散，支付宝的安全性和强大的技术排查能力，使保险公司愿意与支付宝创新产品合作。

蚂蚁金服的金融云平台不仅为自身业务发展提供强大的技术支撑，同时作为助推器，为更多的金融机构提供安全稳定可靠低成本的金融技术解决方案。其技术与数据驱动的普惠金融创新模式，形成了世界影响力，蚂蚁金服在"一带一路"国家开展战略性投资，把在中国探索的互联网业务、产品和技术的成功经验赋能当地企业，为当地居民提供安全便捷平等的金融服务。

三、微信支付

微信支付（https：//pay.weixin.qq.com）是腾讯集团旗下的第三方支付平台，致力于为用户和企业提供安全、便捷、专业的在线支付服务。它以"微信支付，不止支付"为理念，为个人用户创造了多种便民服务和应用场景，为各类企业以及小微商户提供专业的收款能力、运营能力、资金结算解决方案，以及安全保障。

2018 年 8 月 15 日，腾讯发布的第二季度及中期综合业绩报告显示，微信和 WeChat 的合并月活跃账户数达 10.58 亿。以微信支付为核心的"智慧生活解决方案"至今已覆盖数百万门店、30 多个行业，因此，用户可以使用微信支付来看病、购物、吃饭、旅游、交水电费等，微信支付已深入人们生活的方方面面。

微信支付自 2013 年 8 月正式上线以来，从支付开始，逐步深入生活，成为新商业价值的牵引器。2014 年春节，微信红包第一次爆发；2014 年 1 月，微信支付与滴滴合作引爆打车市场；2014 年 3 月，微信支付向商户全面开放；2015 年 11 月，正式开放跨境支付能力；2016 年 9 月，"微信买单"功能上线，零门槛接入，帮助中小商户甩掉技术包袱；2017 年 7 月 3 日，微信支付上线全新微信支付境外开放平台，降低境外商户接入门槛；2018 年 6 月，腾讯移动支付业务活跃账户已逾 8 亿。[10]

从微信支付官网看，微信支付商户的支付费率约为 0.6%，结算周期为 T+1，或 T+7，即第二天结算或一周后结算，参见图 5-15。

图 5-15　微信支付服务体系和费率

腾讯财报显示 2019 年全年收入为 3772.89 亿元人民币，较上年增加 21%，净利润达 933.1 亿元人民币，同比增长 19%。2019 全年腾讯游戏业务收入为 1411 亿元，其中手游收入为 937 亿元，PC 端游收入为 474 亿元[11]。腾讯视频付费会员数增长至 1.06 亿，视频业务全年营运亏损减少至人民币 30 亿元以下。2019 年，微信及 WeChat 的合并月活跃账户数 11.65 亿，同比增 6.1%；QQ 智能终端月活跃账户数达 6.47 亿，同比降 7.5%；小程序的日均交易笔数同比增长超过一倍，总交易额超过 8000 亿元。金融科技及企业服务的收入同比增长 39% 至人民币 299.20 亿元。2019 年，腾讯云服务收入超过人民币 170 亿元，付费客户数超过 100 万。

四、印度移动支付平台 PayTM

PayTM 是印度最大移动支付和商务平台。2015 年 9 月 29 日，阿里巴巴和印度 PayTM 发布联合声明，宣布阿里巴巴集团及其旗下金融子公司蚂蚁金服将向 PayTM 注入新资金。（官网参见图 5-16）

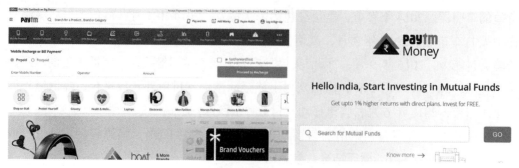

图 5-16 阿里注资的印度支付平台 PayTM

2019 年 10 月 21 日，胡润研究院发布《2019 胡润全球独角兽榜》，PayTM 排名第 23 位。

小结

区块链的价值互联网本质和变革生产关系特性决定了其颠覆式的创新能力，尽早对其进行研究跟踪和实践是必要的，这对于培养下一代互联网人才意义非凡。本章推荐的视频为《习近平主席谈区块链发展》《对话：把脉区块链》《区块链之新》，有视频有真相，这些视频一定记得收看学习。

参考文献

［1］新华网．习近平在中央政治局第十八次集体学习时强调把区块链作为核心技术自主创新重要突破口加快推动区块链技术和产业创新发展［EB/OL］．（2019-10-25）．http：//www.xinhuanet.com/2019-10/25/c_1125153665.htm.

［2］Satoshi Nakamoto（中本聪）．Bitcoin：A Peer-to-Peer Electronic Cash［EB/OL］．（2008-10-31）．https：//nakamotoinstitute.org/bitcoin/.

［3］以太坊官网［EB/OL］．https：//ethereum.org/.

［4］Hyperledger Fabric［EB/OL］．https：//www.hyperledger.org/.

［5］趣链［EB/OL］．https：//www.hyperchain.cn/.

［6］Facebook 的数字货币 Libra 白皮书［EB/OL］．https：//libra.org/zh-CN/white-paper/.

［7］杨东．区块链共票理论助力智慧政务建设［EB/OL］．（2019-10-28）．http：//www.moocs.org.cn/download/cbcs2019/Government_Affairs/06.pdf.

［8］特斯拉官网［EB/OL］．https：//www.tesla.cn/elon-musk?redirect=no.

续表

[9] 支付宝收款码协议[EB/OL].（2019-10-28）. https：//render.alipay.com/p/f/fd-iwxhbw68/index.html.	
[10] 微信支付. 商户类目对应资质费率结算周期[EB/OL].（2019-10-28）. https：//kf.qq.com/faq/140225MveaUz1501077rEfqI.html.	
[11] 新浪科技. 腾讯2019年第四季净利润215.8亿元全年净利933亿元[EB/OL].（2020-03-18）. https：//tech.sina.com.cn/2020-03-18/doc-iimxyqwa1427110.shtml.	

第六章

影视大数据

本章概述了影视行业数据概况，重点阐述大数据技术在影视行业的应用，包括电影票房和口碑分析、收视率大数据和网络视听大数据，以及大数据技术在电影、电视剧和网剧剧本开发方面的应用概况。

第一节　影视文化概述

一、影视文化是国家文化安全的重要组成部分

文化兴则国运兴，文化强则民族强。影视作品作为国家文化软实力的重要载体，是文化产业繁荣发展的重要表征，肩负着对内弘扬核心价值、对外塑造和传播国家形象、继承和弘扬中华优秀传统文化、保障国家意识形态安全的重任。

影视文化是国家文化安全的重要组成部分。在十九大报告中，习总强调，"要繁荣文艺创作，坚持思想精深、艺术精湛、制作精良相统一，加强现实题材创作，不断推出讴歌党、讴歌祖国、讴歌人民、讴歌英雄的精品力作""倡导讲品位、讲格调、讲责任，抵制低俗、庸俗、媚俗"。

前文联副主席、著名影视文艺理论家、中传艺术学部学部长仲呈祥教授2018年做报告：从中国电视剧60年发展看文化自信。（参见图6-1，扫码看视频）

仲老师认为，新中国成立70周年电视剧创作的四题是：显学艺术、美学追求、历史追求、风格化呈现。电视剧作为中国人民审美地把握世界的一种方兴未艾的现代艺术，由小到大，由弱至强，其覆盖面之广、影响力之大、穿透力之强、观众之多，已经为别的文学戏剧电影艺术形式所难以企及。中国电视剧的年产量早已逾万集，观众过十亿，播出的电视台遍及中央和省、地、县千余家。它在当代中国人民的精神文化和艺术鉴赏活动中，占据一席独特而重要的位置；它在当代中华民族精神建构中，发

挥着独特而重要的作用。[1]

图 6-1　仲呈祥《从中国电视剧 60 年发展看文化自信》

中国艺术研究院副院长、电影电视系主任贾磊磊教授认为：提升公众对于民族文化的集体认同感，弘扬中国文化的核心价值观，是一个涉及社会文化心理、媒体文化传播、大众文化消费、国家文化安全、公共文化服务体系等领域的文化战略命题。[2]当代世界，是以电影、电视、手机与互联网为主要传播媒介的影像化时代。文字的可信度越来越低了，一个未经影像确认的事件我们会怀疑它的真实性，我们正在进入一个影像为王的媒介时代。对于电影而言，我们通常爱将一部电影的功劳归于导演，而将它的失误归咎于编剧——这不是对编剧的器重，而是对导演的漠视，对一种影像语言的漠视。[3]

图 6-2 是贾磊磊在电影频道《今日影评》点评《战狼 2》和《建军大业》（扫码可以看视频）。关于《建军大业》《建党伟业》《建国大业》的融媒视频，如何用影视增强近代史和革命史的学习，可以参看本书作者团队开发的如艺智媒影视系统（http：//www.yingshinet.com）。

图 6-2　贾磊磊点评《战狼 2》和《建军大业》

电视剧司副司长王卫平认为，改革开放 40 年中国电视剧对社会精神层面产生了深刻影响，电视剧中人物对世界、对人生、对自身认识的改变，折射出的是一个国家、一个民族、一个社会在眼界、胸怀、气量、格局、视野上的时代性演变，以及在大众心态、认知水平、价值观念、尊重意识、民族性格以及群体素质上的长足进步[4]。

中国传媒大学曾庆瑞教授指出：文化兴则国运兴，文化强则民族强。没有高度的文化自信，没有文化的繁荣兴盛，就没有中华民族伟大复兴[5]。影视业要以人民为中心进行创作，引领社会进步。

编剧汪海林、宋方金认为，影视行业是生产价值观的行业[6]。不可否认，为了迎合娱乐，2016 年前后某些影视制作团队利用大 IP 加小鲜肉，炮制了脱离生活、玄幻妖魔甚至三观不正的影视理财产品，推崇的偶像明星在观众中形成不良影响。宋方金认为，故事行业是特殊行业，首先是作品，其次才是产品，首先是文化属性，其次才是商业属性。

二、更新影视观念传播新形势下的主旋律影视精品

传统的影视观念阻碍了影视发展。中国传媒大学校长廖祥忠认为应该重新树立"主旋律"的标准，认为一切能引导正能量的影视创作形式都是新时代下"主旋律"的代表；一切有助于梦想实现、鼓舞人心的影视作品都是中国主旋律的新形象[7]。电影《建国大业》依靠明星效应使革命思想剧情化，比任何其他方式更容易为大众接受和理解。

中国文艺评论家协会副主席、清华大学尹鸿教授认为，优秀的艺术作品，既是与时代的互文与互动，又是与人性的互视与互介[8]。全球化、市场化、多媒介化背景下注定了今天的影视观众、影视需求、内容和功能发生了巨大变化。30 年前的"好电影"在今天可能已经不能再吸引观众[9]。

三、正确认识影视作品的娱乐功能

影视作品具有娱乐功能，是造梦者。影视专家尹鸿和贾磊磊都认同观众，特别是00 后观众，有精神文化消费满足的权利，不仅要为其推送主旋律和励志的影视作品，同时要提供健康的娱乐，要构建文明常识。娱乐无罪，但是娱乐需要健康。娱乐不仅仅是让人傻乐，而是让人笑过以后觉得干净。

全世界大部分国家对电影采用了分级管理，一般分为：普通级（任何人都可以看）、辅导级（由成年人判断）和限制级（不允许未成年观看）。由于中国特殊国情的限制，电影审查相对严格，没有实行分级管理[8]。尹鸿认为电影文化普及不够，使得观众接收信息的渠道非常有限。中国电影多元化后，每年都有二三十部非常优秀的电影[8]出现，遗憾的是普通观众对其了解不多。

2018 年 11 月 21 日教育部、中宣部联合印发《关于加强中小学影视教育的指导意

见》[10]，将影视教育纳入中小学教学计划，充分发挥优秀影视作品的育人功能。该文件指出："优秀影片具有生动、形象、感染力强等显著特点，蕴含着丰富的思想、艺术和文化价值。利用优秀影片开展中小学生影视教育，是加强中小学生社会主义核心价值观教育的时代需要，是落实立德树人根本任务的有效途径，是丰富中小学育人手段的重要举措。"

第二节 电影大数据

一、我国电影行业规模概况

中国目前是全球第二大电影市场。从 2010 年至 2019 年，中国电影票房稳步增长，2019 年全国电影总票房 642.66 亿元，同比增长 5.4%。国产电影总票房 411.75 亿元，同比增长 8.65%，市场占比 64.07%，城市院线观影人次 17.27 亿，较去年略有增长，2019 年新增银幕 9708 块，全国银幕总数达到 69787 块，银幕总数全球领先的地位更加稳固[11]。（参见图 6-3）

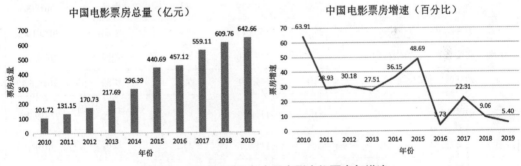

图 6-3 2010-2019 年中国电影市场票房与增速

2019 年我国生产故事片 850 部，较上一年缩减 52 部。全年共生产动画电影 51 部、科教电影 74 部、纪录电影 47 部、特种电影 15 部，总计 1037 部。故事片产量和影片总产量分别比上一年微降 5.76% 和 4.16%。[12]

2019 年全年，票房前 10 名的影片中有 8 部为国产影片，票房过 10 亿元的 15 部影片中有 10 部为国产影片。随着《流浪地球》《哪吒之魔童降世》两部影片的上映，中国电影市场上映影片的票房前三名被国产电影收入囊中，国产电影实现社会效益与经济效益的双丰收，观众更加青睐国产电影。

近年国产电影创作质量提升快速，涌现了一批票房和口碑双高的优秀作品，如《战狼 2》《流浪地球》《哪吒之魔童降世》《湄公河行动》《红海行动》《我不是药神》

《我和我的祖国》等主旋律作品。

二、2017-2019 电影票房盘点

电影的口碑评价与票房表现，在不同领域能够刻画一部电影受欢迎程度。票房表现与制片人利益息息相关，它们在一定程度上成为拉动更多人观影的"金字招牌"。2019 年中国电影票房 Top25 见表 6-1，票房数据来自艺恩网，评分来自豆瓣。

表 6-1　2019 年中国内地票房 Top25

排名	影片名称	类型	总票房（万）	豆瓣评分	国家及地区	上映日期
1	哪吒之魔童降世	动画	500,359	8.5	中国	2019/7/26
2	流浪地球	科幻	468,150	7.9	中国	2019/2/5
3	复仇者联盟 4：终局之战	动作	424,922	8.5	美国	2019/4/24
4	我和我的祖国	剧情	312,366	7.7	中国	2019/9/30
5	中国机长	剧情	290,354	6.7	中国	2019/9/30
6	疯狂的外星人	喜剧	221,275	6.4	中国	2019/2/5
7	飞驰人生	喜剧	172,733	6.9	中国	2019/2/5
8	烈火英雄	灾难	170,339	6.5	中国	2019/8/1
9	少年的你	剧情	155,623	8.3	中国	2019/10/25
10	速度与激情：特别行动	动作	143,430	6.3	美国	2019/8/23
11	蜘蛛侠：英雄远征	动作	141,751	7.7	美国	2019/6/28
12	扫毒 2：天地对决	剧情	131,143	6	中国香港 / 中国大陆	2019/7/5
13	大黄蜂	动作	114,956	7	美国	2019/1/4
14	攀登者	剧情	109,501	6.1	中国	2019/9/30
15	惊奇队长	动作	103,518	6.9	美国	2019/3/8
16	比悲伤更悲伤的故事	爱情	95,792	4.8	中国台湾	2019/3/14
17	哥斯拉 2：怪兽之王	科幻	93,737	6.3	美国	2019/5/31
18	阿丽塔：战斗天使	动作	89,698	7.5	美国 / 加拿大 / 阿根廷	2019/2/22
19	银河补习班	剧情	87,772	6.3	中国	2019/7/18
20	误杀	剧情	83,173	7.7	中国	2019/12/13
21	狮子王	剧情	83,164	7.4	美国	2019/7/12
22	冰雪奇缘 2	动画	82,296	7.2	美国	2019/11/22

排名	影片名称	类型	总票房（万）	豆瓣评分	国家及地区	上映日期
23	反贪风暴 4	动作	79,860	6	中国香港	2019/4/4
24	叶问 4：完结篇	动作	76,325	6.9	中国香港	2019/12/20
25	熊出没·原始时代	动画	71,781	6.7	中国	2019/2/5

令人惊喜的是在 2019 年科幻电影和动画电影等类型片取得了前所未有的成绩，《哪吒之魔童降世》以 50 多亿的成绩成为中国内地总票房第二名，《流浪地球》以 46.8 亿的成绩成为中国内地总票房第三名。

2018 年中国内地电影票房的前 25 名见表 6-2 所示，排在前三的是《红海行动》《唐人街探案 2》和《我不是药神》，票房数据来自艺恩网[14]，评分来自豆瓣网。

电影的口碑评价含有更多主观因素，包含电影表达的一切内容，无论是主题、情节，还是音乐、配色，甚至细节都会成为影评人的评价线索。2018 年口碑第一的电影《我不是药神》，是年度唯一到了 9.0 评分的电影，被称为"良心之作"，上映期间体现出票房助力口碑，口碑回馈票房的良性互动。在长生生物疫苗事件爆发的节点，影片横空上映，将医疗健康话题设置于观众的关注之中，朴实的情节和其取材于真实案例的特性，进一步唤起人们的共情，成为多年来难得的现象级电影。

表 6-2　2018 年电影票房数据前 25 名

排名	影片名	类型	总票房（万）	豆瓣评分	国家及地区
1	红海行动	动作	365,078	8.3	中国
2	唐人街探案 2	喜剧	339,769	6.7	中国
3	我不是药神	剧情	309,996	9.0	中国
4	西虹市首富	喜剧	254,757	6.6	中国
5	复仇者联盟 3：无限战争	动作	239,053	8.1	美国
6	捉妖记 2	喜剧	223,708	5.2	中国
7	毒液：致命守护者	动作	187,013	7.2	美国
8	海王	动作	185,218	7.6	美国
9	侏罗纪世界 2	动作	169,588	6.7	美国
10	前任 3：再见前任	喜剧	164,667	5.5	中国
11	头号玩家	科幻	139,666	8.7	美国
12	后来的我们	爱情	136,152	5.9	中国
13	一出好戏	喜剧	135,505	7.1	中国

排名	影片名	类型	总票房（万）	豆瓣评分	国家及地区
14	无双	动作	127,376	8.1	中国内地／中国香港
15	碟中谍6：全面瓦解	动作	124,522	8.1	美国
16	巨齿鲨	动作	105,178	5.7	美国
17	狂暴巨兽	动作	100,395	6.4	美国
18	超时空同居	奇幻	89,988	6.9	中国
19	蚁人2：黄蜂女现身	动作	83,156	7.3	美国／英国
20	无名之辈	剧情	79,409	8.1	中国
21	无问西东	剧情	75,430	7.6	中国
22	神秘巨星	剧情	74,707	7.7	印度
23	西游记女儿国	喜剧	72,738	4.4	中国
24	摩天营救	动作	66,981	6.3	美国
25	黑豹	动作	66,259	6.5	美国

2017 年电影票房的前 25 名及豆瓣评分参见表 6-3，票房排名前三的是《战狼 2》（56.8 亿元，投资 2 亿）、《速度与激情 8》（全球票房 12.3 亿美元，折合人民币 79.9 亿，中国内地票房 26.7 亿，投资 2.5 亿美元，折合人民币 16.25 亿）、《羞羞的铁拳》（22 亿，投资不详）。豆瓣评分前三的是《寻梦环游记》（9.1 分）、《摔跤吧！爸爸》（9.0 分）、《金刚狼 3：殊死一战》（8.3 分）。

表 6-3　2017 年电影票房数据前 25 名

排名	影片名	类型	总票房（万）	豆瓣评分	国家及地区
1	战狼 2	动作	567,875	7.1	中国
2	速度与激情 8	动作	267,096	7.0	美国
3	羞羞的铁拳	喜剧	220,175	6.9	中国
4	功夫瑜伽	喜剧	175,259	5.0	印度／中国
5	西游伏妖篇	奇幻	165,593	5.5	中国
6	变形金刚 5：最后的骑士	动作	155,124	4.9	美国
7	摔跤吧！爸爸	喜剧	129,912	9.0	印度
8	芳华	战争	118,754	7.6	中国

排名	影片名	类型	总票房（万）	豆瓣评分	国家及地区
9	加勒比海盗 5：死无对证	动作	117,991	7.2	美国
10	金刚：骷髅岛	动作	116,050	6.5	美国
11	寻梦环游记	动画	115,251	9.1	美国
12	极限特工：终极回归	动作	112,741	5.6	美国
13	生化危机：终章	科幻	111,182	6.5	美国 / 德国
14	乘风破浪	剧情	104,853	6.8	中国
15	神偷奶爸 3	动画	103,780	6.8	美国
16	蜘蛛侠：英雄归来	动作	77,414	7.4	美国
17	大闹天竺	喜剧	75,793	3.7	中国
18	雷神 3：诸神黄昏	动作	74,303	7.4	美国
19	猩球崛起 3：终极之战	动作	73,978	6.9	美国
20	金刚狼 3：殊死一战	动作	73,163	8.3	美国
21	悟空传	奇幻	69,653	5.1	中国
22	正义联盟	动作	69,008	6.5	美国
23	银河护卫队 2	科幻	68,611	8.0	美国
24	新木乃伊	动作	62,560	4.8	美国
25	神奇女侠	奇幻	61,010	7.1	美国

　　艺恩网的影视数据智库统计的中国内地电影票房前 100 榜单（截止到 2019.11.01），用票房数据做出的词云图见图 6-4，字号越大表示票房越高，其中，《战狼 2》《哪吒》票房超过 50 亿。

　　通过分析这 100 部电影的周票房，可以发现在电影正式上映后的首周或第 2 周票房是最高的。造成这一现象的原因，除了与电影宣发相关之外，与档期和电影内容本身也是密切相关的。首周票房最高的电影一般是系列电影、热门 IP 电影比如《速度与激情》、漫威系列电影等，以及特殊时期上映的电影，比如《我和我的祖国》《中国机长》等建国 70 周年献礼片，而第二周票房最高的电影一般是靠口碑传播获得的票房的。

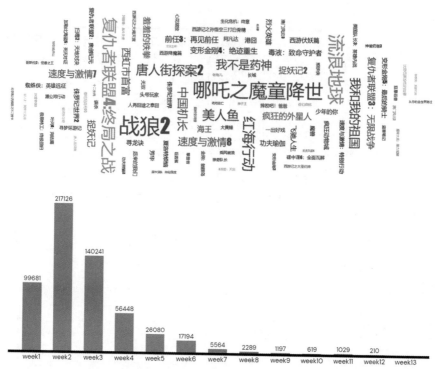

图 6-4　中国内地电影票房 Top100 数据词云图及《战狼 2》周票房趋势分析

从豆瓣影评查询这 100 部电影对应的豆瓣评分，做出的词云见图 6-5，其中《泰坦尼克号 3D》（9.4 分）、《疯狂动物城》（9.2 分）、《寻梦环游记》（9.1 分）、《摔跤吧！爸爸》（9.0 分）、《我不是药神》（9.0 分）5 部影片的豆瓣评分大于等于 9.0。可以看出票房高的电影普遍口碑也较好，这些影片不仅获得了商业市场的认可，其故事性和电影艺术价值也对观众有着广泛的吸引力。

图 6-5　中国内地电影票房 Top100 的豆瓣评分词云图

表 6-4 列出了前 20 对应的票房具体数据和豆瓣评分数据。可以看出，票房表现和豆瓣评分是不同维度的，高票房好口碑的影片在取得商业成功的同时，其艺术性表现

和社会效益同样得到高度赞誉。

表 6-4　中国内地电影票房总排行榜前 20 名（截至 2020.7.20）

排名 . 影片名	类型	总票房（亿）	豆瓣评分	国家及地区
1. 战狼 2	动作	56.79	7.1	中国
2. 哪吒之魔童降世	动画	50.13	8.5	中国
3. 流浪地球	科幻	46.84	7.9	中国
4. 复仇者联盟 4：终局之战	动作	42.50	8.5	美国
5. 红海行动	动作	36.51	8.3	中国
6. 唐人街探案 2	喜剧	33.98	6.7	中国
7. 美人鱼	喜剧	33.92	6.7	中国内地 / 中国香港
8. 我和我的祖国	剧情	31.71	7.7	中国
9. 我不是药神	剧情	30.99	9.0	中国
10. 中国机长	剧情	29.12	6.7	中国
11. 速度与激情 8	动作	26.71	7.1	美国
12. 西虹市首富	喜剧	25.48	6.6	中国
13. 捉妖记	奇幻	24.40	6.7	中国
14. 速度与激情 7	动作	24.27	8.3	美国 / 日本
15. 复仇者联盟 3：无限战争	动作	23.90	8.1	美国
16. 捉妖记 2	喜剧	22.37	5.0	中国
17. 疯狂的外星人	喜剧	22.13	6.4	中国
18. 羞羞的铁拳	喜剧	22.02	6.9	中国
19. 海王	动作	20.13	7.6	美国
20. 变形金刚 4：绝地重生	科幻	19.78	6.6	美国 / 中国

三、改革开放四十年电影成就

（一）影像的总结

2018 年是改革开放 40 周年，电影频道制作了 41 集大型专题片《影响——改革开放四十年的中国电影》（以下简称《影响》）。（参见图 6-6，扫码看视频）

图 6-6 《影响——改革开放四十年的中国电影》

《影响》分为"面孔""铭记""电影""生活"四大主题,通过 40 年银幕采撷,百余位电影人倾情讲述,从电影的角度看 40 年的社会变迁,书写 40 年银幕变化,聚焦银幕上下电影人的生动故事,致敬 40 年改革开放。[15]

（二）电影评论界的总结

影视理论家尹鸿教授梳理了改革开放 40 年的中国电影和中国电视。在电影篇中总结:改革开放 40 年,与中国历史进程息息相关,中国电影走过了一条马鞍型发展道路,经历了从高峰到低谷再到复兴的发展历程,体现了中国电影与时俱进的巨大生命力。电影成为时代进程的一面镜子,时代成为电影发展的重要动力。电影对于满足大众日益增长的文化需求、对于现代文化的继承创新、对于中华文化的国际传播和国际影响、对于文化产业的发展,都产生了重要影响。尹鸿按照时间线梳理了中国电影的 40 年发展成就[8]如下。

1. 开启中国电影"新时期"

1978 年以后,电影业经历了"伤痕电影""反思电影""改革电影"和"寻根电影"的四大潮流,涌现出众多家喻户晓的影片。电影界提出"领导思想要更解放一点""中国电影要立足于世界"。

2. 电视时代的电影娱乐化转型

从 20 世纪 80 年代中期开始,电视媒介迅速普及,电视剧文化在中国超常繁荣,电视分解了电影功能和电影观众,电影从一种"全能文化"向"消费文化"过渡。

3. 走向世界的中国电影

从 20 世纪 80 年代中期到 20 世纪 90 年代末期,虽然中国电影的国内影响在缩小、观众在流失,但它开始走向世界。1987 年《红高粱》获得第 38 届西柏林电影节金熊奖,这是中国电影所获得的第一个 A 级国际电影节大奖。这一时期一直默默无闻的中国电影成为世界电影重要的组成部分。

4. 电影大国的复兴

中国全年电影票房从不到 10 亿元人民币到 2019 年的 642 亿元,成为全球举足轻重的电影市场。电影年产量从不到 50 部增长到 1000 部，跻身世界电影产业最前列。《战狼 2》在中国本土市场创造 57 亿票房，居年度全球票房的第 6 位，远远超出大多数全球发行的好莱坞电影的市场成绩，中国电影重新回到了文化生活的中心。

在北美市场上，英语以外的外语片票房排行榜前 50 位中，有 10 部以上是华语片，其中《卧虎藏龙》高居北美外语片票房首位，《英雄》居第三名。电影在一定程度上是唯一能够进入国外主流文化市场并大规模发行的中国文化形态。

（三）海外票房的数据总结

作者团队和中国传媒大学影视翻译研究学者金海娜教授合作，通过大数据获取烂番茄和 IMDB 中北美外语片票房排名前 500 名中的 29 部中国影片的观众评论，进行了穷尽性的搜集，以分词和可视化的形式对评论中出现频率最高的热词进行提炼和呈现，然后通过对这 200 个热词的整理和分类，发现这些影片受到观众最多讨论的一些类别的关键词，如导演、演员、类型、翻译等（参见图 6-7）。

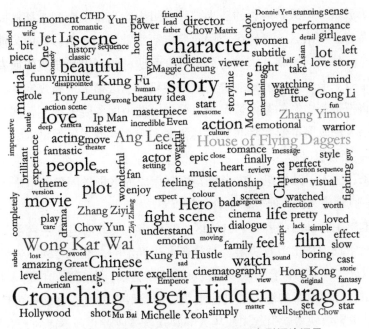

图 6-7　北美票房 Top500 的 29 部中国电影评论词云

出现频率最高的电影是《卧虎藏龙》（*Crouching Tiger，Hidden Dragon*，5616 次）、《英雄》（*Hero*，2010 次）、《十面埋伏》（*House of Flying Draggers*，1775 次）、《叶问》（*IP man*，1008）、《功夫》（*Kung Fu Hustle*，957 次）、《花样年华》（*In the Mood for Love*，952）。

导演词频出现最高的是王家卫（Wong Kar Wai，2549 次）、李安（Ang Lee，1896

次）、张艺谋（Zhang Yimou，1257 次）、周星驰（Stephen Chow，496 次）。

演员词频最高的是李连杰（Jet Li，1530 次）、巩俐（Gong Li）、梁朝伟（Tony Leung，960 次）、周润发（Chow Yun Fat，783 次）、章子怡（Zhang Ziyi+Ziyi Zhang，774+454 次）、杨紫琼（Michelle Yeoh，521 次）、张曼玉（Maggie Cheung，507 次）和甄子丹（Donnie Yen，416 次）。

这些影片、导演和演员是在国际电影舞台上最有影响力的中国电影和电影人，成为中国电影在世界传播的名片。

四、2017 年 3 月 1 日实施《中华人民共和国电影产业促进法》

为了促进电影产业健康繁荣发展，弘扬社会主义核心价值观，规范电影市场秩序，丰富人民群众精神文化生活，2016 年 11 月 7 日第十二届全国人大常委会第二十四次会议通过《中华人民共和国电影产业促进法》[16]，包括：总则；电影创作、摄制；电影发行、放映；电影产业支持、保障；法律责任；附则。

其中第十三条：拟摄制电影的法人、其他组织应当将电影剧本梗概向国务院电影主管部门或者省、自治区、直辖市人民政府电影主管部门备案；其中，涉及重大题材或者国家安全、外交、民族、宗教、军事等方面题材的，应当按照国家有关规定将电影剧本报送审查。电影剧本梗概或者电影剧本符合本法第十六条规定的，由国务院电影主管部门将拟摄制电影的基本情况予以公告，并由国务院电影主管部门或者省、自治区、直辖市人民政府电影主管部门出具备案证明文件或者颁发批准文件。具体办法由国务院电影主管部门制定。

第十七条：法人、其他组织应当将其摄制完成的电影送国务院电影主管部门或者省、自治区、直辖市人民政府电影主管部门审查。

国务院电影主管部门或者省、自治区、直辖市人民政府电影主管部门应当自受理申请之日起三十日内作出审查决定。对符合本法规定的，准予公映，颁发电影公映许可证，并予以公布；对不符合本法规定的，不准予公映，书面通知申请人并说明理由。

第二十条：摄制电影的法人、其他组织应当将取得的电影公映许可证标识置于电影的片头处；电影放映可能引起未成年人等观众身体或者心理不适的，应当予以提示。未取得电影公映许可证的电影，不得发行、放映，不得通过互联网、电信网、广播电视网等信息网络进行传播，不得制作为音像制品；但是，国家另有规定的，从其规定。

第二十一条：摄制完成的电影取得电影公映许可证，方可参加电影节（展）。拟参加境外电影节（展）的，送展法人、其他组织应当在该境外电影节（展）举办前，将相关材料报国务院电影主管部门或者省、自治区、直辖市人民政府电影主管部门备案。

关于《中华人民共和国电影产业促进法》，2017 年 3 月 1 日央视采访了时任电影局

局长的张宏森，该采访是对电影产业促进法的一个深度解读。（参见图6-8，扫码看视频）

图6-8　2017年3月张宏森解读《中华人民共和国电影产业促进法》

张宏森指出，电影审查导向问题金不换，原则问题不让步。事实上电影审查过程中原则性和导向性问题并不是突出问题，更重要的问题是在艺术表达上和艺术展现过程中一些非专业或者说是一些急功近利的低俗化倾向，以及细节或者个别镜头上的瑕疵。电影审查不仅仅是一个拦截和阻挡，也不仅仅是一个控制和管理，同时是一个和艺术家共同探讨艺术进步的巨大空间，是提升艺术质量和艺术水平的有效平台。

第三节　电视大数据

一、我国电视剧网剧发展概况

2019年全年全国生产完成并获得《国产电视剧发行许可证》的剧目共计254部10,646集。其中，现实题材剧目共计177部7,004集，历史题材剧目共计73部3,475集，重大题材剧目共计4部167集[17]。

2018年全年全国生产完成并获得《国产电视剧发行许可证》的剧目有323部13,726集[18]。其中，现实题材剧目共计204部8,270集，历史题材剧目共计116部5,346集，重大题材剧目共计3部110集。

2020年7月8日，广电总局发布2019年全国广播电视行业统计公报[19]。摘录如下：

截至2019年年底，全国广播节目综合人口覆盖率99.13%，电视节目综合人口覆盖率99.39%，比2018年分别提高了0.19和0.14个百分点。

2019年全国广播电视行业总收入8107.45亿元，同比增长16.62%。其中，财政补助收入801.97亿元，同比增长3.48%；广播电视和网络视听业务实际创收收入6766.90亿元，同比增长19.99%；其他收入538.58亿元，同比增长0.19%。

IPTV、OTT 用户规模持续扩大。全国交互式网络电视（IPTV）用户 2.74 亿户，互联网电视（OTT）用户 8.21 亿户。

传统广播电视广告收入下降，新媒体广告收入增长明显。2019 年全国广告收入 2075.27 亿元，同比增长 11.30%。其中，传统广播电视广告收入 998.85 亿元，同比下降 9.13%；广播电视和网络视听机构通过互联网取得的新媒体广告收入 828.76 亿元，同比增长 68.49%，广播电视机构新媒体广告收入 194.31 亿元，同比增长 25.11%；广播电视和网络视听机构通过楼宇广告、户外广告等取得的其他广告收入 247.66 亿元，同比下降 9.41%。

对比 2017 年，广电总局官网显示，2017 年我国制作发行电视剧 314 部，共 13,470 集，其中现实题材 190 部，历史题材 118 部，重大历史题材 6 部。

二、收视率大数据

（一）收视率

内容为王决定了电视媒体的权威地位。随着互联网和移动终端的发展，视频媒体步入多元化时代，从传统电视、智能电视、交互电视 IPTV 到互联网电视 OTT，从 PC、平板电脑到智能手机，终端类型及功能日新月异，电视传媒触及了人类生活的每一个角落。显然直播只是泛收视率的一部分，同源点播回看及互联网视频创造的收视价值不容忽视，亟须多源大数据收视分析技术还原电视传媒市场的本真状况。

收视率是传媒市场量化评价的科学基础，是节目制作、编排和评估的主要指标，是制订与评估媒介计划、提高广告投放效益的有力工具。收视率指时段内收看某电视频道（节目）的人数（或家庭数）占电视观众总人数（或家庭数）的百分比，如公式（1）所示

$$收视率 = \frac{收看某节目的人数（或家庭数）}{观众总人数（或总家庭数）}\% \tag{1}$$

收视份额指规定时段内，某频道或节目的观众，占正在看电视观众的百分比，如公式（2）

$$收视份额 = \frac{某时段收看某节目的人数（或家庭数）}{正在看电视的观众总人数（或总家庭数）}\% \tag{2}$$

收视率一般小于收视份额，同时段收视排名指在节目播出时段内的收视率排名。

表 6-5 为 2018 年尼尔森网联的 Top40 电视剧收视率和收视份额数据，将电视剧对应的豆瓣评分和微博粉丝数据也列在表中。数据聚合在一起，收视率排名前 3 的是《恋爱先生》（2.79）、《老男孩》（2.58）、《风筝》（2.51）；从豆瓣评分看年度好口碑的是《大

江大河》（8.8 分）、《天盛长歌》（8.1 分），均超过了 8.0 分；从微博粉丝看年度前 3 的是《知否知否应是绿肥红瘦》（165 万）、《天盛长歌》（84 万）和《流星花园》（66 万）。

表 6-5　2018 年尼尔森网联的电视剧收视率 Top40 及豆瓣评分和微博粉丝数

计数	频道	节目主要描述	收视率	收视份额	豆瓣评分	微博粉丝数
1	东方卫视	恋爱先生	2.79	5.1	5.8	187,075
2	湖南卫视	老男孩	2.58	4.7	6.0	无官微
3	东方卫视	风筝	2.51	4.6	7.6	12,100
4	东方卫视	美好生活	2.43	4.4	7.3	221,721
5	北京卫视	正阳门下小女人	2.33	4.2	7.7	101,044
6	北京卫视	娘道	2.30	4.3	2.5	13,242
7	北京卫视	幸福一家人	2.30	4.1	6.9	103,578
8	北京卫视	大江大河	2.22	4.0	8.8	70,572
9	湖南卫视	远大前程	2.22	4.2	7.7	355,009
10	湖南卫视	亲爱的她们	2.18	4.1	6.1	79,413
11	湖南卫视	知否知否应是绿肥红瘦	2.17	3.8	7.6	1,651,533
12	湖南卫视	你迟到的许多年	2.16	3.8	6.5	133,201
13	湖南卫视	谈判官	2.13	4.1	3.5	362,805
14	湖南卫视	温暖的弦	2.03	3.9	4.8	654,146
15	湖南卫视	一千零一夜	1.96	3.9	7.4	515,725
16	湖南卫视	好久不见	1.91	3.5	4.3	327,281
17	湖南卫视	风再起时	1.86	3.3	暂无评分	2,709
18	东方卫视	好久不见	1.85	3.6	4.3	327,281
19	湖南卫视	如果爱	1.84	3.5	6.6	192,264
20	北京卫视	风筝	1.82	3.4	8.8	12,100
21	东方卫视	猎毒人	1.77	3.7	4.5	12,317
22	东方卫视	大江大河	1.77	3.2	8.8	70,572
23	北京卫视	美好生活	1.76	3.2	7.3	221,721
24	东方卫视	归去来	1.75	3.5	7.4	331,850
25	湖南卫视	甜蜜暴击	1.75	3.5	2.7	501,189
26	湖南卫视	凉生我们可不可以不忧伤	1.73	3.9	4.9	403,894

计数	频道	节目主要描述	收视率	收视份额	豆瓣评分	微博粉丝数
27	江苏卫视	恋爱先生	1.67	3.1	5.8	187,075
28	湖南卫视	那座城这家人	1.67	3.0	7.1	83,277
29	湖南卫视	天盛长歌	1.65	3.0	8.1	846,002
30	湖南卫视	金牌投资人	1.62	3.9	7.1	71,751
31	湖南卫视	凤囚凰	1.60	3.9	3.6	284,721
32	湖南卫视	流星花园	1.60	4.0	3.3	664,637
33	湖南卫视	斗破苍穹	1.59	3.9	4.6	611,454
34	东方卫视	真爱的谎言之破冰者	1.58	3.2	4.6	365,333
35	湖南卫视	我站在桥上看风景	1.56	3.8	4.7	261,187
36	江苏卫视	娘道	1.52	2.8	2.5	13,243
37	东方卫视	脱身	1.46	3.0	6.5	71,481
38	江苏卫视	正阳门下小女人	1.36	2.5	7.7	101,044
39	东方卫视	创业时代	1.34	2.4	3.7	581,636
40	湖南卫视	像我们一样年轻	1.34	3.1	暂无评分	65,154

2018 年 11 月,《娘道》的导演郭靖宇实名举报买收视率的收视率造假,形成一波舆情,得到广电总局积极回应和支持。《娘道》收视率 2.3,豆瓣评分 2.5,微博粉丝 1.3 万,从收视率看该剧表现很好,年度排名第 6,但是该剧的观众可能年龄为中老年居多,这一年龄层的观众一般不参与豆瓣评分,豆瓣的用户估计均不是该剧的观众,这导致评分偏低。因此收视统计应该是多源数据融合的表现,不仅仅是收视率一个指标定输赢和优劣。

2018 年改革开放 40 年的献礼剧、正午阳光出品的《大江大河》收获了高收视率好口碑,收视率 2.22,豆瓣评分 8.8,应该是年度表现最好的电视剧。

(二)传统的小样本收视体系及弊端

收视测量经历了电话调查、日记卡、测量仪的发展,为电视选题、节目评估和广告投放做出定量评价。然而小样本收视率存在诸多问题,如样本污染、收视误差、低收视测不准、忽略了回看点播、唯收视率论等。通过机顶盒、智能电视、视频网站、社交媒体采集用户收视行为评价,提供有情感交互的大数据跨屏收视测量,弥补小样本不足,成为第四代收视率的发展方向。

中国传媒大学刘燕南认为,由于电视市场竞争的加速和市场转型的深入,收视率的"通用货币"功能被异常凸显和强调，以收视率为标准的市场游戏规则逐渐发力，"劣币驱逐良币"的怪象也开始显现。收视率是"万恶之源"的抨击虽有些极端，却也在一定程度道出了人们对此的反感。回顾以往，在监管部门三令五申、主流卫视签署公约、行业协会发布准则的"共治"背后，篡改数据、数据寻租、歪曲解读、数据滥用等症结却依然存在，甚至愈演愈烈，有两个因素至为关键：第一利润丰厚，第二违法成本低。目前来看，收视率造假这两点都满足。[20]

（三）大数据收视率

2018 年 12 月 26 日，国家广播电视总局广播电视节目收视综合评价大数据系统开通试运行，广电总局规划院佘英院长介绍了有关情况。

我国收视率调查始于 20 世纪 80 年代中期，主要是采用相应技术手段和方法，比如使用记录仪和抽样调查，对观众收看节目的情况进行调查、统计和分析，相关数据可作为衡量相应节目版权价值、相应时段广告价值的参考。随着信息网络技术迅猛发展、媒体竞争日益激烈和行业改革创新不断深化，收视调查越来越受到各方面的重视与关注，同时也对利用新技术进一步改进收视调查方法手段，切实增强收视调查的科学性、时效性、安全性和权威性，提出了新的更高要求。

2018 年，广电总局组织十余家单位完成涵盖有线电视、IPTV、互联网电视的千万级样本规模收视调查技术实验。专家对实验的评审结果表明，该系统可以满足对超大规模、多源异构收视数据分析与节目综合评价的需要。

此次开通试运行的广播电视节目收视综合评价大数据系统，主要通过建立与网络传输机构之间的安全通道，汇聚大样本用户收视行为数据，经清洗、转换、分析与挖掘，输出开机用户数、观看用户数、收视率、市场占有率等 30 项核心指标。该系统具有以下显著优势：

一是样本多、覆盖广，有超规模海量信息源。系统初期汇集 4000 万有线电视和 IPTV 样本用户的收视数据，全面涵盖直播、回看、点播等多种收视方式，并将逐步扩展至数亿级样本规模，实现样本全覆盖。

二是大数据、云计算，实时处理精准到户。该系统既可以反映热门节目、黄金时段的收视情况，又可以精准捕捉小众节目、边缘时段的收视特征。在系统的大样本统计中，即使 1‰ 的低收视率也会记录留痕。

三是防操纵、抗污染，解决收视造假。系统数据采集、清洗、分析、呈现等各环节无缝衔接，全流程自动化、封闭化处理，可有效防范人为操纵。基于海量大数据统计，个体样本数据污染对统计结果的影响可忽略。同样对于 500 万用户的某城市，如果针对某节目污染 500 个抽样中的 5 个样本用户数据，该节目的收视率可提升或降低 1%。如果该节目的真实收视率为 2%，统计偏差可达 50%。但是对本系统而言，这种情况仅会对该节目的收视率影响百万分之一,统计误差基本可忽略不计。

四是多维度、全方位,综合评价引领发展。系统不仅能提供客观真实的收视统计数据,还可以此为基础,结合思想性、创新性、专业性等节目品质元素,对节目传播力、引导力、影响力、公信力等多维度建模分析,构建全方位的节目综合评价模型。通过对收视数据深度挖掘、及时反馈,还可用以指导内容选题、素材集成、需求组合、分析预测、创作生产,转变传统节目生产方式,以大数据促进广播电视内容的高质量发展。

五是全媒体、开放性,面向未来全新定位。系统积极适应技术和传播发展趋势,将全面覆盖有线电视、直播卫星、IPTV、互联网电视以及网络视听领域等不同传播渠道,并提前预设全国有线电视网络整合和 5G 移动应用大趋势下的新定位、新模型。

(四)电视节目的口碑分析

仲呈祥认为,21 世纪以来,影视艺术理论出现了"三性统一"的论调,即强调"思想性、艺术性、观赏性"相统一的批评标准。用"观赏性"尺度品鉴作品、指导实践,极易生产出内容空洞、人物扁平、有视觉快感而无心灵美感的影视作品。他坚持认为,收视质量远比收视率重要。对于影视剧是否具有思想性艺术性,他主张宁可相信时代和人民养育的文艺理论家的判断而不太相信所谓的"收视率"培养起来的平庸的观众的判断。

三、电视收视大数据公司

(一)中国广视索福瑞(http://www.csm.com.cn/)

中国广视索福瑞媒介研究(CSM)是央视市场研究与 Kantar Media 集团等共同建立的中外合作企业,致力于电视收视和广播收听市场研究,为中国内地和香港地区传媒行业提供不间断的视听调查服务。

作为电视节目、广播节目和广告交易"通用货币"的提供者,CSM 拥有广播电视受众调查网络,覆盖 5.52 万余户样本家庭;其电视收视率调查网络所提供的数据可推及中国内地超过 12.8 亿和香港地区 655 万的电视人口;其广播收听率调查的数据则可推及中国超过 1.2 亿的广播人口。截至 2020 年 7 月,CSM 在中国内地建立了 1 个全国调查网、29 个省级调查网(含 4 个直辖市),108 个城市级调查网,同时,建立香港特别行政区调查网络。CSM 对内地及香港近 1300 个电视频道的收视情况进行测量,以满足不同地区、不同层级客户对电视收视率数据的需求。同时,CSM 在中国 26 个重点城市及 2 个省开展收听率调查业务,对 362 个广播频率进行收听率调查。图 6-9 为中国广视索福瑞的调查网络和推及的数据范围。

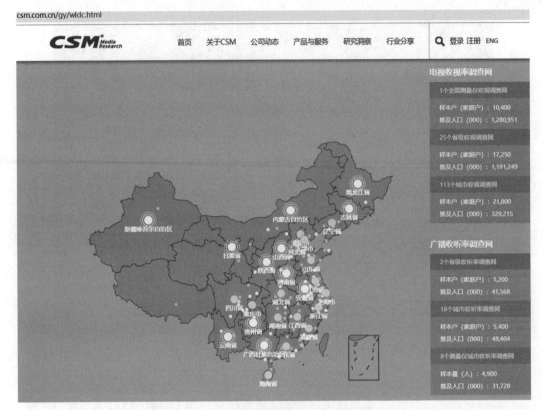

图6-9 中国广视索福瑞收视调查网络和推及数据

中国广视索福瑞是目前官方采用的收视率调查数据来源。

（二）星红安（http：//www.star-v.com.cn/）

星红安成立于2013年，总部在上海，定位为"重新发现电视的价值"，数据产品包括：星采集系统；星分析引擎；星推荐引擎；星搜索引擎。

星红安使用多种采集方式，实现多源海量实时收视数据，支持业务数据、第三方数据等多格式历史数据的采集入库，实现视听收视全域数据采集。汇聚海量多源收视数据，采用大数据分析引擎和算法集，提供云端数据支持，实现收视用户画像、节目智能推荐、节目智能采编、广告智能匹配、广告投放评估等场景的落地应用。依托海量用户收视数据，以人工智能和模式识别、分类、聚合、协同过滤等方法，为客户提供基于海量用户画像和内容个性化推荐服务。构建直播、点播、回看、时移媒资。聚合平台，为电视端和移动端提供统一搜索、智能推荐服务，提升用户黏性、付费内容转化率。

星红安的数据源涵盖3500万机顶盒数据，可显示实时开机数和开机率。（参见图6-10实时数据）

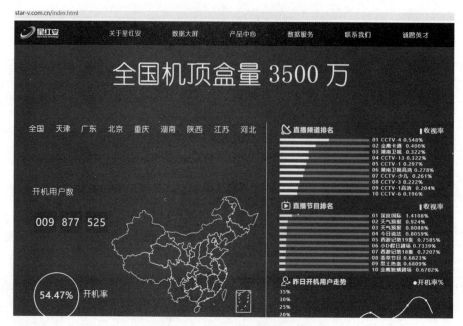

图 6-10　星红安的实时数据统计

（三）酷云互动（https：//www.kuyun.com）

酷云互动成立于 2013 年，致力于大屏大数据研究，用大数据、AI 技术与用户连接，提供全媒体大数据融合的数据咨询服务。产品包括：酷云 EYE 即全媒体营销决策平台、酷云 DMP 即以家庭数据为核心的数据管理平台、酷云 TVAD 即大屏精准广告平台。

酷云 EYE 的实时收视数据参见图 6-11，包括大屏直播和历史关注度、全网关注度。可以关注酷云的微信公众号查看收视数据，直播收视率最高的节目。直播收视率最高的是天气预报和新闻联播。

酷云互动官网显示，其数据来源覆盖 80% 的智能电视终端品牌、超过 300 万块户外大屏，为包括 7 大卫视在内的 400 余家电视台、Top10 影视内容制作公司、广告主等生态伙伴提供全媒体大数据服务。

图 6-11　酷云互动的实时数据

四、中国电视剧 60 年大系

2018 年既是中国电视诞生 60 周年，也是中国电视剧诞生 60 周年。电视剧作为与普通大众关系最为紧密的一种艺术形式，在这 60 年的时间里，伴随着中国社会的变迁而走过了一个从诞生到不断繁荣发展的道路。

2018 年 6 月 11-12 日，由国家广播电视总局牵头指导，中国广播影视出版社携手中国传媒大学和中国广播电影电视社会组织联合会，组织国内权威专家，历时四年策划编撰了《中国电视剧 60 年大系》丛书（1958-2018），在上海电视节"中国电视剧 60 年主题展"上发布，为庆祝中国电视和中国电视剧诞生 60 周年、改革开放 40 周年献上了一份厚礼。

六十年奋进砥砺，一甲子春华秋实。经过 60 年的发展，中国电视剧从无到有、从小到大、从弱到强，已经成为影响最大、覆盖最广、受众最多的文化形态，成为文化领域最具活力的中坚产业，成为向世界传播中国声音、阐发中国精神、展现中国风貌的重要载体。60 年，6 卷本，600 剧，600 人。该丛书既是一部中华千年文明的影像巨著，又是一幅反映当代中国社会市井风貌的《清明上河图》。

第四节　影视大数据行业概况

一、艺恩咨询（http：//www.endata.com.cn/）

艺恩咨询是国内首家娱乐产业研究机构，为电影、电视剧、游戏、动漫、新媒体等领域客户，提供包括市场调查、行业研究咨询、媒体会务等服务，同时运营中国娱乐产业经济门户艺恩网。

艺恩文娱大数据平台，围绕语义分析、存储计算、数据挖掘、机器学习等核心技术，构建行业算法模型与标签库。以数据分析产品，研究洞察形成解决方案，向影视、视频、广告主等娱乐产业链合作伙伴提供产品服务及精准营销等服务，参见图 6-12，其数据分析工具包括：广告监测、预测模型、指数榜单、投资评估、舆情监测、IP 评估。通过使用数据分析工具，形成数据资源，支撑涵盖内容研发、内容营销和内容分发的 IP 运营。

艺恩的智库产品包括：电影智库、视频智库、明星智库和数据定制，从其发布的中国电影票房数据的总票房榜单中选取了前 20 名，如表 6-4 所示，排名前 3 的是《战狼 2》《哪吒之魔童降世》和《流浪地球》。

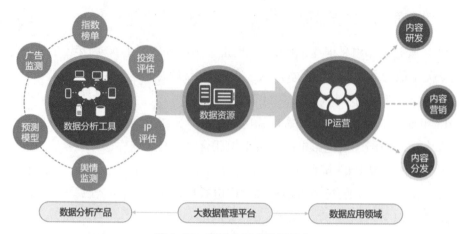

图 6-12　艺恩文娱大数据平台

二、小土科技（Trinity Earth）

　　小土科技是一家专业的链接影视、广告、金融和电商的影视数据平台，专注于多源、异构、海量影视行业大数据的自动采集、高效存储、深度分析与智慧应用，提供涵盖影视文化全产业链的基础信息化支撑、数据价值挖掘和资金风险管控能力，助力影视行业全面进入工业 4.0 时代，其业务参见图 6-13 所示。

　　小土科技致力于推动科技、文化和金融领域三位一体的融合创新。通过研发面向影视文化产业的云服务平台，为各个环节提供了专业的大数据解决方案，包括剧本 / 成片评估、收视预测、制片管理、数据分析等。数据产品包括：剧易拍、剧易评、剧易购、剧易植、影视百晓生、影视大数据。

图 6-13　小土科技的大数据平台

（一）剧易拍

剧易拍为剧组提供了一套高效的生产管理工具，管理流程参见图 6-14。

图 6-14　小土科技的剧易拍 App 功能

剧易拍 App 通过对剧本进行规范化解析和自动化分析，精确把握总体拍摄量，生成顺场景表、拍摄地管理表、角色出场表等管理报表，根据场地、角色、服装、化妆、道具、美术等部门汇总的时间档期以及准备工作的情况，按生产计划排期，生成各种计划通告表。

剧易拍 App 在影视剧制作过程中可对总体拍摄量和拍摄周期精确把控，实现影视剧的工业化生产，为投资方和影视机构提供实时、准确、公正、独立的管控和支撑手段，帮助用户缩短拍摄周期，节约生产费用。

（二）剧易评

剧易评面向影视项目进行风险评估，服务于影视剧制作公司、电视台以及影视行业投资机构（如基金、银行、担保公司等）。依托于影视行业大数据统计分析结果和海量影视作品样本的评估，建立科学、动态的量化标准和模型。

通过人工智能读取影视剧文本（成片），结合资深专业人士从全集、单集、单场逐级进行细分拆解，采用量化标准和模型的近百项指标监测、权重分析、大数据深度挖掘等方法，对作品进行全方位、多角度、深层次的分析并形成评估报告，给出剧本修改意见，基于评估结果预测收视效果，参见图 6-15。

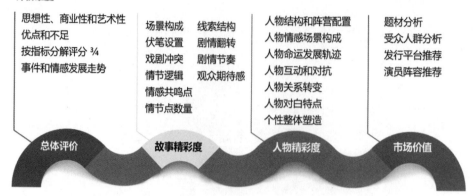

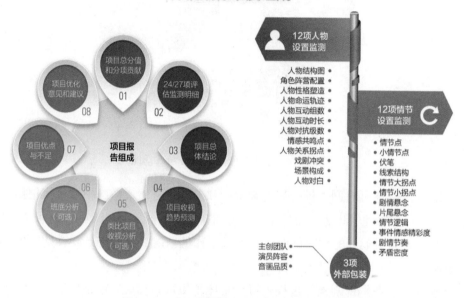

图 6-15　小土科技剧易评的剧本评估维度

（三）影视百晓生

影视百晓生是一个提供时间范围、收视时段、收视频道、收视地区和收视人群等用户自定义输入条件的收视指标速查 App。它提供涵盖影视作品（电影、电视剧、网剧、综艺）、影视从业人员（编剧、导演、演员、制片人）和影视机构（电视频道、制片公司）等在内的行业对象的最新排行、条件检索和全方位量化分析结果，以及影视行业市场环境分析，致力于打造影视领域专业数据的搜索与分析云平台。数据分析内容参见图 6-16。

图 6-16　影视百晓生 App 数据分析功能

三、西安影视数据评估

西安影视数据评估（以下简称为"西视数据"）是陕文投集团西安电视剧版权交易中心设立的为影视行业提供全方位动态数据监测及评估服务的影视决策咨询机构，参见图 6-17。

图 6-17　西视数据的影视数据评估

西视数据借助"大数据"与"人工智能"技术在影视产业的深度应用，开发基于行业标准的影视大数据综合分析与应用平台，以数据评估、专业评估、专家评估和大众评估为基础，以影视剧本、项目及成剧成片评估为重点，为影视剧策划、制作、融资、宣发等环节提供数据评估意见，为播出机构购买、编排播映影视剧提供数据分析支撑，为影视制作公司、播出机构、金融机构及广告主等提供基于海量数据分析的决策依据和解决方案。

2017 年起，西视数据申请了剧本人物名称提取、剧本质量分析等多项专利，申报获得剧医生 - 剧本在线智能评估系统、视频垂直搜索引擎平台及影视数据搜集与分析系统等多项软件著作权。其数据产品包括：统筹宝、剧医生、咕咕剧本。

统筹宝：将剧本标识模板和大数据分析结合的专业化统筹计划生成工具。

剧医生：将剧本内容质量检测与大数据技术相结合的专业化剧本评估工具，能够自动分析并全景化展现剧本涉及的人物关系等。

咕咕剧本：一款云端剧本创作平台，致力于为编剧打造一个沉浸式的简单易用的云端剧本创作环境。

西视数据的微信小程序的艺人榜和电视剧评分参见图 6-18。

图 6-18　西视数据的电视剧榜和艺人榜

四、中传如艺剧本系统

（一）剧本是影视项目的施工蓝本

影视剧是文化传播的主战场，在为观众提供娱乐功能的同时起到传播知识、弘扬主旋律、教化民众的重要作用。影视剧不是单纯的消费品，更是文化、思想和意识形态内容的输出。近年来，影视产业受资本驱动，存在 IP 至上、剧情抄袭、版权模糊、边编边拍、编剧技巧化、剧情套路化的问题，导致影视作品在叙事能力、人物塑造和情感贯穿上表达不充分，直接影响观众对影视的理解和接受。

剧本是影视项目的施工蓝图，优秀剧本是影视剧取得经济和社会效益双丰收的关键。繁荣文化市场，提高剧本创作质量，建立我国规范的剧本智库，以大数据和人工智能辅助剧本创作，是解决影视剧本创作瓶颈的新途径。

（二）技术能否支持剧本创作

2015年12月，阿里影业副总裁徐远翔在天津一个影视论坛上发言，称今后阿里影业拍戏将不会请专业编剧，而是请IP的贴吧吧主和无数的同人小说作者进行故事创作，然后不断淘汰劣作品，最后哪个人写得最好就给他保留编剧署名。这个事件随即引起200多名编剧的口诛笔伐，导致徐远翔离职。这成为编剧圈不看好对影视剧创作引入大数据和智能手段的一个著名事件。

通过大数据故事资料库实现机器剧本创作是对人工智能的巨大挑战，目前短时间内难有突破。无论是美国的NaNoGeoMo（基于程序算法的国家小说创作月）以及尼克·蒙福特（Nick Montfort）开发的叙事系统Curveship，还是2015年推出的阿里编编，其生成的作品都滑稽怪诞，显示出机器文学的初级水平。

麻省理工学院数字媒体系教授尼克·蒙福特（Nick Montfort）用Python代码开发了一个叙事系统Curveship，仿真现实世界的地点、人物和对象，生成交互小说，2013年Nick以《世界时钟》夺得NaNoGenMo冠军。

2015年12月阿里影业推出机器剧本系统"阿里编编"，它通过大数据故事资料库和智能创作系统，生成一集电视剧本平均需要10分钟，生成完整电影剧本约30分钟。其本质是基于算法的内容生产，通过获取APIs、XML、CSVs等形式的相关数据，分析内在关联性和变化趋势，匹配主题并提炼观点，最后按一定结构标准对观点进行故事化叙述。这一过程被称为机器剧本的一次技术尝试。

剧本是高度艺术性和思想性的结合，这一点决定了算法难以替代编剧，编剧仍是内容产业的核心，但是探索大数据智能手段以辅助剧本的创作、评估和理解仍是必要和可行的。

（三）国内外剧本库及剧本创作软件概况

国外著名的互联网电影资料库IMDB创建于1990年，1998年它成为亚马逊公司旗下的网站，包括影片演员、片长、内容介绍、分级、评论等众多信息。国际上对于电影的评分目前使用最多的就是IMDB评分。

IMSDB（Internet Movie Script Database）是一个英文的电影剧本库，分为18类：动作、冒险、动画、喜剧、犯罪、戏剧、家庭、玄幻、黑色、恐怖、音乐、神秘、浪漫、科幻、短片、惊悚、战争、西部，共1156部电影剧本，可免费阅读或下载。

中国在线剧本库，有红本网（hoobe.com）、好剧本（haojuben.com）、拍电影网

（pmovie.com）、中国剧本网（juben.cn）、中国编剧网（bianju.me）等。

SFY（Screenplays for You）是一个开源的电影电视剧本库，有 966 部剧本，可免费下载。

中国剧本网是国内最大的剧本门户网站，根据网站数据，可估算其收录约 4.2 万个剧本，分为：电视剧本、电影剧本、微电影、动画、小说、小品、相声、舞台剧、广告、诗歌、歌词、戏剧、广播剧和其他共 14 大类。

中国编剧网收录电影剧本 1,400 多部、电视剧本 1,400 多部，其中电影和电视剧本分为：主旋律、喜剧、言情、都市、农村、青春、儿童、谍战、悬疑、犯罪、家庭伦理、动作、科幻、惊悚、古装历史、军旅战争和其他共 17 大类。该网站声称注册编剧达 25,200 多名。

此外拍电影网（pmovie.com）收录 PDF 格式已公映剧本约 1,300 部，部分剧本可免费下载，中传英才网（cnmhr.com）收录已公映且可免费下载剧本 100 多部。

（四）如艺剧本系统

作者团队目前承担国家社科基金艺术学项目"中国剧本数据库构建及大数据智能剧本创作系统研究（编号：18BC034）"（简称：如艺剧本系统），主要内容是设计开发了一个云与端结合的在线智能剧本创作系统，以剧本为核心集故事大纲、分场剧本、人物小传、人物关系、场景表、拍摄通告、索引卡片、投资信息管理为一体的影视项目管理系统，支持演职人员协同工作。桌面端开发已经上线完成（http：//ruyi.cool），目前收集剧本 100 多部，封面和剧本概览参见图 6-19。

人物和人物关系是影视作品的故事载体，如艺剧本提供了可视化人物关系创建、编辑和展示，帮助剧组理解和讨论剧本。图 6-20 为人物关系的编辑界面。

主模块是分场剧本写作模块，见图 6-21，由于剧本是分场存入数据库的，实际上对剧本做了碎片化处理，因此支持拍摄和剪辑成片的剧本场次调整（参见图 6-22）、支持人物场次统计（参见图 6-23）、支持基于分场剧本的拍摄通告管理（参见图 6-24），以及导出演员的个人剧本。

图 6-19   中传如艺剧本界面和剧本目录页

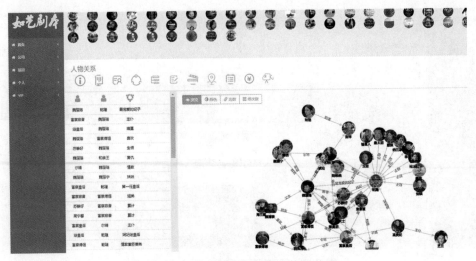

图 6-20　中传如艺剧本编辑人物关系

图 6-21　中传如艺剧本写作模块

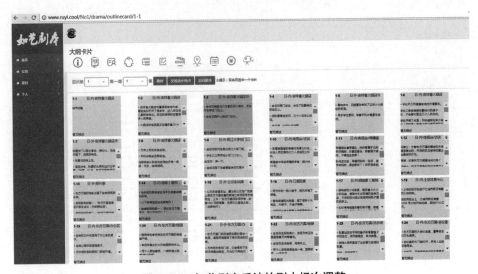

图 6-22　如艺剧本系统的剧本场次调整

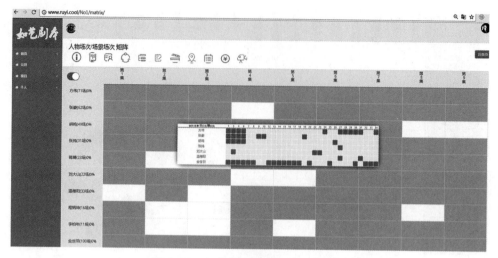

图 6-23　如艺剧本系统人物场次统计

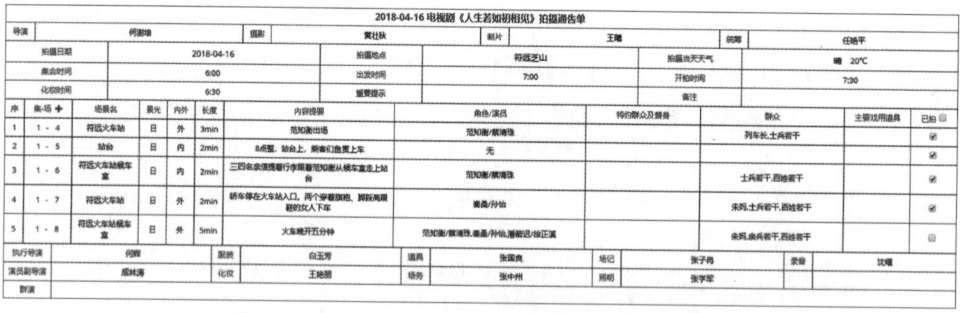

图 6-24　如艺剧本基于分场剧本的拍摄通告管理

为了明确剧本的创作即确权，如艺剧本系统实现了作为第三方的辅助剧本版权确认，图 6-25 为第三方版权确认模块，图 6-26 为在剧本交易中一键过户功能。

图 6-25　如艺剧本系统第三方版权确认

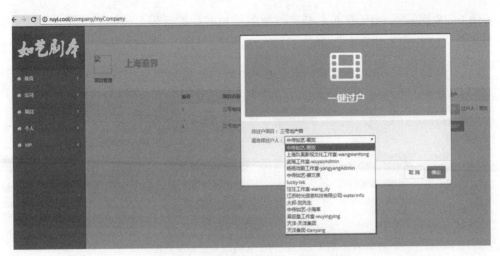

图 6-26 如艺剧本系统的一键过户功能

2019 年如艺剧本 App 上线，它主要提供了一个编剧在零散时间阅读剧本的功能，并且接入了语音接口，可实现听剧本的功能，参见图 6-27。

图 6-27 中传如艺剧本阅读 App

如艺剧本系统的软件架构。它是基于 SaaS 实现低成本、可视化的影视网剧项目管理，可为中小影视企业提供全方位的影视网剧管理方案，是一种云端在线创作剧本的平台。该系统能实现一体化管理影视企业信息，在 SaaS 云端，每个影视制作公司，独立使用软件，免去了部署和运维的成本。各个公司只能看到自己公司的项目，剧组人员只能看到自己参与的项目。

图 6-28 是基于 SaaS 的如艺剧本系统多租户的注册流程：先注册公司，再个人注册加入公司，公司创建项目，把员工加入不同的项目组，通过权限控制，员工参加哪个项目就能访问哪个项目的剧本数据，以剧本为核心，实现影视项目的全流程管理。

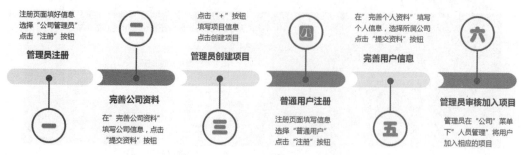

图 6-28　基于 SaaS 的如艺剧本系统多租户注册流程

目前，如艺剧本系统得到影视传媒行业和高校影视教育的广泛关注，被用于培养学生在线学习经典剧本以及剧本开发写作等。

第五节　网络视听大数据

一、IPTV、OTT 等概念界定

2019 年全国广播电视行业统计公报中对 IPTV 和 OTT 概念的界定如下：

IPTV：交互式网络电视，指通过电信专网获取广播电视服务。

OTT：互联网电视，指通过互联网电视集成播控平台获取广播电视服务。

新媒体广告收入指广播电视和网络视听机构通过互联网网站、计算机客户端、移动客户端等取得的广告收入。

三网融合业务收入指有线电视网络机构通过提供网络宽带业务、智慧城市业务等互动电视类业务、网络服务业务、互联网接入业务、互联网数据传送增值业务、多媒体通信业务、媒体内容中心服务业务等各种网络创新业务所取得的收入。

网络视听收入指网络视听机构开展与互联网视听相关业务的各项收入，包括网络视听节目服务收入（版权收入、用户付费收入等）、其他网络视听收入（短视频、电商直播等）。

二、网络视听节目服务概况

广电总局对 620 家已取得《信息网络传播视听节目许可证》机构的统计显示，网

络视听节目服务繁荣发展，内容创作日益活跃，数量质量持续提升，用户规模快速扩大，服务模式不断创新，服务收入大幅增长，影响力与日俱增。[19]

（一）付费用户情况

2019年，网络视听付费用户5.47亿户。2018年，网络视听付费用户规模3.47亿人，相比2017年的2.8亿人，付费用户群体增长迅速，消费习惯逐步形成。

（二）新增节目情况

2019年，全国持证及备案的620家网络视听服务机构新增购买及自制网络剧1911部，同比下降10.41%。其中，新增自制网络剧498部，同比下降16.02%。网络视听机构用户生产上传节目（UGC）存量达16.73亿，同比增长61.64%。自制网剧的下降，进一步体现了影视行业内容为王的特征。

2018年，网络视听机构新增购买及自制网络剧2133部，与2017年基本持平。其中，新增自制网络剧593部，比2017年（409部）增加184部，同比增长44.99%；网络视听机构用户生产上传节目（UGC）存量达到10.35亿，比2017年（8.36亿）增加1.99亿，同比增长23.80%。

（三）网络视听节目服务收入情况

2019年持证及备案机构的网络视听收入持续增长，已经成为广播电视行业发展的生力军。持证及备案机构网络视听收入达1738.18亿元，同比增长111.31%，其中广播电视机构网络视听收入达152.82亿元，同比增长49.38%。在网络视听收入中，用户付费、节目版权等服务收入增长迅猛，达609.28亿元，同比增长172.07%；短视频、电商直播等其他收入大幅增长，达1128.90亿元，同比增长88.58%。

2018年，网络视听节目服务收入223.94亿元，比2017年（142.98亿元）增长56.62%。其中，用户付费收入187.96亿元，比2017年（112.75亿元）增长66.71%；节目版权收入29.40亿元，比2017年（21.99亿元）增长33.70%，网络视听节目服务成为行业发展新的增长点。

三、爱奇艺

爱奇艺是由龚宇于2010年4月22日创立的视频网站，它坚持"悦享品质"的理念，为用户提供清晰、流畅、界面友好的观映体验。

2013年5月7日百度收购PPS视频业务，并将其与爱奇艺合并，现为百度公司旗下平台，参见第四章表4-2。2018年3月29日，爱奇艺在美国纳斯达克挂牌上市，股票代码：IQ。

2014 年，爱奇艺在全球范围内建立起基于搜索和视频数据来理解人类行为的视频大脑 – 爱奇艺大脑，用大数据指导内容的制作、生产、运营、消费，并通过强大的云计算能力、带宽储备以及全球性的视频分发网络，为用户提供更好的视频服务。

缘起于视频播放量数据被爬虫更新引起的点击量造假，2018 年 9 月 3 日，爱奇艺对外发布声明，关闭显示全站前台播放量数据。

2019 年 6 月 11 日，爱奇艺入选"2019 福布斯中国最具创新力企业榜"。

从爱奇艺公布的年报来看，2018 年会员服务收入比例大幅提升，并代替广告收入成了爱奇艺最大营收来源，全年收入 250 亿元，其中会员收入 106 亿，除了广告收入外，其他收入含直播、游戏、IP 授权、电商业务等，占总营收约 10%。

视频网站的主要开销是购买版权和带宽，开销巨大。2019 财年爱奇艺总营收达 290 亿元人民币（约合 42 亿美元），同比增长 16%，全年会员业务收入达 144 亿元，付费会员数达 1.07 亿。正如互联网的一句投资语录，花出去的钱最后都会回来，期待视频平台早日盈利。

四、腾讯视频

腾讯视频上线于 2011 年 4 月，是在线视频平台，拥有流行内容和专业的媒体运营能力，是聚合热播影视、综艺娱乐、体育赛事、新闻资讯等为一体的综合视频内容平台，并通过 PC 端、移动端及客厅产品等多种形态为用户提供高清流畅的视频娱乐体验。

2019 年 11 月 13 日，腾讯视频用户突破 1 亿，同比增长 22%。2019 年 7 月，腾讯视频正式发布互动视频技术标准，并推出一站式互动视频的开放平台。互动视频标准提供了从互动视频理念到创作流程以及互动视频平台使用流程等的一系列指引，让创作者和开发者可以通过互动视频平台实现一站式的互动内容生产、创作、发布和数据监控。

五、优酷

优酷是由古永锵于 2006 年 6 月 21 日创立并正式上线的视频平台。优酷现为阿里巴巴文化娱乐集团大优酷事业群下的视频平台。目前，优酷、土豆两大视频平台覆盖 5.8 亿多屏终端，日播放量 11.8 亿，支持 PC、电视、移动三大终端，兼具版权、合制、自制、自频道、直播、VR 等多种内容形态。业务覆盖会员、游戏、支付、智能硬件和艺人经纪，从内容生产、宣发、营销、衍生商业到粉丝经济，贯通文化娱乐全链条。

2017 年，优酷先后推出《大军师司马懿之军师联盟》《春风十里不如你》等口碑和播放量双丰收的剧集，播放量位居行业第一。《白夜追凶》海外发行权被奈飞（Netflix）买下，成为首部通过正规渠道在海外大范围落地的国产网络剧集。2018 年，优酷从央视拿到 2018 年俄罗斯世界杯赛事直播等多项权益，这是中国主流互联网视频平台第一次拿到世界杯直播权。2018 年，优酷推出"这就是"系列网综，其中《这就是灌篮》模式版权被福克斯传媒集团买下，开创了国产原创综艺模式版权出海先河。

小结

本章围绕大数据在影视行业的应用，着重阐述了影视发展的最新的政策法规、数据统计、技术公司、应用案例，以及网络视听大数据的发展概况，以期对影视行业的大数据应用场景有一个概貌认识，如果偶然读者记住了一些数据或案例，笔者则无比欣慰。作为影视大数据的学者，刷剧也是工作。最后悄悄告诉您，双 11 期间，三家视频网站都是半价充会员。

参考文献

［1］仲呈祥．新中国成立 70 周年电视剧创作四题［J］．中国电视，2019（10）：6-9.
［2］贾磊磊．构筑文化江山——中国国家文化安全研究［M］．北京：中国广播影视出版社，2015.2.
［3］贾磊磊．影像改变世界［J］．文艺争鸣，2018（10）：134-136.
［4］王卫平．中国电视剧 60 年大系［M］．北京：中国广播影视出版社，2018.
［5］曾庆瑞．共筑中国特色社会主义新时代电视剧艺术高峰［J］．当代电视，2017（11）：1.
［6］宋方金．给青年编剧的信［M］．成都：四川文艺出版社，2016.
［7］廖祥忠，邓逸钰．重塑中国主旋律电影形象［J］．当代电影，2013（9）：150-154.
［8］尹鸿．关乎人文化成天下：改革开放 40 年的中国电影［J］．北京电影学院学报，2018（2）：5-10.
［9］尹鸿，杨慧．时代碑铭与民族史诗：改革开放四十年的中国电视剧［J］．中国电视，2018（12）：6-12.
［10］教育部，中央宣传部．《关于加强中小学影视教育的指导意见》［A/OL］.（2018-12-25）. http://www.moe.gov.cn/jyb_xwfb/gzdt_gzdt/s5987/201812/t20181225_364730.html.
［11］人民网．2019 年全国电影总票房 642 亿优质内容是刚需［EB/OL］.（2020-01-09）. http://media.people.com.cn/n1/2020/0109/c40606-31540536.html.

续表

［12］尹鸿，许孝媛.2019年中国电影产业备忘［J］.电影艺术，2020（2）：38-48.	
［13］国家电影局.2018年中国电影票房数据［EB/OL］.（2018-12-31）.http：//www.xinhuanet.com/politics/2018-12/31/c_1123931741.htm.	
［14］艺恩网.中国票房［EB/OL］.http：//www.cbooo.cn/.	
［16］中国人大网.中华人民共和国电影产业促进法［A/OL］.（2016-11-07）.http：//www.npc.gov.cn/zgrdw/npc/xinwen/2016-11/07/content_2001625.htm.	
［17］国家广播电视总局.国家广电总局办公厅关于2019年第四季度暨全年全国国产电视剧发行许可情况的通告［A/OL］.（2020-02-06）.http：//www.nrta.gov.cn/art/2020/2/6/art_113_49820.html.	
［18］国家广播电视总局.总局关于2018年第四季度暨全年全国国产电视剧发行许可情况的通告［A/OL］.（2019-01-28）.http：//www.nrta.gov.cn/art/2019/1/28/art_38_40742.html.	
［19］国家广播电视总局.2019年全国广播电视行业统计公报［A/OL］.（2020-07-08）.http：//www.nrta.gov.cn/art/2020/7/8/art_113_52026.html.	
［20］刘燕南.从源头捣毁收视率造假的利益链条［EB/OL］.（2018-09-16）.http：//www.cuc.edu.cn/2018/0926/c1383a138756/page.htm.	

第七章
大数据与人工智能

2016 年是第三次人工智能浪潮的元年，本章概述了中美人工智能发展的国家政策、深度学习理论发展概况、应用场景和产业界发展概况。人工智能当前涵盖四个领域，计算机视觉、语音识别、自然语言处理和机器人技术。在此，以典型应用场景为例，管中窥豹般领略一下人工智能在人脸识别、无人驾驶、自然人机交互等方面的应用。

第一节　人工智能概述

一、我国《新一代人工智能发展规划》

2017 年 7 月 20 日，国务院发布《新一代人工智能发展规划》[1]，该规划分为 6 部分：战略态势、总体要求、重点任务、资源配置、保障措施和组织实施。以下节选跟科技和教育发展密切相关的前三部分。

（一）战略态势

人工智能发展进入新阶段。经过 60 多年的演进，特别是在移动互联网、大数据、超级计算、传感网、脑科学等新理论新技术以及经济社会发展强烈需求的共同驱动下，人工智能加速发展，呈现出深度学习、跨界融合、人机协同、群智开放、自主操控等新特征。大数据驱动知识学习、跨媒体协同处理、人机协同增强智能、群体集成智能、自主智能系统成为人工智能的发展重点，受脑科学研究成果启发的类脑智能蓄势待发，芯片化硬件化平台化趋势更加明显，人工智能发展进入新阶段。当前，新一代人工智能相关学科发展、理论建模、技术创新、软硬件升级等整体推进，正在引发链式突破，推动经济社会各领域从数字化、网络化向智能化加速跃升。

人工智能成为国际竞争的新焦点、经济发展的新引擎，为社会建设带来新机遇，同时人工智能发展的不确定性也带来了新挑战。

我国发展人工智能具有良好基础。国家部署了智能制造等国家重点研发计划重点专项，印发实施了"互联网＋"人工智能三年行动实施方案，从科技研发、应用推广和产业发展等方面提出了一系列措施。经过多年的持续积累，我国在人工智能领域取得重要进展，国际科技论文发表量和发明专利授权量已居世界第二，部分领域核心关键技术实现重要突破。语音识别、视觉识别技术世界领先，自适应自主学习、直觉感知、综合推理、混合智能和群体智能等初步具备跨越发展的能力，中文信息处理、智能监控、生物特征识别、工业机器人、服务机器人、无人驾驶逐步进入实际应用，人工智能创新创业日益活跃，一批龙头骨干企业加速成长，在国际上获得广泛关注和认可。[1]

同时，也要清醒地看到，我国人工智能整体发展水平与发达国家相比仍存在差距，缺少重大原创成果，在基础理论、核心算法以及关键设备、高端芯片、重大产品与系统、基础材料、元器件、软件与接口等方面差距较大；科研机构和企业尚未形成具有国际影响力的生态圈和产业链，缺乏系统的超前研发布局；人工智能尖端人才远远不能满足需求；适应人工智能发展的基础设施、政策法规、标准体系亟待完善[1]。

（二）总体要求

在总体要求中的第三部分的战略目标中指出，人工智能发展分三步走：

第一步，到 2020 年人工智能总体技术和应用与世界先进水平同步，人工智能产业成为新的重要经济增长点，人工智能技术应用成为改善民生的新途径，有力支撑进入创新型国家行列和实现全面建成小康社会的奋斗目标。

（1）新一代人工智能理论和技术取得重要进展。大数据智能、跨媒体智能、群体智能、混合增强智能、自主智能系统等基础理论和核心技术实现重要进展，人工智能模型方法、核心器件、高端设备和基础软件等方面取得标志性成果。

（2）人工智能产业竞争力进入国际第一方阵。初步建成人工智能技术标准、服务体系和产业生态链，培育若干全球领先的人工智能骨干企业，人工智能核心产业规模超过 1500 亿元，带动相关产业规模超过 1 万亿元。

（3）人工智能发展环境进一步优化，在重点领域全面展开创新应用，聚集起一批高水平的人才队伍和创新团队，部分领域的人工智能伦理规范和政策法规初步建立。

第二步，到 2025 年人工智能基础理论实现重大突破，部分技术与应用达到世界领先水平，人工智能成为带动我国产业升级和经济转型的主要动力，智能社会建设取得积极进展。

（1）新一代人工智能理论与技术体系初步建立，具有自主学习能力的人工智能取得突破，在多领域取得引领性研究成果。

（2）人工智能产业进入全球价值链高端。新一代人工智能在智能制造、智能医疗、智慧城市、智能农业、国防建设等领域得到广泛应用，人工智能核心产业规模超过 4000 亿元，带动相关产业规模超过 5 万亿元。

（3）初步建立人工智能法律法规、伦理规范和政策体系，形成人工智能安全评估和管控能力。

第三步，到 2030 年人工智能理论、技术与应用总体达到世界领先水平，成为世界主要人工智能创新中心，智能经济、智能社会取得明显成效，为跻身创新型国家前列和经济强国奠定重要基础。

（1）形成较为成熟的新一代人工智能理论与技术体系。在类脑智能、自主智能、混合智能和群体智能等领域取得重大突破，在国际人工智能研究领域具有重要影响，占据人工智能科技制高点。

（2）人工智能产业竞争力达到国际领先水平。人工智能在生产生活、社会治理、国防建设各方面应用的广度深度极大拓展，形成涵盖核心技术、关键系统、支撑平台和智能应用的完备产业链和高端产业群，人工智能核心产业规模超过 1 万亿元，带动相关产业规模超过 10 万亿元。

（3）形成一批全球领先的人工智能科技创新和人才培养基地，建成更加完善的人工智能法律法规、伦理规范和政策体系。

（三）重点任务

重点任务包括 6 项：构建开放协同的人工智能科技创新体系；培育高端高效的智能经济；建设安全便捷的智能社会；加强人工智能领域军民融合；构建泛在安全高效的智能化基础设施体系；前瞻布局新一代人工智能重大科技项目。

在重点任务第 1 条，构建开放协同的人工智能科技创新体系中提出，建立新一代人工智能基础理论体系见表 7-1 所列，包括 8 大理论：大数据智能理论、跨媒体感知计算理论、混合增强智能理论、群体智能理论、自主协同控制与优化决策理论、高级机器学习理论、类脑智能计算理论、量子智能计算理论。

表 7-1　《新一代人工智能发展规划》提出的基础理论体系

专栏 1　基础理论
1. 大数据智能理论。研究数据驱动与知识引导相结合的人工智能新方法、以自然语言理解和图像图形为核心的认知计算理论和方法、综合深度推理与创意人工智能理论与方法、非完全信息下智能决策基础理论与框架、数据驱动的通用人工智能数学模型与理论等。 2. 跨媒体感知计算理论。研究超越人类视觉能力的感知获取、面向真实世界的主动视觉感知及计算、自然声学场景的听知觉感知及计算、自然交互环境的言语感知及计算、面向异步序列的类人感知及计算、面向媒体智能感知的自主学习、城市全维度智能感知推理引擎。 3. 混合增强智能理论。研究"人在回路"的混合增强智能、人机智能共生的行为增强与脑机协同、机器直觉推理与因果模型、联想记忆模型与知识演化方法、复杂数据和任务的混合增强智能学习方法、云机器人协同计算方法、真实世界环境下的情境理解及人机群组协同。

续表

> 4. 群体智能理论。研究群体智能结构理论与组织方法、群体智能激励机制与涌现机理、群体智能学习理论与方法、群体智能通用计算范式与模型。
>
> 5. 自主协同控制与优化决策理论。研究面向自主无人系统的协同感知与交互，面向自主无人系统的协同控制与优化决策，知识驱动的人机物三元协同与互操作等理论。
>
> 6. 高级机器学习理论。研究统计学习基础理论、不确定性推理与决策、分布式学习与交互、隐私保护学习、小样本学习、深度强化学习、无监督学习、半监督学习、主动学习等学习理论和高效模型。
>
> 7. 类脑智能计算理论。研究类脑感知、类脑学习、类脑记忆机制与计算融合、类脑复杂系统、类脑控制等理论与方法。
>
> 8. 量子智能计算理论。探索脑认知的量子模式与内在机制，研究高效的量子智能模型和算法、高性能高比特的量子人工智能处理器、可与外界环境交互信息的实时量子人工智能系统等。

构建开放协同的人工智能科技创新体系中的第二条，建立新一代人工智能关键共性技术体系，其内容见表 7-2，包括 8 大共性关键技术：知识计算引擎与知识服务技术、跨媒体分析推理技术、群体智能关键技术、混合增强智能新架构和新技术、自主无人系统的智能技术、虚拟现实智能建模技术、智能计算芯片与系统、自然语言处理技术。这些技术基本与表 1 的基础理论相对应。

表 7-2 《新一代人工智能发展规划》提出的关键共性技术

专栏 2 关键共性技术

> 1. 知识计算引擎与知识服务技术。研究知识计算和可视交互引擎，研究创新设计、数字创意和以可视媒体为核心的商业智能等知识服务技术，开展大规模生物数据的知识发现。
>
> 2. 跨媒体分析推理技术。研究跨媒体统一表征、关联理解与知识挖掘、知识图谱构建与学习、知识演化与推理、智能描述与生成等技术，开发跨媒体分析推理引擎与验证系统。
>
> 3. 群体智能关键技术。开展群体智能的主动感知与发现、知识获取与生成、协同与共享、评估与演化、人机整合与增强、自我维持与安全交互等关键技术研究，构建群智空间的服务体系结构，研究移动群体智能的协同决策与控制技术。
>
> 4. 混合增强智能新架构和新技术。研究混合增强智能核心技术、认知计算框架、新型混合计算架构、人机共驾、在线智能学习技术、平行管理与控制的混合增强智能框架。
>
> 5. 自主无人系统的智能技术。研究无人机自主控制和汽车、船舶、轨道交通自动驾驶等智能技术，发展服务机器人、空间机器人、海洋机器人、极地机器人技术，无人车间 / 智能工厂智能技术，高端智能控制技术和自主无人操作系统。研究复杂环境下基于计算机视觉的定位、导航、识别等机器人及机械手臂自主控制技术。
>
> 6. 虚拟现实智能建模技术。研究虚拟对象智能行为的数学表达与建模方法，让虚拟对象与虚拟环境和用户之间进行自然、持续、深入交互，建立智能对象建模的技术与方法体系。
>
> 7. 智能计算芯片与系统。研发神经网络处理器以及高能效、可重构类脑计算芯片等，新型感知芯片与系统、智能计算体系结构与系统，人工智能操作系统。研究适合人工智能的混合计算架构等。
>
> 8. 自然语言处理技术。研究短文本的计算与分析技术、跨语言文本挖掘技术和面向机器认知智能的语义理解技术、多媒体信息理解的人机对话系统。

构建开放协同的人工智能科技创新体系第三条统筹布局人工智能创新平台，提出的基础支撑平台内容见表 7-3，包括 5 大基础支撑平台：人工智能开源软硬件基础平台、群体智能服务平台、混合增强智能支撑平台、自主无人系统支撑平台、人工智能基础数据与安全检测平台。

表 7-3　《新一代人工智能发展规划》提出的基础支撑平台

专栏3　基础支撑平台

1. 人工智能开源软硬件基础平台。建立大数据人工智能开源软件基础平台、终端与云端协同的人工智能云服务平台、新型多元智能传感器件与集成平台、基于人工智能硬件的新产品设计平台、未来网络中的大数据智能化服务平台等。

2. 群体智能服务平台。建立群智众创计算支撑平台、科技众创服务系统、群智软件开发与验证自动化系统、群智软件学习与创新系统、开放环境的群智决策系统、群智共享经济服务系统。

3. 混合增强智能支撑平台。建立人工智能超级计算中心、大规模超级智能计算支撑环境、在线智能教育平台、"人在回路"驾驶脑、产业发展复杂性分析与风险评估的智能平台、支撑核电安全运营的智能保障平台、人机共驾技术研发与测试平台等。

4. 自主无人系统支撑平台。建立自主无人系统共性核心技术支撑平台，无人机自主控制以及汽车、船舶和轨道交通自动驾驶支撑平台，服务机器人、空间机器人、海洋机器人、极地机器人支撑平台，智能工厂与智能控制装备技术支撑平台等。

5. 人工智能基础数据与安全检测平台。建设面向人工智能的公共数据资源库、标准测试数据集、云服务平台，建立人工智能算法与平台安全性测试模型及评估模型，研发人工智能算法与平台安全性测评工具集。

构建开放协同的人工智能科技创新体系中的第四条是，加快培养聚集人工智能高端人才。建设人工智能学科。完善人工智能领域学科布局，设立人工智能专业，推动人工智能领域一级学科建设，尽快在试点院校建立人工智能学院，增加人工智能相关学科方向的博士、硕士招生名额。鼓励高校在原有基础上拓宽人工智能专业教育内容，形成"人工智能+X"复合专业培养新模式，重视人工智能与数学、计算机科学、物理学、生物学、心理学、社会学、法学等学科专业教育的交叉融合。加强产学研合作，鼓励高校、科研院所与企业等机构合作开展人工智能学科建设。

重点任务的第5条提出，构建泛在安全高效的智能化基础设施体系，其中的智能化基础设施内容见表7-4所示，包括3大基础设施：网络基础设施、大数据基础设施、高效能计算基础设施。

表 7-4　《新一代人工智能发展规划》提出的智能化基础设施体系

专栏4　智能化基础设施

1. 网络基础设施。加快布局实时协同人工智能的5G增强技术研发及应用，建设面向空间协同人工智能的高精度导航定位网络，加强智能感知物联网核心技术攻关和关键设施建设，发展支撑智能化的工业互联网、面向无人驾驶的车联网等，研究智能化网络安全架构。加快建设天地一体化信息网络，推进天基信息网、未来互联网、移动通信网的全面融合。

2. 大数据基础设施。依托国家数据共享交换平台、数据开放平台等公共基础设施，建设政府治理、公共服务、产业发展、技术研发等领域大数据基础信息数据库，支撑开展国家治理大数据应用。整合社会各类数据平台和数据中心资源，形成覆盖全国、布局合理、链接畅通的一体化服务能力。

3. 高效能计算基础设施。继续加强超级计算基础设施、分布式计算基础设施和云计算中心建设，构建可持续发展的高性能计算应用生态环境。推进下一代超级计算机研发应用。

本书作者对《新一代人工智能发展规划》的文本全文用 Python 分词、词频统计，绘制一个词云图，显示了全文的重点内容，见图7-1所示。

图 7-1 《新一代新人工智能发展规划》的词云分析

2018 年 9 月，央视《开讲啦》邀请清华大学人工智能研究院院长张钹院士开课，讲述"走进真正的人工智能"，讲述第三次人工智能浪潮的概况。（参见图 7-2，扫码看视频。）

图 7-2 《开讲啦》张钹院士讲解人工智能

二、美国人工智能研究发展战略计划

2016 年 10 月美国白宫科技与政策办公室发布了《美国国家人工智能研究发展战略计划》（ *The National Artificial Intelligence Research And Development Strategic Plan* ）[2]。时隔 3 年后的 2019 年 6 月，发布了更新的 2019 版上述文件（ *The National Artificial Intelligence Research And Development Strategic Plan: 2019 Update* ）[3]，足见美国对新人工智能发展的高度重视。其 8 大优先战略包括：

（1）制订 AI 研究长期投资计划。优先投资对驱动发现、探究和赋能美国保持 AI 领导地位的下一代 AI 技术。

（2）发展有效的人机协同方法。增加理解如何创建能有效补充和扩大人类能力的 AI 系统。

（3）理解并致力于有关 AI 对伦理、法律和社会问题的关联影响。

（4）确保安全和可靠的 AI 系统。发展设计可靠、可依赖、安全和可信的 AI 系统的相关高级知识体系。

（5）发展面向 AI 训练和测试的公共开放的数据集和环境。发展和赋能可访问的高质量数据集、环境满足测试、训练资源。

（6）评估 AI 技术的标准和基准。

（7）更好地理解国家 AI 研究发展的劳动力需求。创造就业机会，为 AI 发展计划有策略地培养 AI 劳动力。

（8）扩大公私合作加速 AI 发展。鼓励持续在 AI 研发的投资并转化到实际应用。鼓励学术、工业、国际合作者以及非联邦实体的合作。

2019 版的 AI R&D 中的 8 大战略的布局见图 7-3 所示。

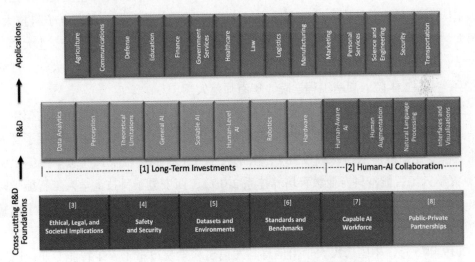

图 7-3　2019 版美国国家 AI　R&D 战略计划框架

白宫科技政策办公室人工智能助理主任称，美国在科学和工程研究与创新方面的地位领先，自 2016 年《国家人工智能研发战略计划》发布以来，联邦政府已经扩大了这一愿景，即"与学术界、产业界、国际合作伙伴和盟友以及其他非联邦实体合作，促进对人工智能研发的持续投资，在人工智能和相关技术方面实现技术突破，并将这些突破迅速转化为有助于美国经济和国家安全的能力"。

本书作者对 2019 版的美国 AI 发展计划做了词云分析，见图 7-4 所示。

图 7-4　美国《国家人工智能研发战略计划》的词云分析

三、我国高校人工智能专业概况

为响应《新一代人工智能发展规划》关于人工智能人才培养的指示，2018 年各高校积极筹备申报人工智能专业，建立人工智能学院。2019 年 3 月 31 日，教育部官网公布了《2018 年度普通高等学校本科专业备案和审批结果的通知》，人工智能被列入新增审批本科专业名单，全国共有 35 所高校获首批建设资格，专业代码为 080717T，学位授予门类为工学，所属为电子信息大类。包括北京科技大学、北京交通大学、天津大学、东北大学、大连理工大学、吉林大学、上海交通大学、同济大学、南京大学、东南大学、南京农业大学、浙江大学、厦门大学、山东大学、武汉理工大学、四川大学、重庆大学、电子科技大学、西南交通大学、西安交通大学、西安电子科技大学、兰州大学、北京航空航天大学、北京理工大学、哈尔滨工业大学、西北工业大学、中北大学、长春师范大学、南京信息工程大学、江苏科技大学、安徽工程大学、江西理工大学、中原工学院、湖南工程学院、华南师范大学。

2019 年高考是第一轮人工智能本科招生的开始，AI 也成为当年最热门的招生专业之一。为适应人工智能人才培养，西安交通大学前校长郑南宁院士主编出版了《人工智能本科专业知识体系与课程设置》，南京大学人工智能学院院长周志华主编出版了《南京大学人工智能本科专业教育培养体系 2019》，西安电子科技大学人工智能学院院长焦李成组织出版了《人工智能学院本硕博培养体系》，为 AI 专业建设提供了比较系统的课程设置参考。

2019 年 6 月，中国传媒大学由信息与通信工程学院申报了人工智能专业，已经获批，2020 年人工智能本科专业开始招生。

此外在 2019 年获批的本科专业中，智能科学与技术专业，专业代码 080907T，审批通过该专业的 96 所高校可招生，中国传媒大学在列，并在数据科学与智能媒体学院招生本科生，名称为智能科学与技术专业（智能媒体技术方向）。

第二节　深度学习理论

一、2018 年的图灵奖

深度学习是近 10 年机器学习领域发展最快的一个分支，由于其重要性，本吉奥（Yoshua Bengio）、辛顿（Geoffrey Hinton）、杨乐昆（Yann Lecun）三位教授因此同获 2018 年图灵奖[4]，他们在图灵奖主页的获奖照片参见图 7-5。

图 7-5 2018 年图灵奖得主

深度学习在 20 世纪 80 年代的光芒被后来的互联网掩盖。但这几年恰恰是互联网产生的海量大数据给了神经网络新的发展机会。

二、卷积神经网络

从理论上说，如果一层网络是一个函数的话，多层网络就是多个函数的嵌套。网络越深，表达能力越强，伴随而来的训练复杂性越大。

（一）杨乐坤的 LeNet

LeNet 诞生于 1994 年，由杨乐坤提出，他也被称为卷积神经网络之父。LeNet 是早期的卷积神经网络代表，主要用来进行手写字符的识别与分类，准确率达到了 98%，在美国银行业用于读取北美约 10% 的支票[5]。LeNet 奠定了现代卷积神经网络的基础。1998 年，杨乐坤及其合作者共同构建了一个更加完善的卷积神经网络 LeNet-5，并在手写数字识别的问题中取得了更加优秀的表现。

LeNet-5 的网络结构较为简单，包含七层网络（不包括输入层）：两个卷积层、两个池化层以及三个全链接层，其中最后一个全连接层就是输出层。具体样式如图 7-6，图中 C 代表卷积层，S 代表下采样层，F 代表全连接层，卷积核 5*5。

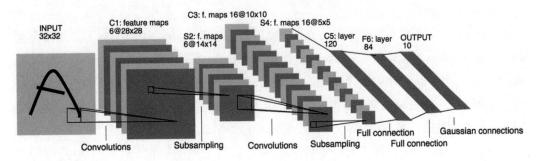

Fig. 2. Architecture of LeNet-5, a Convolutional Neural Network, here for digits recognition. Each plane is a feature map, i.e. a set of units whose weights are constrained to be identical.

图 7-6 LeNet-5 网络结构

从图 7-6 可以看到，LeNet-5 模型的输入为一张单通道的 32*32 矩阵，输出为一个 10 维向量，用于识别 0-9 数字的分类器。

从现代深度学习的观点来看，LeNet-5 网络结构规模很小，但考虑到 1998 年的数值计算条件，LeNet-5 还是相对完整的深度学习算法。LeNet-5 使用双曲正切函数作为激励函数，使用均方差作为误差函数并对卷积操作进行了修改以减少计算开销，这些设置在随后的卷积神经网络算法中已被更优化的方法取代。

对于卷积神经网络的相关详细的原理，建议收看网易云课堂上免费的吴恩达的课程"卷积神经网络"，他对各种卷积神经网络的算法和特点有非常深入的讲解。

此外有很多关于卷积神经网络可视化的例子，其中斯坦福 AI 实验室主任李飞飞的学生安德烈·卡帕蒂（Andrej Karpathy）[6]（现在任特斯拉 AI 实验室主任），开发了 ConvNet.js（https：//cs.stanford.edu/people/karpathy/convnetjs/），其主页上有一个拟合猫的例子，最开始是猫的粗略的样子，随着网络的学习和迭代，输出的图形越来越像一个猫。见图 7-7 所示。

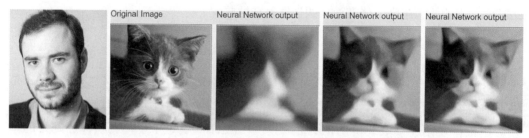

图 7-7　Andrej　Karpathy 和他开发的 ConvNet.js 在学习猫的迭代过程

（二）辛顿团队的 AlexNet

2006 年多伦多大学的辛顿（Hinton）教授在《科学》（Science）发表论文，开创性提出深度学习理念，为人工智能发展注入新动能[7]。

1. AlexNet 结构

AlexNet 由辛顿和他的学生亚历克斯·克里兹夫斯基（Alex Krizhevsky）于 2012 年提出，并在当年以显著优势取得了 ImageNet 比赛的冠军[8]，在百万量级的 ImageNet 数据集上，top-5 的错误率降低至 16.4%，相比第二名 26.2% 的错误率整整低了 9.8 个百分点。AlexNet 算是 LeNet 的一种更深更宽的版本，证明了卷积神经网络在复杂模型下的有效性，是神经网络在低谷期的第一次发声，从此以后，卷积神经网络成为图像分类问题上的核心算法模型。确立了深度学习，具体来说是卷积神经网络确立了在计算机视觉的统治地位，推动了深度学习在计算机视觉、自然语言处理、机器人等领域拓展，掀起了深度学习的浪潮。

AlexNet 包含 6 亿 3000 万个连接，6000 万个参数和 65 万个神经元。AlexNet 一共包含八大层，前 5 层为卷积层，后 3 层为全连接层。池化层采用最大池化，避免了平均池化导致的模糊化，其网络架构如图 7-8 所示，看起来和其他网络结构差别很大，它采用了两块 GPU 计算，网络结构分为了两层，也可以当成一块 GPU 来理解其原理。

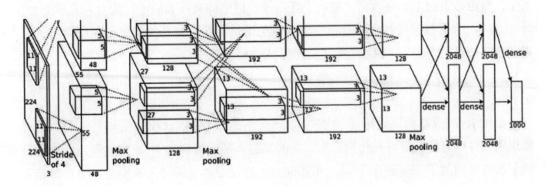

图 7-8　AlexNet 网络结构

2. AlexNet 的结构特点

AlexNet 第一个卷积层使用的是一个大的卷积核，大小为 11*11，步长为 4；第二个卷积层使用的是大小为 5*5 的卷积核，步长为 1；剩余的卷积层都是 3*3 的卷积核，步长为 1。激活函数使用 ReLu 函数，可最大池化，大小为 3*3，步长为 2。AlexNet 第一次将 dropout 实用化并应用于全连接层。

AlexNet 使用的激活函数是 ReLU，在这之前的卷积神经网络大多使用的是 Sigmoid 函数，但是当网络结构较深时，Sigmoid 函数会导致梯度弥散问题。实验证明，在较深的网络中，ReLU 函数的效果超过了 Sigmoid 函数，不仅没有出现梯度弥散，还加快了训练速度。AlexNet 训练网络时使用了梯度下降法，非饱和的非线性函数训练速度快于饱和的非线性函数。ReLU 激活函数虽然很早被提出，但是自 AlexNet 出现后才被广泛使用。

AlexNet 在训练时使用 Dropout 来避免模型过拟合。Dropout 的思想是随机丢弃一部分神经元，来降低冗余数据。在 AlexNet 之前，Dropout 只存在于论文的论述中，并没有被实际的网络结构所采用。AlexNet 将其实用化，并证实了它的效果，在最后几个全连接层使用了 Dropout。每次前向传播的时候全连接层上一层的每个神经元会以一定的概率不参与前向传播，而后向传播的时候这些单元也不参与，这种方式使网络只以部分神经元来表示当前的特征。这相当于间接降低了模型的复杂度，很大程度上降低了过拟合。

在 AlexNet 中，研究者借助 GPU 从而将原本需数周甚至数月的网络训练过程缩短至五到六天。在揭示卷积神经网络强大能力的同时，也大大缩短了深度网络和大型网络模型开发研究的周期与时间成本，缩短了其迭代周期。

3. AlexNet 的里程碑意义

AlexNet 使用了数据增强技术，减轻过拟合，提升泛化能力。AlexNet 首次将卷积神经网络应用于计算机视觉领域的海量图像数据集 ImageNet，该数据集共计 1000 类图像，图像总数约 128 多万张，揭示了卷积神经网络拥有强大的学习能力和表示能力。另一方面，海量数据同时也使卷积神经网络免于过拟合。自此便引发了深度学习，特别是卷积神经网络在计算机视觉中"井喷"式的研究。

（三）李飞飞和 ImageNet 数据集

AlexNet 的成功离不开大型的数据集 ImageNet。ImageNet 项目是一个用于视觉对象识别软件研究的大型可视化数据库，它的发起人是斯坦福大学 AI 实验室主任华裔科学家李飞飞。关于 ImageNet 项目的艰难起步，在纪录片《探寻人工智能》中有对李飞飞的专访视频。（参见图 7-9，扫码可以看视频）

图 7-9　杨澜纪录片《探寻人工智能》及采访 ImageNet 发起人李飞飞

2017 杨澜团队拍摄了纪录片《探寻人工智能》，每集 20 分钟，共 10 集。2019 年又拍摄发行了《探寻人工智能》（第二季），共 8 集，应该来说这 18 个视频是学习人工智能非常有价值的视频文献资料，杨澜从媒体和公众科技传播的角度带我们领略了第三次人工智能的浪潮，建议读者收看。

ImageNet 有 1,400 多万图像数据，21,000 多万类别，一个 node 含有至少 500 个对应物体的可供训练的图片，它实际上是一个巨大的可供图像和视觉训练的图片库。ImageNet 的结构基本上是金字塔型：目录 -> 子目录 -> 图片集，分类目录参照的是普林斯顿大学早期知识网络 WordNet。ImageNet 主页参见图 7-10。

该数据库首次作为一个海报在普林斯顿大学计算机科学系的研究人员于佛罗里达州举行的 2009 年计算机视觉与模式识别（CVPR）会议上发布。自 2010 年以来，ImageNet 项目每年举办一次比赛，即 ImageNet 大规模视觉识别挑战赛（ILSVRC），软件程序竞逐正确分类检测物体和场景。ImageNet 挑战使用了一个"修剪"的 1000 个非重叠类的列表。2012 年 AlexNet 在解决 ImageNet 挑战方面取得了巨大的突破，被广泛认为是深度学习革命的开始。

图 7-10　ImageNet 主页

（四）VGGNet

VGGNet 是牛津大学计算机视觉组和 Google DeepMind 公司一起研发的深度卷积神经网络，并取得了 2014 年 ImageNet 比赛的定位项目第一名和分类项目第二名。VGGNet 探索了卷积神经网络的深度与性能的关系，构筑了 16 至 19 层深的卷积神经网络，证明增加网络深度在一定程度上影响网络最终性能，使错误率大幅下降。到目前为止，VGGNet 仍然被用来提取图像特征。由于 VGGNet 具备良好的泛化性能，其在 ImageNet 数据集上的预训练模型被广泛应用于除最常用的特征抽取外的诸多问题，如物体候选生成、细粒度图像定位与检索、图像协同定位等。VGGNet 的版本很多，常用的是 VGG-16、VGG-19 网络。

1. VGG-16 结构

VGGNet 可以看成是加深版本的 AlexNet，由卷积层、全连接层两部分构成。如图 7-11 所示，VGG-16 的网络结构共 16 层（不包括池化和 softmax 层），卷积核都使用 3*3，池化都使用 2*2，步长为 2 的最大池化。总体来看，VGG-16 由 5 层卷积层、3 层全连接层和 softmax 输出层构成，层与层之间使用最大化池分开，所有隐藏层的激活单元都采用 ReLU 函数。

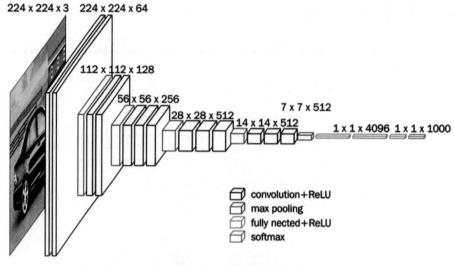

图 7-11　VGG-16 网络结构

2. VGGNet 的结构特点

VGGNet 结构简洁，和 AlexNet 网络结构有些相像，不同的地方在于 VGGNet 网络结构非常深，它把网络层数加到了 16 至 19 层，而且池化和 softmax 层并没有计算在层数之内，而 AlexNet 只有 8 层结构。相比 AlexNet，VGGNet 中普遍使用了小卷积核，以及具有保持输入大小等技巧，为的是在增加网络复杂度的同时，确保各层输入大小随深度增加不急剧减小。

VGGNet 通过反复堆叠 3*3 的小型卷积核和 2*2 的最大池化层构建。拥有 5 段卷积，每一段卷积网络都会将图像的边长缩小一半，并将卷积通道数翻倍，通道数变多意味着更多的特征被提取出来，卷积通道数由 64 翻一番到 128，再翻一倍到 256，然后再接上两个 512。

VGGNet 在训练和预测时使用了 Multi-Scale 做数据增强。训练时将同一张图片缩放到不同的尺寸，再随机剪裁到 224*224 的大小，能够增加数据量。预测时将同一张图片缩放到不同尺寸做预测，最后再取平均值。对于深度学习的初学者来说，深度学习对训练集的处理，相当于人类学习过程中同一个题目变换题型或者提问的角度，反复学习，以提高泛化能力。

3. VGGNet 结构参数

图 7-12 是 VGGNet 官方的数据表格，每一列表示的是不同的网络，从 A 到 E，网络越来越深。其中 conv3-64 表示的含义是这是一个卷积层，卷积核的大小是 3*3，通道数是 64。

ConvNet Configuration					
A	A-LRN	B	C	D	E
11 weight layers	11 weight layers	13 weight layers	16 weight layers	16 weight layers	19 weight layers
input (224 × 224 RGB image)					
conv3-64	conv3-64 **LRN**	conv3-64 **conv3-64**	conv3-64 conv3-64	conv3-64 conv3-64	conv3-64 conv3-64
maxpool					
conv3-128	conv3-128	conv3-128 **conv3-128**	conv3-128 conv3-128	conv3-128 conv3-128	conv3-128 conv3-128
maxpool					
conv3-256 conv3-256	conv3-256 conv3-256	conv3-256 conv3-256	conv3-256 conv3-256 **conv1-256**	conv3-256 conv3-256 **conv3-256**	conv3-256 conv3-256 conv3-256 **conv3-256**
maxpool					
conv3-512 conv3-512	conv3-512 conv3-512	conv3-512 conv3-512	conv3-512 conv3-512 **conv1-512**	conv3-512 conv3-512 **conv3-512**	conv3-512 conv3-512 conv3-512 **conv3-512**
maxpool					
conv3-512 conv3-512	conv3-512 conv3-512	conv3-512 conv3-512	conv3-512 conv3-512 **conv1-512**	conv3-512 conv3-512 **conv3-512**	conv3-512 conv3-512 conv3-512 **conv3-512**
maxpool					
FC-4096					
FC-4096					
FC-1000					
soft-max					

图 7-12　VGGNet 结构参数表

但是，VGGNet 网络模型也存在着一些缺点，比如，VGGNet 使用了大量的参数，这些参数会占用很多内存，消耗大量计算资源，而其中的绝大部分参数是来自全连接层的，现在即使去除这些全连接层，性能也没有受到什么影响，但是会因为显著降低了参数数量，而导致训练速度的加快。

4. 戴密斯·哈萨比斯（Demis Hassabis）与 DeepMind

DeepMind，位于英国伦敦，是由人工智能程序师兼神经科学家哈萨比斯等人联合创立的前沿的人工智能企业。它将机器学习和系统神经科学的最先进技术结合起来，建立强大的通用学习算法。

阿尔法围棋（AlphaGo）是 DeepMind 开发的程序。2016 年 3 月，阿尔法围棋程序以 4∶1 击败韩国围棋冠军李世石（Lee Se-dol），成为近年来人工智能领域少有的里程碑事件。2017 年 5 月 27 日，人机大战 2.0 中，阿尔法围棋以 3∶0 战胜人类排名第一的围棋冠军柯洁。在电视屏幕上两次人机大战新闻发布会上，代表阿尔法围棋出席的就是 AI 科学家哈萨比斯和强化学习科学家大卫·西沃（David Silver），参见图 7-13。

图 7-13　创造人机大战中 AlphaGo 的科学家哈萨比斯和西沃

三、深度学习的基础框架

（一）谷歌深度学习项目 TensorFlow

TensorFlow 是一个基于数据流编程的符号数学系统，用于数值计算的开源软件库，被广泛应用于各类机器学习算法的编程实现，其前身是谷歌的神经网络算法库 DistBelief。节点（Nodes）在图中表示数学操作，线（edges）则表示在节点间相互联系的多维数据数组，即张量（tensor）。Tensorflow 拥有多层级结构，可部署于各类服务器、PC 终端和网页并支持 GPU 和 TPU 高性能数值计算，被广泛应用于谷歌内部的产品开发和各领域的科学研究。

TensorFlow 由谷歌人工智能团队谷歌大脑（Google Brain）进行开发和维护，拥有包括 TensorFlow Hub、TensorFlow Lite、TensorFlow Research Cloud 在内的多个项目以及各类应用程序接口。自 2015 年 11 月 9 日起，TensorFlow 依据阿帕奇授权协议（Apache 2.0 open source license）开放源代码。

（二）脸书（Facebook）深度学习框架 PyTorch

2017 年 1 月，脸书（Facebook）人工智能研究院基于 Torch 推出了 PyTorch。虽然 PyTorch 和 Torch 底层实现都用的是 C 语言，但是 Torch 的调用需要掌握 Lua 语言，相比而言使用 Python 的人更多，二者根本不是一个数量级，因此 PyTorch 基于 Torch 做了些底层修改、优化并且支持 Python 语言调用。

PyTorch 它是一个基于 Python 的计算包，目标功能有两类：使用 GPU 来运算 numpy；一个深度学习平台，可提供最大的灵活性。

（三）贾扬清与 Caffe

Caffe 是一个深度学习框架，是基于表示、高速和模块化的思想设计。它是伯克利 AI 研究院的项目，由社区志愿者维护，由贾扬清在加州大学伯克利分校（UC Berkeley）攻读博士期间创立。贾扬清毕业于清华大学，目前是阿里巴巴达摩院技术副总裁，之前曾在脸书（FaceBook）和谷歌（Google）工作，参见图 7–14。

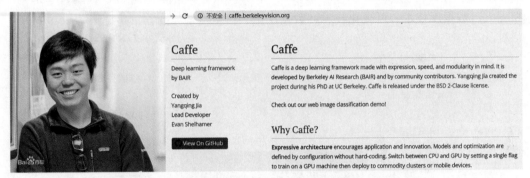

图 7–14　开源深度学习框架 Caffe 和项目发起人贾扬清

（四）易用的封装深度学习库 Keras

Keras 是一个由 Python 编写的开源人工神经网络库，可以作为 Tensorflow、Microsoft–CNTK 和 Theano 的高阶应用程序接口，从而进行深度学习模型的设计、调试、评估、应用和可视化。主要开发者是谷歌工程师弗朗索瓦·乔利特（François Chollet）。Keras 不能单独使用，它后端要基于 Tensorflow、Microsoft–CNTK 和 Theano 之一。

Keras 在代码结构上由面向对象方法编写，完全模块化并具有可扩展性，其运行机制和说明文档有将用户体验和使用难度纳入考虑，并试图简化复杂算法的实现难度。Keras 支持现代人工智能领域的主流算法，包括前馈结构和递归结构的神经网络，也可以通过封装参与构建统计学习模型。在硬件和开发环境方面，Keras 支持多操作系统下的多 GPU 并行计算，可以根据后台设置转化为 Tensorflow、Microsoft–CNTK 等系统下的组件。

四、信息科技智库 AMiner

信息科技情报大数据挖掘与服务平台（AMiner）于 2006 年上线，项目负责人为清华大学计算机系的唐杰教授。AMiner 经过十多年的建设，已收录 2.3 亿篇论文与 1.3 亿位学者，吸引了全球 220 个国家 / 地区、800 多万独立 IP 的访问，年度访问量 1100 万次。[9] AMiner 平台曾获得 2017 年北京市科学技术奖一等奖，2013 年中国人工智能学会科技进步一等奖。AMiner 平台已经服务于科技部、中国科协、自然科学基金委、北京科委等政府机构，以及腾讯、华为、阿里巴巴、搜狗等企业机构。人工智能团体组织与先进平台的成立和发展已经成为团结优势资源共同促进人工智能发展的重要力量，见证并融入我国人工智能发展中。

2019 年 11 月，AMiner 团队联合中国人工智能学会，发布了基于 AMiner 海量科研数据的《2019 人工智能发展报告》，其中包括 13 个研究方向：机器学习、计算机视觉、知识工程、自然语言处理、语音识别、计算机图形学、多媒体技术、人机交互技术、机器人、数据库技术、可视化技术、数据挖掘、信息检索与推荐，参见图 7-15。

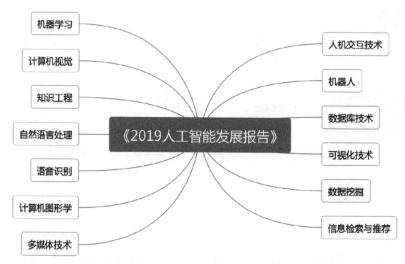

图 7-15　AMiner 发布的《2019 人工智能发展报告》总结的研究方向

AMiner 挖掘和总结的 AI 技术的近期发展脉络用一张图表示，见图 7-16，重要的里程碑包括 1997 年的 RNN/LSTM，1998 年的 LeNet，2012 年的 AlexNet，2016 年的 ResNet，2016 年的 AlphaGo，2017 年的 AlphaZero，2017 年的胶囊网络 Capsule Nets。

《2019 人工智能发展报告》罗列了深度学习的四个主要脉络，最上层是卷积网络，中间层是无监督学习脉络，再下面一层是序列深度模型发展脉络，最底层是增强学习发展脉络。这四条脉络全面展示了"深度学习技术"的发展近况。

结合前面的内容，再来看图 7-16 就比较清楚了。可见，每一个科学家都是站在前人的肩膀上开拓自己的创新的。

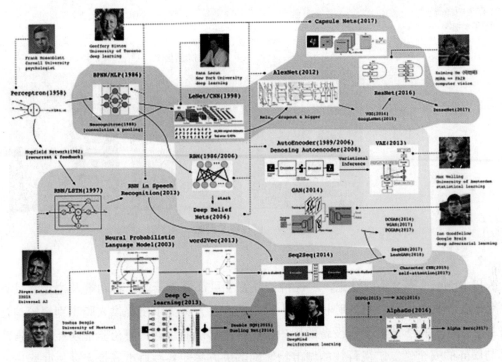

图 7-16　《2019 人工智能发展报告》总结的 AI 深度学习发展脉络

第三节　人工智能应用案例

（一）旷视科技

1. 旷视科技的概况

旷视科技 2011 年在北京成立，目前拥有 2000 多名员工，联合创始人为清华大学姚班的三位毕业生印奇、唐文斌、杨沐，公司有 40 多位 NOI/IOI/ACM 金牌员工，曾获 22 次 AI 竞赛世界冠军，共有 1400 多名研发人员，以及 1100 多项在审及授权专利，创始团队参见图 7-17。旷视科技是全球为数不多的拥有自主研发深度学习框架的公司之一，自研的深度学习框架 Brain++ 作为统一的底层架构，为算法训练及模型改进提供支持。旷视科技向客户提供包括先进算法、平台软件、应用软件及内嵌人工智能功能的物联网设备的全栈解决方案，并在多个行业取得领先地位。2017 年和 2019 年，旷视科技跻身《麻省理工科技评论》发布的两项"50 大最聪明公司"榜单。

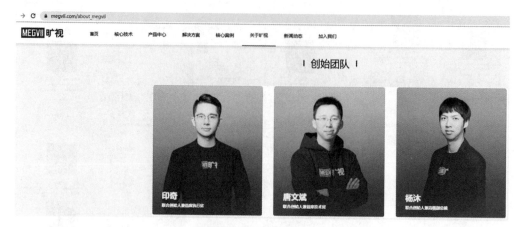

图 7-17　旷视科技网站

2. 业务内容

以 Brain++ 作为基础设施，旷视科技开发了可部署于云端、移动端及边缘端计算平台的先进深度神经网络。旷视的个人物联网解决方案为手机提供人脸识别解锁与计算摄影功能，持续改善个人设备的用户体验，为移动应用融入身份验证功能，加强产品与服务的安全性。旷视科技的城市物联网解决方案使各种城市场景实现物联网设备的智能部署及管理，通过视觉数据的高效与精确分析，加强公共安全与便利，优化交通管理并改善城市资源规划。旷视科技的供应链物联网解决方案帮助企业数字化升级工厂、仓库及零售店，从而提高供应链整体效率。

旷视科技的典型客户包括金融科技公司、银行、智能手机公司、第三方系统集成商、物业管理者、学校、物流公司及制造商等。

3. 行业和学术成就

2013 年，旷视研究院在 ICCV（International Conference on Computer Vision，国际计算机视觉大会）赢得 300 Faces in-the-Wild Challenge 冠军。2015 年推出基于云端的人脸识别身份认证解决方案 FaceID，发布世界第一台智能摄像机，2016 年 FaceID 为全球 1 亿人完成在线身份验证服务。

2018 年，在 ICCV 2018 COCO+Places 竞赛中赢得四项冠军。COCO 既是 ICCV 的重头戏，也是人工智能领域最具影响力的通用物体检测挑战赛。

2019 年发布智能物流操作平台旷视河图，并在 ICCV 2019 上拿下 COCO 物体检测（Detection）、人体关键点（Keypoint）和全景分割（Panoptic）三项第一，取得了 COCO 三连冠的骄人战绩。

2019 年 1 月 21 日，西安交通大学成立人工智能学院，旷视科技的首席科学家孙剑担任首任院长，参见图 7-18。孙剑的代表成果是在微软亚洲研究院工作期间，研发了深度残差网络 ResNet，解决了"网络越深，错误越多"的矛盾。在 2015 年的国际大赛中，深度残差网络系统达到 152 层的深度，而错误率仅有 3.5%，而普通人眼的错误率约为 5.1%。

4. Brain++ 入围 2019 年世界互联网大会领先科技成果

2019 年 10 月 20 日，第六届世界互联网大会在中国乌镇开幕，旷视科技自主研发的人工智能算法平台 Brain++ 荣获"世界互联网领先科技成果"。旷视科技 CTO 唐文斌出席大会并介绍了 Brain++。

人工智能算法从研发到部署是一套庞大的系统工程，目前业界普遍把深度学习框架作为算法开发工具，但是学习和使用成本高，难以规模化。究其原因，在于只有深度学习框架是不够的，需要拉通从数据到算力再到框架的端到端解决方案，人工智能时代亟须一个满足产业需求的操作系统。

唐文斌表示，"为了解决这个问题，2014 年我们开始研发 Brain++，它是一套端到端的 AI 算法平台，目标是让研发人员获得从数据到算法产业化的一揽子技术能力，不用重复造轮子也可以推进 AI 快速落地。Brain++ 还引入了 AutoML 技术，可以让算法来训练算法，让 AI 来创造 AI"。

图 7-18 旷视科技孙剑与西交的合作及唐文斌在世界互联网大会宣讲 Brain++

如旷视科技的 CEO 印奇所说，旷视科技不止只做人脸识别，更要做仓库里最聪明的搬运工，其 Logo 也由原来的 Face++ 改为了 MEGVII。旷视科技 2017 年涉足机器人业务，与在物流机器人行业排名前三的艾瑞思合作，输出机器视觉和 SLAM 环境建模技术。2018 年 4 月，旷视科技全资收购艾瑞思，正式将机器人作为一项重点业务。

（二）商汤科技

1. 商汤科技的概况

商汤科技初创于汤晓鸥教授所在的香港中文大学多媒体实验室，成立于 2014 年，主要业务是计算机视觉技术以及深度学习算法，是计算机视觉和深度学习领域的算法提供商。作为全球领先的人工智能平台公司，商汤科技（SenseTime）是中国科技部授予的"智能视觉"国家新一代人工智能开放创新平台，全球总融资额超过 10 亿美元。

公司的核心优势包括拥有 300 多篇顶级学术论文、1000 多位研发人员、60 多项人工智能竞赛奖项。

2. 业务内容

商汤科技以"坚持原创，让 AI 引领人类进步"为愿景，自主研发并建立了全球领先的深度学习平台和超算中心，推出了一系列人工智能技术，包括：人脸识别、图像识别、文本识别、医疗影像识别、视频分析、无人驾驶和遥感等。商汤科技已成为中国知名的 AI 算法提供商。

3. 发展历程和科研成就

2014 年自主研发的 DeepID 系列人脸识别算法准确率达到 98.52%，超过脸书（Facebook）同期发表的 DeepFace 算法，全球首次超过人眼识别准确率，突破工业化应用红线。

2015 年，商汤科技在 ImageNet 2015 国际计算机视觉挑战赛中，获得检测数量、检测准确率两项世界第一，成为首个夺冠的中国企业。

2016 年，商汤科技在 ImageNet 2016 一举揽下物体检测、视频物体检测和场景分析三项冠军。

2017 年，商汤科技与本田汽车达成长期合作，共同发力适合乘用车场景的 L4 级自动驾驶方案，加速智能汽车的研发进程。为 OPPO、vivo 等手机品牌提供人脸解锁等技术，提升中国手机品牌国际竞争力。完成 4.1 亿美元 B 轮融资，创当时全球人工智能单轮融资最高纪录。

2018 年，科技部宣布依托商汤科技建设智能视觉国家新一代人工智能开放创新平台，商汤科技成为继阿里云、百度、腾讯、科大讯飞公司之后第五大国家人工智能开放创新平台。它完成 6.2 亿美金 C+ 轮融资，估值超过 45 亿美金，继续保持全球总融资额、估值均遥遥领先的人工智能平台公司地位。

（三）云从科技

1. 云从科技的概况

广州云从科技（CloudWalk），由周曦创立于 2015 年，孵化自中科院重庆研究院，是一家人脸识别技术及产品提供商，为银行、公安客户提供软件、硬件定制化服务方案。2017 年 3 月，国家发改委确定云从科技与百度、腾讯、科大讯飞，承担国家"互联网 +"重大工程——"人工智能基础资源公共服务平台"建设任务。2019 年 6 月入选"2019 福布斯中国最具创新力企业榜"。

创始人周曦获中科大学士和硕士学位、美国伊利诺伊大学（UIUC）博士学位，曾在 IBM Watson 研究中心、微软雷德蒙总部研究院、NEC 美国加州研究院从事研究工作。2011 年，周曦在中科院重庆绿色智能技术研究院的支持下联合伊利诺伊大学图像生成与处理研究室、新加坡国立大学学习与视觉研究组创建了中科院重庆绿色智能技术研究院的智能多媒体技术研究中心。

2. 核心技术能力

云从科技的核心技术包括：人脸识别、活体检测、语音技术、OCR 识别、行人分析、车辆分析、自然语言处理和风控技术。

3. 应用场景

2016 年，云从科技的全国首个机场智能系统在银川上线，农行全国范围采用云从科技的人脸识别技术。2018 年，云从科技刷新跨境追踪（ReID）技术三项世界纪录，荣获中国第八届吴文俊人工智能科技进步一等奖。2019 年，云从科技再次刷新跨境追踪世界纪录、3D 人体技术打破世界纪录。

在金融业，云从科技服务全国 400 多家银行，与 20 多家互联网金融、第三方支付公司达成反欺诈、身份证、人脸识别、身份证 OCR 等合作，为金融业提供对比服务日均 2.16 亿次。

在交通领域，云从科技已经成为中国民航领域领先的人工智能供应商，目前产品已经覆盖了全国 80 多个机场，22 种行业场景解决方案覆盖了机场的安全、服务、商业、运营、管理等各个方面，日均服务旅客 200 万人次。

二、自然语言处理

（一）微软小冰

微软小冰是由微软亚洲工程院于 2014 年 5 月推出的融合了自然语言处理、计算机语音和计算机视觉等技术完备的人工智能底层框架。微软小冰注重人工智能在拟合人类情商维度的发展，强调人工智能情商，而非任务完成在人机交互中的基础价值。微软小冰单一品牌已覆盖 6.6 亿在线用户、4.5 亿台第三方智能设备和 9 亿内容观众，与用户的单次平均对话轮数（CPS）23 轮，已发展为全球规模最大的跨领域人工智能系统之一。参见图 7-19。

小冰的产品形态已涵盖社交对话机器人、智能语音助理、人工智能内容创作和生产平台等。

2014 年，微软率先在中国市场推出小冰，之后分别于 2015 年及 2016 年推出日本小冰（りんな）和美国小冰（Zo）。2017 年，分别于 2 月和 8 月推出了印度小冰（Ruuh）和印度尼西亚小冰（Rinna），其中，印度小冰首先在 Facebook Messenger 平台落地，而印度尼西亚小冰首先在 LINE 平台落地。

第七代小冰：升级了部分核心技术，主要包括核心对话引擎、全双工语音及多模态交互感官等。经过检索模型、生成模型、共感模型的历次技术迭代，本次升级的对话引擎实现了从"平等对话"向"主导对话"的跨越。它不仅能提高开放域的对话表现，也能在垂直领域发挥高转化率的效果。以在美国进行的"在线零售垂直领域"测试为例，新的对话引擎向商品页面转化率高达 68%，比上一个版本的转化率提高了 21%。

图 7-19 微软小冰聊天机器人

（二）苹果 Siri

Siri 成立于 2007 年，2010 年被苹果以 2 亿美金收购，最初是以提供文字聊天服务为主，随后通过与全球最大的语音识别厂商 Nuance 合作，Siri 实现了语音识别功能。

Siri 是 Speech Interpretation & Recognition Interface 的首字母缩写，原义为语音识别接口，是苹果公司在苹果手机、ipad 产品上应用的一个语音助手，利用 Siri 用户可以通过手机读短信、介绍餐厅、询问天气、语音设置闹钟等。

Siri 支持自然语言输入，可以调用系统自带的天气预报、日程安排、搜索资料等应用，不断学习新的声音和语调，提供对话式的应答。Siri 可以令 iPhone4S 及以上手机（iPad 3 以上平板）变身为一台智能化机器人。

2017 年苹果 WWDC 开发者大会上，Siri 加入了实时翻译功能，支持英语、法语、德语等语言，Siri 的智能化进一步提升，支持上下文预测，类似谷歌助手，用户甚至可以用 Siri 作为 Apple TV 的遥控器。

（三）清华九歌

九歌系统是清华大学自然语言处理与社会人文计算实验室研发的自动诗歌生成系统，由孙茂松教授带领团队研发。九歌采用最新的深度学习技术，结合多个为诗歌生成专门设计的不同模型，基于超过30万首古代诗人创作的诗歌进行训练学习。

九歌系统能够产生集句诗、近体诗、藏头诗、宋词等不同体裁的诗歌。该系统在生成诗歌的质量上有显著提升。作为一款融合现代技术和中国古典文化的有趣应用，九歌在推动自然语言处理技术发展，弘扬中华优秀传统文化等方面都有所帮助。图7-20是九歌的界面和以"九歌"为主题创作的七言绝句，以"石榴"为主题创作的七言绝句，填写的《踏莎行》和《浣溪沙》，其中的《踏莎行》还是非常接近诗词的水平的，抒发了一种天涯倦客的情怀。

九歌研发初衷，源于中国古典诗歌是中华民族两千多年来思想、文化、精神、情感的一种艺术体现。让计算机自动"创作"出堪与古诗媲美的诗歌，是一项非常有挑战性的任务。从计算的角度来看，其特点与下围棋也很不同。计算机在作诗这个任务上如果能通过图灵测试，将是人工智能研究领域的又一个标志性进展；团队希望通过这个问题的研究，检验现有神经网络主流模型的能力，并不断改进模型，期望这种改进对其他类似的计算任务有一般性的借鉴作用；也希望借由技术手段，以人工智能为载体，引起人们对中国古典诗词的关注。通过机器生成的诗歌和古诗人创作的诗歌的对比，让人们进一步感受古诗词中无可替代的美。九歌用AI技术为中国古典诗词的传承和发展贡献了自己的一分力量。

图7-20　九歌创作的诗和词

九歌的核心技术：采用深度神经网络，基于sequence-to-sequence框架。团队针对古诗生成任务，专门设计了显著新上下文模型、互信息模型、工作记忆网络模型等多个模型，相关成果在IJCAI、EMNLP等AI领域的国际顶级会议上发表。

九歌的发展历程：2017年4月，九歌系统测试版上线；2017年8月，九歌参加央视一套黄金时间大型科学挑战类节目《机智过人》，与三位当代优秀诗人同台竞技，比拼诗词创作能力，并成功通过现场观众的图灵测试，当期节目的网络播放量达约1000万次；2017年11月，九歌受邀参加《机智过人》人工智能年度盛典，与著名演员张凯丽同台表演小品；2017 年 12 月，九歌受邀在第七届吴文俊人工智能科学技术奖颁奖晚会作诗展示；2018 年 6 月，九歌系统访问量破百万；2018 年 10 月，九歌集句诗论文获 CCL 2018 最佳论文。

（四）华为乐府机器人

2019 年 9 月 9 日，华为诺亚方舟实验室推出乐府作诗，基于华为云 AI 技术打造，可以创作诗、藏头诗、词、五律、七律等。不少网友表示，AI 诗人"乐府"蕴意丰富的诗，工整不乏意趣，一些网友调侃称，"李白看了会沉默，杜甫看了会流泪"。

华为诺亚方舟实验室语音语义专家刘群解释，在设计这个系统时，其实他们也不懂诗，也没有用诗的规矩去训练这个系统，完全是系统自己学到的。生成中国的古诗词通常需要满足内容和形式两个方面的要求。内容方面，一首诗要围绕着一个主题展开，主旨上还要具有连贯性，相对来说，这种要求是难以琢磨的；形式方面，中国的古诗词有五绝、五律、七绝、七律、西江月、水调歌头、满江红等各种词牌以及对联，每一种都有相应的平仄、对仗、字数、押韵等规定。华为提出的"乐府"系统，与当前大多数解决方案不同，不需要任何人工设定规则或者特性，也没有设计任何额外的神经元组件。它是基于华为云 AI 技术和 GPT 打造的作诗系统，并通过预训练和微调两个阶段进行模型训练。

用 AI 技术生成中国古诗词，华为云 AI 技术搭载的"乐府"并不是第一个，与"九歌"相比，两者差别在于实现方式不同。据了解，华为的乐府，是基于 GPT、华为云 AI 技术，生成诗歌的时候速度很快；清华九歌，基于多个为诗歌生成专门设计的模型，相对来说比较复杂，同时在诗歌的格式上，控制比较严格，虽然严肃但作诗速度的确较慢。图 7-21 是乐府作诗用两张照片生成的五言绝句（照片为苏州拙政园）和七言绝句（照片为中传博学楼前的听琴亭），第四张图是"石榴"生成的七律。

图 7-21　乐府作诗及其创作的作品

据编剧宋方金说，在四首诗词中，一首是诗人创作的，另外三首为乐府作诗创作的，他考虑了一个多小时，竟然没有猜对哪一首是古代诗人的作品。

三、语音识别

（一）微软

微软首席语音科学家黄学东博士，解释了微软认知工具包 CNTK 在语音识别和机器翻译研究中取得的最新进展。

语音识别有两个主要的部分，一个是语音模型，一个是语言模型。关于语音模型，微软基本上用了 6 个不同的神经网络进行并行识别。很有效的一个方法是微软亚洲研究院在计算机视觉方面发明的 ResNet（残差网络），它是 RNN 的一个变种。当然，语音识别也用了 RNN。这 6 个不同的神经网络并行工作，随后再把它们有机地结合起来。在此基础之上再用 4 个神经网络做语言模型，然后重新整合。因此基本上是 10 个神经网络在同时工作，这就造就了微软语音技术的历史性的突破。

微软在人工智能方面有四个重要的技术。（1）计算非常重要，以 Azure 为代表，微软在基础架构上有很高的投入；（2）在服务（Service）方面，提供了微软认知服务、微软认知工具包等，可以创造客户自己的人工智能应用；（3）微软会利用认知服务来增强智能特质；（4）人工智能最有标志性的是对话，因此在对话里微软有几个具有代表性的代理（Agent）。

微软认知服务包括 20 多个人工智能领域的 API，将其打包，以云服务的方式提供。开发人员不需要掌握人工智能、计算机视觉、机器翻译等的技术知识，调用 API 即可。源自中国团队的微软小冰，其语音合成基本上达到了非常高的水平。小冰的自然度、情绪表达能力已经很接近人类水平了，比起业界其他的合成系统有很大的提高，这也得益于深度学习。图 7-22 是微软亚洲研究院的 AI 和在其云端 Azure 上部署的 AI。

图 7-22　微软亚洲研究院的 AI 和 Azure 云端 AI

虽然微软语音识别在 Switchboard 达到了很高的水平，但是跨领域的语音识别性能还是一个问题，因此微软提供了一个可以量身定制的语音识别系统。微软的自定义语音服务（Custom Speech Service）在每个人的应用场景里都可以完全量身定制语音识别系统。这是微软把人工智能普及化的最好案例之一。

微软机器翻译可以同时支持 100 个讲不同语言的人使用。如果演讲 PPT 是英文，要把它翻译成英、法、日、德等语言，只要用手机下载了 Microsoft Translator 应用，照一张相就可以将其翻译成你需要的语言。Microsoft Translator 可以支持 60 种语言的翻译，因此到任何地方去，只要用 Microsoft Translator，就可以消除语言障碍。

Microsoft Translator 的现场翻译所用的神经网络语言模型是联合模型，原语言、目标语言都可以用神经网络来训练，它用的语言模型也是 LSTM。以前统计机器翻译的运作方法和语音系统非常类似。现在最新的神经网络机器翻译，其实非常简单，它就是有一套输入系统，用的是 LSTM，有一套输出系统，用的也是 LSTM，LSTM 输入系统有一个最后的状态，这个状态通过一些加权，可以用解码器的方法输出语言句子。

（二）科大讯飞

科大讯飞成立于 1999 年，是亚太地区知名的智能语音和人工智能上市企业，创始人为毕业于中科大的刘庆峰。科大讯飞从事语音及语言、自然语言理解、机器学习推理及自主学习等核心技术研究并保持了国际前沿技术水平；积极推动人工智能产品研发和行业应用落地，致力让机器"能听会说，能理解会思考"，用人工智能建设美好世界。2008 年，公司在深圳证券交易所挂牌上市（股票代码：002230）。其语音技术和语音产品见图 7-23。

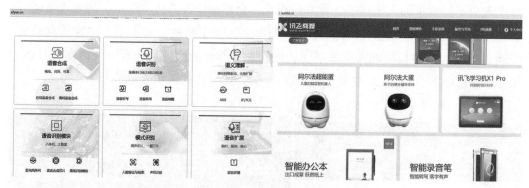

图 7-23　科大讯飞的语音技术和语音产品

作为技术创新型企业，科大讯飞坚持源头核心技术创新，多次在机器翻译、自然语言理解、图像识别、图像理解、知识图谱、知识发现、机器推理等各项国际评测中取得佳绩，两次荣获"国家科技进步奖"及中国信息产业自主创新荣誉"信息产业重大技术发明奖"，被任命为中文语音交互技术标准工作组组长单位，牵头制定中文语音技术标准。

科大讯飞获得首批国家新一代人工智能开放创新平台、首个认知智能国家重点实验室、首个语音及语言信息处理国家工程实验室、国家 863 计划成果产业化基地、国家智能语音高新技术产业化基地等。

2016 年，科大讯飞发布讯飞翻译机，开创智能消费的新品类，获得消费市场的广泛认可；2017 及 2019 年，科大讯飞连续两届上榜《麻省理工科技评论》全球 50 大最聪明公司榜单，2017 年首次入榜，名列全球第六、中国第一。2018 年，科大讯飞机器翻译系统参加 CATTI 全国翻译专业资格（水平）科研测试，首次达到专业译员水平。

2019 年，科大讯飞新一代语音翻译关键技术及系统获得世界人工智能大会最高荣誉 SAIL（Super AI Leader，即"卓越人工智能引领者奖"）应用奖；同年 9 月，成为北京 2022 年冬奥会及冬残奥会官方自动语音转换与翻译独家供应商，致力于打造首个信息沟通无障碍的奥运会。

（三）百度 AI

百度的 AI 开放平台，包括：语音技术、图像技术、文字识别、人脸与人体识别、视频技术、AR 与 VR、自然语言处理、知识图谱、数据智能等。参见图 7-24 所示。

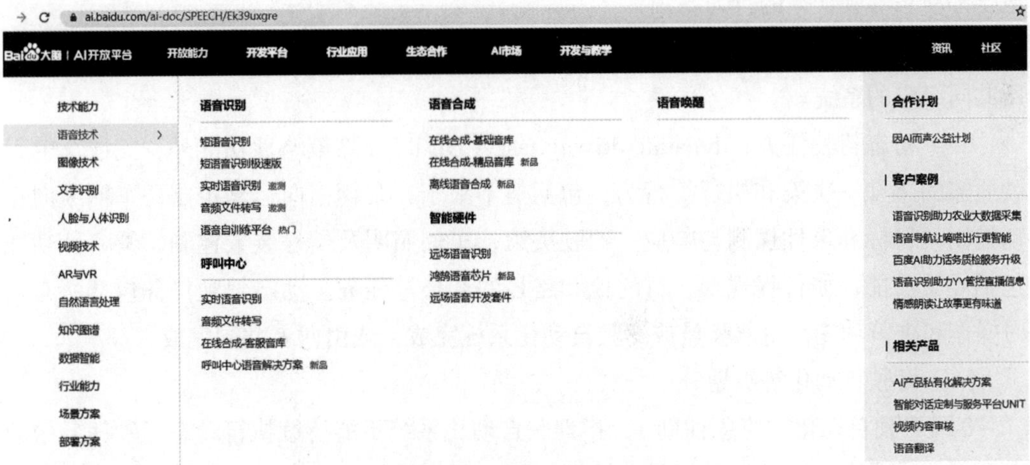

图 7-24　百度 AI 开放平台

百度的语言技术采用领先国际的流式端到端语音语言一体化建模方法，融合百度自然语言处理技术，中文普通话识别准确率达 98%；支持普通话和略带口音的中文识别；支持粤语、四川话方言识别；支持英文识别；提供 API 和 SDK 调用方式。

四、无人驾驶

（一）无人驾驶相关标准

近年来，无人驾驶技术日趋成熟，已经到了大规模商业应用的前夜。

SAE（International Society of Automotive Engineers，国际自动机工程师学会，原美国汽车工程师学会）2016 年发布的 J3016《标准道路机动车驾驶自动化系统分类与定义》细化了智能驾驶分级描述，从非自动驾驶 L0 到完全自动驾驶 L5，分为 6 个等级。但目前的技术，还在向有限制的无人驾驶努力，即 L4 级别。

2017 年，人工智能学会组织编写了智能驾驶 2017 白皮书。[12]

工业和信息化部、公安部、交通运输部共同印发的《智能网联汽车道路测试管理规范（试行）》的通知[13]表明，将于 2018 年 5 月 1 日起施行的无人驾驶测试的规范管理，对测试主体、测试驾驶人、交通违法和事故处理等内容进行了明确规定，各省市政府相关主管部门可据此制定实施细则，组织开展"无人驾驶"测试。

2020 年 3 月，工信部发布《汽车驾驶自动化分级》推荐性国家标准报批稿[14]，还未进入国家标准公开系统。摘录部分如下：

（1）驾驶自动化，指的是 driving automation，车辆以自动的方式持续地执行部分或全部动态驾驶任务的行为。

（2）驾驶自动化系统，driving automation system，由实现驾驶自动化的硬件和软件所共同组成的系统。

（3）动态驾驶任务，dynamic driving task（DDT），除策略性功能外，完成车辆驾驶所需的感知、决策和执行等行为，包括但不限于：车辆横向运动控制；车辆纵向运动控制；目标和事件探测与响应；驾驶决策；车辆照明及信号装置控制。策略性功能包括导航功能，如行程规划、目的地和路径的选择等任务。动态驾驶任务包括所有实时操作和决策功能，由驾驶员或驾驶自动化系统完成，或由两者共同完成。

（4）驾驶自动化等级划分：

0 级驾驶自动化（应急辅助），指驾驶自动化系统不能持续执行动态驾驶任务中的车辆横向或纵向运动控制，但具备持续执行动态驾驶任务中的部分目标和事件探测与响应的能力。

1 级驾驶自动化（部分驾驶辅助），指驾驶自动化系统在其设计运行条件内持续地执行动态驾驶任务中的车辆横向或纵向运动控制，且具备与所执行的车辆横向或纵向运动控制相适应的部分目标和事件探测与响应的能力。

2 级驾驶自动化（组合驾驶辅助），指驾驶自动化系统在其设计运行条件内持续地执行动态驾驶任务中的车辆横向和纵向运动控制，且具备与所执行的车辆横向和纵向运动控制相适应的部分目标和事件探测与响应的能力。

3 级驾驶自动化（有条件自动驾驶），驾驶自动化系统在其设计运行条件内持续地执行全部动态驾驶任务。

4 级驾驶自动化（高度自动驾驶），驾驶自动化系统在其设计运行条件内持续地执行全部动态驾驶任务和执行动态驾驶任务接管。系统发出接管请求时，若乘客无响应，系统具备自动达到最小风险状态的能力。

5 级驾驶自动化（完全自动驾驶），驾驶自动化系统在任何可行驶条件下持续地执行全部动态驾驶任务和执行动态驾驶任务接管。系统发出接管请求时，乘客无须进行响应，系统具备自动达到最小风险状态的能力。5 级驾驶自动化在车辆可行驶环境下没有设计运行条件的限制（商业和法规因素等限制除外）。

（二）特斯拉

2019 年 4 月，特斯拉发布了 Autopilot 3.0 套件：包括 8 个摄像头、12 个超声波传感器和一个增强版毫米波雷达（前向），双冗余 FSD 计算机。每个摄像头 262.5 帧 / 秒，每张图片 720P，特斯拉无人驾驶对环境的感知参见图 7-25。

图 7-25　特斯拉的无人驾驶对环境和道路的感知

（三）谷歌无人驾驶汽车（Google Driverless Car）

Google Driverless Car 是谷歌公司的 Google X 实验室研发中的全自动驾驶汽车，不需要驾驶者就能自主完成启动、行驶以及停止等流程。参见图 7-26。

图 7-26　Google 的无人驾驶车

车载设备包括：

（1）雷达：跟踪附近的物体，在汽车的盲点内检测到物体时便会发出警报。

（2）车道保持系统：在挡风玻璃上装载摄像头分析路面和边界线的差别来识别车道标记。偏离了车道，方向盘会轻微震动来提醒驾驶者。

（3）激光测距系统：谷歌采用了 Velodyne 公司的车顶激光测距系统。

（4）红外摄像头：夜视辅助功能使用了两个前灯来发送不可见且不可反射的红外光线到前方的路面。而挡风玻璃上装载的摄像头则用来检测红外标记，并且在仪表盘的显示器上呈现被照亮的图像（其中危险因素会被突出）。

（5）立体视觉：挡风玻璃上装载两个摄像头以实时生成前方路面的三维图像，检测诸如行人之类的潜在危险，并且预测行人的行动。

（6）GPS/ 惯性导航系统：一个自动驾驶员需要知道他正在去哪儿，谷歌使用 Applanix 公司的定位系统，以及谷歌的制图和 GPS 技术。

（7）车轮角度编码器：轮载传感器测量汽车的速度。

（四）百度无人驾驶车

百度无人驾驶项目于 2013 年起步，由百度研究院主导研发，其技术核心是"百度汽车大脑"，包括高精度地图、定位、感知、智能决策与控制四大模块。其中，百度自主采集和制作的高精度地图记录完整的三维道路信息，能在厘米级精度实现车辆定位。同时，百度无人驾驶车依托国际领先的交通场景物体识别技术和环境感知技术，实现高精度车辆探测识别、跟踪、距离和速度估计、路面分割、车道线检测，为自动驾驶的智能决策提供依据。百度无人驾驶车参见图 7-27。

2018 年 2 月 15 日，百度 Apollo 无人车亮相央视春晚，在港珠澳大桥开跑，并在无人驾驶模式下完成"8"字交叉跑的高难度动作。

图 7-27　百度 Apollo 智能驾驶车

（五）李德毅院士的智能驾驶

李德毅院士，中国人工智能学会名誉理事长，是我国著名的指挥自动化、人工智能专家及无人驾驶领域专家，兼任北京邮电大学计算机学院院长，北京联合大学机器人学院院长。2016 年，李德毅乘坐与北京联合大学开发的无人驾驶轿车到央视"开讲啦"做报告：智能驾驶。2018 年 4 月，李德毅院士领军的全球首台无人驾驶电动卡车在天津港开启试运营。（参见图 7-28，扫码看视频，院士为大众讲解无人驾驶）

图 7-28　李德毅院士及其主导研发的无人驾驶电动卡车

2019 年 5 月在天津世界智能大会第三届世界智能驾驶挑战赛上，李德毅院士指出，2035 年到 2060 年预计是无人驾驶车量产高峰期，现在无人驾驶已经从科研的 0 到 1，转向了 1 到 10 的阶段。未来汽车量产的一个问题是，驾驶脑要解决自我学习，第一是智能的数字化底盘，第二是智慧的动能，即模拟人的驾驶认知，"驾驶脑"就是把人的驾驶认知放到一个物理的盒子里面，作为人的智能代理。智能网联和 5G 技术，使无人驾驶的难度降低，能实现更多的功能。未来，只有解决了成本问题、批量问题和社会管理问题，无人驾驶才能进入寻常百姓家。

小结

2016 年 10 月，美国发布《国家人工智能研究和发展战略计划》，2017 年 7 月，国务院发布《新一代人工智能发展规划》，2019 年美国再次更新这一计划。以中美为代表的人工智能国家层面战略部署，标志人工智能发展进入新阶段。以 LeNet5、AlexNet、VGG16、ResNet 为代表的深度网络结构稳定成熟，以 Caffe、TensorFlow、Theano、CNTK 为代表的开源框架可用可得，以 Keras 为代表的深度神经网络 API 高度封装易用，以 GPU 和 FPGA 为代表的深度学习硬件支撑，国内百度、阿里云和科大讯飞为代表的云端 AI 调用接口，以及大量资本的融入，使人工智能获得空前发展，语音识别、图像识别、自然语言理解成为发展的主要方向，基础理论、关键技术和基础平台的发展为 AI 各行业应用提供了智能引擎。正如张钹院士所言，人工智能的发展永远在路上。本章推荐了三个系列视频《探寻人工智能》共 18 集、张钹院士讲人工智能、李德毅院士讲无人驾驶，一定记得收看。

参考文献

［1］国务院.新一代人工智能发展规划［A/OL］.（2017-07-20）.http：//www.gov.cn/zhengce/content/2017-07/20/content_5211996.htm.

［2］美国白宫.美国国家人工智能发展战略计划（2016）［A/OL］.https：//www.nitrd.gov/PUBS/national_ai_rd_strategic_plan.pdf.

［3］美国白宫.美国国家人工智能发展战略计划 2019 更新版［A/OL］.https：//www.whitehouse.gov/wp-content/uploads/2019/06/National-AI-Research-and-Development-Strategic-Plan-2019-Update-June-2019.

［4］Fathers of the Deep Learning Revolution Receive ACM A.M. Turing Award ACM，https：//awards.acm.org/about/2018-turing.

［5］http：//yann.lecun.com/.

［6］https：//cs.stanford.edu/people/karpathy/.

［7］Hinton，Salakhutdinov. Reducing the Dimensionality of Data with Neural Networks［J］. Science，2006，313（5786）：504-507.

［8］Krizhevsky A，Sutskever I，Hinton G E. ImageNet Classification with Deep Convolutional Neural Networks［J］. Communications of the ACM，2017，60（6）.

续表

[9] https：//www.aminer.cn/.	
[10] Silver D，Hubert T，Schrittwieser J. Mastering Chess and Shogi by Self-Play with a General Reinforcement Learning Algorithm［EB/OL］. https：//arxiv.org/pdf/1712.01815.	
[11] Sabour S，Frosst N，Hinton G E. Dynamic Routing Between Capsules［EB/OL］. https：//arxiv.org/pdf/1710.09829.pdf.	
[12] 人工智能学会. 智能驾驶 2017 白皮书［EB/OL］.（2019-12-8）. http：//www.caai.cn/index.php?s=/home/article/detail/id/395.html.	
[13] 工信部. 智能网联汽车道路测试管理规范（试行）［A/OL］.（2019-12-08）. http：//www.miit.gov.cn/n1146295/n1652858/n1652930/n3757018/c6128243/content.html.	
[14] 工信部.《汽车驾驶自动化分级》推荐性国家标准报批公示［A/OL］.（2020-03-09）. http：//www.miit.gov.cn/n1146290/n1146402/c7797460/content.html，2020.3.9	

第八章
云计算与大数据

2015 年 1 月 30 日，国务院发布的《关于促进云计算创新发展培育信息产业新业态的意见》[1] 指出，云计算是推动信息技术能力实现按需供给、促进信息技术和数据资源充分利用的全新业态，是信息化发展的重大变革和必然趋势。发展云计算，有利于分享信息知识和创新资源，降低全社会创业成本，培育形成新产业和新消费热点，对稳增长、调结构、惠民生和建设创新型国家具有重要意义。本章论述了云计算的国家政策、发展历程、服务方式和工业界发展概况，以期阐述互联网时代云计算发展的必然趋势，以及辨别大数据和云计算的关系。

第一节　云计算概况

一、云计算发展历程

（一）云计算发展概述

根据维基百科对云计算发展的表述，1983 年，Sun 公司提出"网络是电脑"（The Network is the Computer）的观点。1996 年，Compaq 公司在其公司的内部文件中，首次提及"云计算"这个词。2006 年 3 月，亚马逊推出弹性计算云服务。

2007 年 10 月，Google 与 IBM 开始在美国大学校园，包括卡内基梅隆大学、麻省理工学院、斯坦福大学等，推广云计算计划，希望能降低分布式计算在学术研究方面的成本，并为这些大学提供相关的软硬件设备及技术支持，使学生可以通过网络开发各项以大规模计算为基础的研究计划。

2008 年 8 月 3 日，美国专利商标局网站信息显示，戴尔正在申请"云计算"（Cloud Computing）商标，此举旨在加强对这一未来可能重塑技术架构的术语控制权。戴尔在申请文件中称，云计算是"在数据中心和巨型规模的计算环境中，为他人提供计算机硬件定制制造"。2008 年，微软发布其公共云计算平台（Windows Azure），由此拉开了微软的云计算大幕。

2010 年 3 月 5 日，Novell 与云安全联盟（CSA）共同宣布一项供应商中立项目，名为"可信任云计算项目"。

2010 年 7 月，美国国家航空航天局和 Rackspace、AMD、Intel、戴尔等支持厂商共同宣布"OpenStack"开源项目，微软在 2010 年 10 月表示支持 OpenStack 与 Windows Server 2008 R2 的集成；而 Ubuntu 已把 OpenStack 加至 11.04 版本中。2011 年 2 月，思科系统正式加入 OpenStack，重点研制 OpenStack 网络服务。OpenStack 被认为是 Rackspace 和 NASA 联手推出的开源云计算平台。

同样云计算在国内也掀起热潮，大型互联网公司纷纷加入云计算行列。2009 年 1 月，阿里巴巴在江苏南京建立首个"电子商务云计算中心"。同年 11 月，中国移动云计算平台"大云"计划启动。

（二）从 Gartner 曲线看云计算发展

从 2009 和 2010 年 Gartner 技术成熟度曲线看，云计算达到高峰，2009 年被认为是"云计算"的元年，这一年它开始备受投资界、顶尖互联网公司和技术战略领域关注，参见图 8-1。

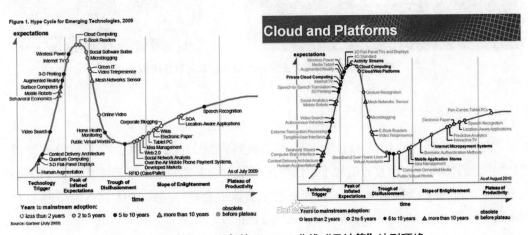

图 8-1　2009 和 2010 年的 Gartner 曲线"云计算"达到顶峰

2013 年 7 月，美国国家标准和技术研究院（National Institute of Standards and Technology，NIST）发布了《云计算标准路线图》（*NIST Cloud Computing Standards Roadmap*）第二版[2]。2019 年 7 月，美国联邦首席信息官（Chief Information Officer）发布《联邦云计算计划》（*Federal Cloud Computing Strategy*）[3]。

2015 年，国务院发布《关于促进云计算创新发展培育信息产业新业态的意见》[1]。2017 年，工信部发布《云计算发展三年行动计划（2017—2019 年）》[4]。

阿里云第一任总裁王坚，凭借 10 年时间研发推动云计算，2012 年曾当众哭泣却始终坚持，使今天阿里云的规模和技术能力闯进世界前三水平。2019 年 11 月，王坚的突出贡献得到国家认可，获得中国工程院院士。王坚开启了民企首席信息官（CIO）获得院士的先河，很多技术专家对王坚获奖的看法是：实至名归。

2020 年春，世界范围在努力应对新的 COVID-19 大流行时，人们亲眼见证了数字技术如何助力应对这一威胁，并让人与人之间保持联系。超级计算机分析了数以千计的药物化合物，以确定治疗和疫苗的候选药物。电子商务平台优先考虑家庭主食和医疗用品，而视频会议平台使教育和经济活动得以继续。

在云教育、云课堂、云办公、云会议的广泛使用中，云计算应用离普通百姓生活更近了，2020 年 5 月 23 日，央视公开课《开讲啦》云端连线了王坚院士，为观众解读云计算支撑下的智慧城市（参见图 8-2，扫码看视频）。

图 8-2　《开讲啦》王坚院士讲云计算与智慧城市

（三）中国云计算大会的十年

2009 年开始，我国政府、学术界和工业界开始关注云计算，在工信部、发改委、中国科协和北京市政府指导下，由中国电子学会主办的"中国云计算大会（China Cloud Computing Conference）"，每年在国家会议中心举行，到 2018 年连续举办了 10届。（参见图 8-3，网址 http：//www.ciecloud.net/。）

中国云计算大会 2016 年的主题是"技术融合，应用创新"，2017 年的主题是"生态构建，深化应用"，2018 年的主题是"聚力云上生态，赋能实体经济"。

云计算大会的这 10 年正是中国云计算产业蓬勃发展的 10 年。10 年来，云计算技术逐步融入工业、交通、金融、医疗、生活服务、教育等众多行业领域，广泛服务于实体经济，成为众多企业数字转型的核心关键技术，在中国制造向中国智造的升级、工业化和信息化的融合过程中扮演着越来越重要的作用。与此同时，云计算产业生态也得到了不断完善和丰富。另外，云计算正在成为大数据、区块链、人工智能等新一代信息技术的基础，成为企业创新创业和向数字化、网络化、智能化转型的重要力量，推动着数字经济在中国的成长壮大。

随着大数据、人工智能、区块链等新技术热潮的不断涌现，中国云计算大会十年的议题也见证和推动了这些技术的广泛交流。2013年大数据元年到来，2016年人工智能第三次浪潮兴起，这些新技术逐渐从云计算讨论中分离出来，CCCC大会后几届也逐渐聚焦于云计算本身。

图 8-3　中国云计算大会官网

二、什么是云计算

（一）维基百科对云计算的定义

云计算（Cloud Computing），是一种基于互联网的计算方式，通过这种方式，共享的软硬件资源和信息可以按需求提供给计算机各种终端和其他设备，使用服务商提供的电脑基建作计算和资源。云计算的架构模式参见图 8-4。

关于云计算的比喻：对于一名用户，由提供者提供的服务所代表的网络元素都是看不见的，仿佛被云掩盖。云计算是继 1980 年前后大型计算机到客户端 - 服务器的大转变之后的又一种巨变。用户不再需要了解"云"中基础设施的细节，不必具有相应的专业知识，也无须直接进行控制。云计算描述了一种基于互联网的新的 IT 服务增加、使用和交付模式，通常涉及通过互联网来提供动态易扩展而且经常是虚拟化的资源。

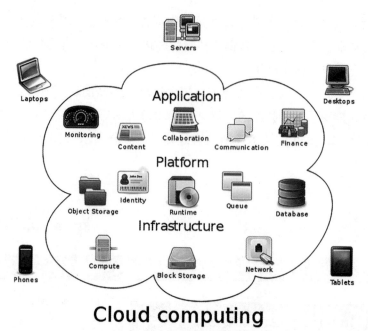

图 8-4　云计算模式架构

根据 NIST 的定义，云计算服务应该具备以下几条特征：随需应变自助服务、随时随地用任何网络设备访问、多人共享资源池、快速重新部署灵活度、可被监控与测量的服务。此外还包括，基于虚拟化技术快速部署资源或获得服务、减少用户终端的处理负担、降低用户对于 IT 专业知识的依赖。

（二）工信部《云计算发展三年行动计划（2017—2019 年）》文摘

工信部 2017 年 4 月 10 日发布《云计算发展三年行动计划（2017—2019 年）》[4]，指出云计算是信息技术发展和服务模式创新的集中体现，是信息化发展的重大变革和必然趋势，是信息时代国际竞争的制高点和经济发展新动能的助燃剂。云计算引发了软件开发部署模式的创新，成为承载各类应用的关键基础设施，并为大数据、物联网、人工智能等新兴领域的发展提供基础支撑。

1. 发展目标

到 2019 年，我国云计算产业规模达到 4300 亿元，突破一批核心关键技术，云计算服务能力达到国际先进水平，对新一代信息产业发展的带动效应显著增强。云计算在制造、政务等领域的应用水平显著提升。云计算数据中心布局得到优化，使用率和集约化水平显著提升，绿色节能水平不断提高，新建数据中心 PUE（Power Usage Effectiveness）值普遍优于 1.4。云计算相关标准超过 20 项，形成较为完整的云计算标准体系和第三方测评服务体系。云计算企业的国际影响力显著增强，涌现 2—3 家在全球云计算市场中具有较大份额的领军企业。云计算网络安全保障能力明显提高，网络安全监管体系和法规体系逐步健全。云计算成为信息化建设主要形态和建设网络强国、制造强国的重要支撑，推动经济社会各领域信息化水平大幅提高。

其中 PUE，是评价数据中心能源效率的指标，是数据中心消耗的所有能源与 IT 负载消耗的能源的比值。数据中心总能耗包括 IT 设备能耗和制冷、配电等系统的能耗，其值大于 1，越接近 1 表明非 IT 设备耗能越少，能效水平越好。

2. 重点任务

技术增强行动。持续提升关键核心技术能力。支持大型专业云计算企业牵头，联合科研院所、高等院校建立云计算领域制造业创新中心，组织实施一批重点产业化创新工程，掌握云计算发展制高点。积极发展容器、微内核、超融合等新型虚拟化技术，提升虚拟机热迁移的处理能力、处理效率和用户资源隔离水平。面向大规模数据处理、内存计算、科学计算等应用需求，持续提升超大规模分布式存储、计算资源的管理效率和能效管理水平。支持企业、研究机构、产业组织参与主流开源社区，利用开源社区技术和开发者资源，提升云计算软件技术水平和系统服务能力。

产业发展行动。支持软件企业向云计算转型。支持地方主管部门联合云计算骨干企业建立面向云计算开发测试的公共服务平台。支持软件和信息技术服务企业基于开发测试平台发展产品、服务和解决方案，加速向云计算转型。推动产业生态体系建设。建设一批云计算领域的新型工业化产业示范基地，依托产业联盟等行业组织，充分发挥骨干云计算企业的带动作用和技术溢出效应，加快云计算关键设备研发和产业化，引导芯片、基础软件、服务器、存储、网络等领域的企业，在软件定义网络、新型架构计算设备、超融合设备、绿色数据中心、模块化数据中心、存储设备、信息安全产品等方面实现技术与产品突破，带动信息产业发展，强化产业支撑能力。大力发展面向云计算的信息系统规划咨询、方案设计、系统集成和测试评估等服务。

应用促进行动。积极发展工业云服务。贯彻落实《关于深化制造业与互联网融合发展的指导意见》，深入推进工业云应用试点示范工作。支持骨干制造业企业、云计算企业联合牵头搭建面向制造业特色领域的工业云平台，汇集工具库、模型库、知识库等资源，提供工业专用软件、工业数据分析、在线虚拟仿真、协同研发设计等类型的云服务，促进制造业企业加快基于云计算的业务模式和商业模式创新，发展协同创新、个性化定制等业务形态，培育"云制造"模式，提升制造业快捷化、服务化、智能化水平，推动制造业转型升级和提质增效。支持钢铁、汽车、轻工等制造业重点领域行业协会与专业机构、骨干云计算企业合作建设行业云平台，促进各类信息系统向云平台迁移，丰富专业云服务内容，推进云计算在制造业细分行业的应用，提高行业发展水平和管理水平。

协同推进政务云应用。推进基于云计算的政务信息化建设模式，鼓励地方主管部门加大利用云计算服务的力度，应用云计算整合改造现有电子政务信息系统，提高政府运行效率。积极发展安全可靠的云计算解决方案，在重要信息系统和关键基础设施建设过程中，探索利用云计算系统架构和模式弥补软硬件单品性能不足，推动实现安全可靠软硬件产品规模化应用。

支持基于云计算的创新创业。深入推进大企业"双创"，鼓励和支持利用云计算发展创业创新平台，通过建立开放平台、设立创投基金、提供创业指导等形式，推动线上线下资源聚集，带动中小企业的协同创新。通过举办创客大赛等形式，支持中小企业、个人开发者基于云计算平台，开展大数据、物联网、人工智能、区块链等新技术、新业务的研发和产业化，培育一批基于云计算的平台经济、分享经济等新兴业态，进一步拓宽云计算应用范畴。

安全保障行动。贯彻落实《网络安全法》，加大公有云服务定级备案、安全评估等工作力度，开展公有云服务网络安全防护检查工作，督促指导云服务企业切实落实网络与信息安全责任，促进安全防护手段落实和能力提升。逐步建立云安全评估认证体系。推动云计算网络安全技术发展。针对虚拟机逃逸、多租户数据保护等云计算环境下产生的新型安全问题，着力突破云计算平台的关键核心安全技术，强化云计算环境下的安全风险应对。

环境优化行动。推进网络基础设施升级。落实《"宽带中国"战略及实施方案》，引导基础电信企业和互联网企业加快网络升级改造，引导建成一批全光网省、市，推动宽带接入光纤化进程。完善云计算市场监管措施。进一步明确云计算相关业务的监管要求，依法做好互联网数据中心（IDC）、互联网资源协作服务等相关业务经营许可审批和事中事后监管工作。推动落实《关于数据中心建设布局的指导意见》，在供给侧提升能力，通过开展示范等方式，树立高水平标杆，引导对标差距，提升数据中心利用率和建设应用水平。

3. 保障措施

优化投资融资环境。推动政策性银行、产业投资机构和担保机构加大对云计算企业的支持力度。探索利用保险加快重要信息系统向云计算平台迁移。支持云计算企业进入资本市场融资。

创新人才培养模式。依托国家重大人才工程，加快培养引进一批高端、复合型云计算人才。鼓励部属高校加强云计算相关学科建设，促进人才培养与企业需求相匹配。

加强产业品牌打造。支持云计算领域产业联盟等行业组织创新发展，加大对优秀云计算企业、产品、服务、平台、应用案例的总结宣传力度，激发各界推动云计算发展的积极性。

推进国际交流合作。加快建立和完善云计算领域的国际合作与交流平台。结合"一带一路"等国家战略实施，逐步建立以专业化、市场化为导向的海外市场服务体系，支持骨干云计算企业在海外进行布局，提高国际市场拓展能力。

（三）云计算与大数据的关系

大数据具有海量快速计算与存储的需求，且需要灵活性、低成本与快速传输，促使云计算的产生与发展，可以说云计算是大数据的基础架构。

清华大学交叉信息研究院的徐葳老师于学堂在线的"大数据系统基础"课程中提出，云计算是数据中心的硬件和软件，云计算的核心技术是虚拟化，包括计算虚拟化、网络虚拟化和存储虚拟化。

三、云计算的服务类别

云计算采用一种灵活的即付即用的业务模式，通过 Internet 或内部网络以自助服务模式提供 IT 消费和交付服务。当企业决定为应用程序或基础架构部署云服务时，通常会考虑三种模式的云服务，即 IaaS（Infra Structure as a Service）、PaaS（Platform as a Service）、SaaS（Software as a Service）。实际上，是美国国家标准和技术研究院的云计算标准路线图中定义明确了这三种服务模式[2]，参见图 8-5。后续参照这一命名模式，发展出了 DaaS（Data as a Service）、FaaS（Function as a Service）、BaaS（Blockchain as a Service）等。

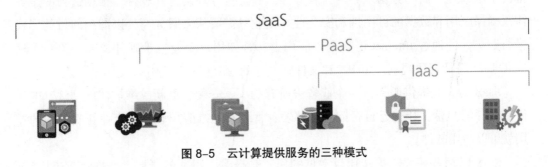

图 8-5 云计算提供服务的三种模式

（一）基础设施即服务 IaaS

IaaS 是一种即时计算基础架构，通过 Internet 进行配置和管理。它处于云服务的最底层，主要提供一些基础资源。用户使用"基础计算资源"，如处理能力、存储空间、网络组件或中间件，能掌控操作系统、存储空间、已部署的应用程序及网络组件（如防火墙、负载平衡器等），但并不能掌控云基础架构。例如：Amazon AWS、阿里云虚拟机、Rackspace。

IaaS 包含云 IT 的基本构建块，或者称为 Hardware as a Service，如果你想运行一些企业应用，以往需要去购买服务器，有了 IaaS，甚至可以 5 分钟完成租用虚拟机，包括服务器、存储和网络带宽，节省了维护成本和办公场地，并且可以随时扩容。

（二）平台即服务 PaaS

PaaS 提供了软件部署平台，允许公司开发、运行和管理应用程序，并免于基础架构方面的复杂性（配置、管理服务器和数据库等）。

PaaS 包括服务器、存储空间和网络等基础结构，还包括中间件、开发工具、商业智能服务和数据库管理系统等。PaaS 的应用包括阿里云、Heroku、Google App Engine、OpenShift 等。PaaS 的最初目的是简化开发人员的代码编写过程，提高开发速度，让开发人员专注于应用程序本身。最初，所有 PaaS 都在公共云中。由于许多公司不希望公共云中包含所有内容，因此创建了私有和混合 PaaS 选项，其中私有云部分由内部 IT 部门管理。PaaS 为开发人员和公司提供了创建，托管和部署应用程序的环境，而无须关注构建和维护应用程序的复杂性。

（三）软件即服务 SaaS

SaaS 是一种基于互联网提供软件服务的应用模式，用户通过 Internet 连接和使用基于云的应用程序。比如电子邮件、日历、Microsoft 365 等。

SaaS 提供完整的软件解决方案，所有的基础结构、中间件、应用软件、应用数据都位于服务提供商的数据中心内。服务提供商负责管理硬件和软件，根据适当的服务协议确保应用和数据的可用性和安全性。企业只需要从云服务商处以即用即付的形式进行购买，并通过 Internet 连接到该应用上，譬如用户企业电子邮件、客户关系管理（CRM）、企业资源规划（ERP）和文件管理等商业应用程序，并按使用量付费。

SaaS 为企业提供服务，使企业省去所有购买、安装、更新或维护任何硬件、中间件或软件的步骤，让缺乏自行购买、部署、管理和运维应用软件的企业花费很少的费用就可以使用软件。

SaaS 以租赁替代购买，比较常见的模式是提供一组账号密码。例如：淘宝店铺、Adobe Creative Cloud、Microsoft CRM 与 Salesforce.com。

四、云计算的部署模型

美国国家标准和技术研究院的云计算定义中也涉及了关于云计算的部署模型，包括公有云、私有云、社区云、混合云。

公有云（Public Cloud）：可通过网络及第三方服务供应者，开放给客户使用，"公用"一词并不一定代表"免费"，但也可能代表免费或相当廉价，公用云并不表示用户数据可供任何人查看，公用云供应者通常会对用户实施使用访问控制机制，公用云作为解决方案，既有弹性，又具备成本效益。典型如：亚马逊 AWS、微软 Azure、阿里云。

私有云（Private Cloud）：具备许多公用云环境的优点，例如弹性、适合提供服务，两者差别在于私有云服务中，数据与程序皆在组织内管理，且与公用云服务不同，不会受到网络带宽、安全疑虑、法规限制影响；此外，私有云服务让供应者及用户更能掌控云基础架构、改善安全与弹性。实践方面，企业可以在 Linux 服务器上搭建基于 OpenStack 的私有云环境，给组织内部的应用软件分配虚拟机。

社区云（Community Cloud）：由众多利益相仿的组织掌控和使用，例如特定安全要求、共同宗旨等。社区成员可共同使用云数据及应用程序。

混合云（Hybrid Cloud）：结合公用云及私有云，在这个模式中，用户通常将非企业关键信息外包，并在公用云上处理，企业关键服务及数据存于私有云环境中。

五、云计算数据中心

数据中心是企业的业务系统与数据资源进行集中、集成、共享、分析的场地、工具、流程等的有机组合。从应用层面看，包括业务系统、基于数据仓库的分析系统；从数据层面看，包括操作型数据和分析型数据以及数据与数据的整合；从基础设施层面看，包括服务器、网络、存储和整体 IT 运行维护服务。

大数据与云计算的蓬勃发展，对于数据中心的要求在不断地提升。数据中心作为海量终端数据的承载体，需要 24 小时不间断地运行，稳定的电力提供其他容错处理。全球公认的数据中心标准组织和第三方认证机构 Uptime Institute 公司根据系统上线时间、宕机时间、出错备份能力、停电保护等指标，将数据中心分为基础级、冗余部件级、并行维护级和容错级 4 个级别，该标准已经成为国际认证标准。

公有云数据中心由于耗电量较大，考虑各种因素，公有云的选址标准大约包括：1.大量廉价电力；2.绿色能源，更注重可再生能源；3.靠近河流或湖泊（因设备冷却需要大量水源）；4.用地广阔（隐秘性和安全性）；5.和其他数据中心的距离（保证数据中心间的快速链接）；6.税收优惠。

第二节　云计算服务商

一、亚马逊云服务（AWS）

2006 年，亚马逊率先成为云计算的先行者，打造了云基础设施 AWS（Amazon Web Services），帮助客户安全地构建计算能力和快速创新[5]。AWS 是世界排名第一的云计算服务商，提供全球最全面、应用最广泛的云平台，从其全球数据中心提供超

过 175 项功能服务，提供低延迟、高吞吐量和网络连接高冗余度的云计算服务。AWS
通过互联网按需提供 IT 资源，采用按使用量付费的定价方式，客户可以方便获得计算
能力、存储和数据库，而无须购买、拥有和维护物理数据中心及服务器。

AWS 现在全球 24 个地理区域内运营着 76 个可用区，并宣布计划在印度尼西亚、
日本和西班牙新增三个 AWS 区域，同时再增加 9 个可用区，本地区域用于延迟超低的
应用程序，服务 245 个国家和区域，97 个直连站点，216 个节点（205 个边缘站点和 11
个区域性边缘缓存）。Gartner 已将 AWS 区域 / 可用区模式视为运行需要高可用性的企
业应用程序的一种推荐方法。

AWS 的数据中心分布参见图 8-6（截自 2020 年 6 月 18 日）。亚马逊在中国有北
京（2 个可用区）、宁夏（3 个可用区）和香港（3 个可用区）三个数据中心。

图 8-6　亚马逊云计算 AWS 的数据中心分布

AWS 不断对数据中心的设计和系统进行创新，保护它们免于天灾人祸，同时实施
控制措施、构建自动化系统，并通过第三方审核确保其安全性与合规性。AWS 提供的
云端服务包括：虚拟服务器、云存储、托管关系数据库和非关系数据库、机器学习、
虚拟现实和增强现实、区块链等众多云端服务，参见图 8-7。

AWS 作为亚马逊的金牌业务，已经为公司带来了巨额的收入与利润增长，拥有亚
马逊业务中最高的边际量。

Amazon Elastic Compute Cloud（EC2）是用于在云中创建和运行虚拟机的 Amazon
Web 服务。EC2 可被应用于多种场景，包括网站和 Web 应用程序、开发与测试环境甚
至备份与还原场景，提供具有不同的 CPU、内存、存储和联网容量组合的多种虚拟机

类型，以满足应用程序的独特需求。

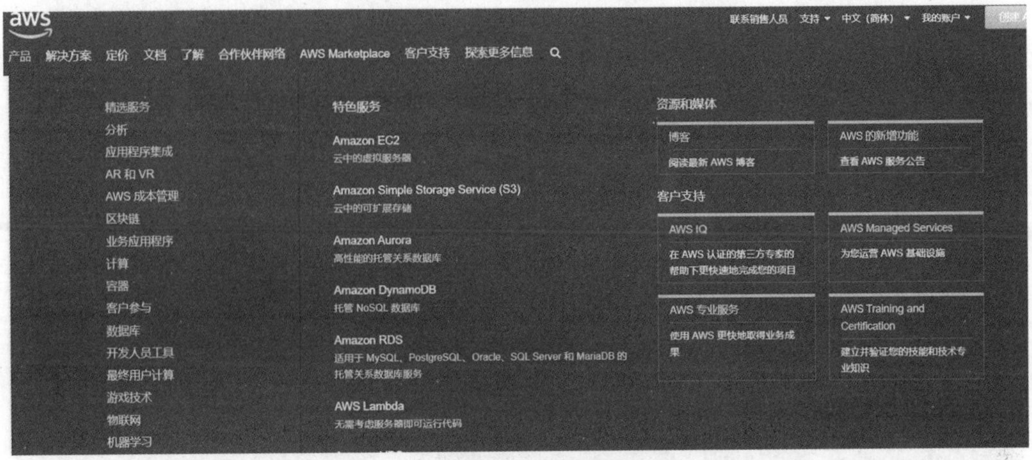

图 8-7 亚马逊 AWS 的云端服务

Amazon SageMaker 能够大规模快速构建、训练和部署机器学习模型，它是一项完全托管的服务，它覆盖了整个机器学习工作流程，以标记和准备数据、选择算法、训练算法、调整和优化部署、进行预测并采取行动。SageMaker 自动配置和优化 TensorFlow、Apache MXNet、PyTorch、Chainer、Scikit-learn、SparkML、Horovod、Keras 和 Gluon。常用机器学习算法是内置的，用户也可以通过在 Docker 容器中构建任何其他算法或框架来引入算法或框架。SageMaker 能够帮助用户跳过冗长的手动调整模型参数的试错过程，使其尽可能准确。

二、微软云服务（Microsoft Azure）

1. 微软全球云计算发展

2008 年，微软全球战略进行了重大调整，全部要转向云计算 Windows Azure。2014 年，云的业务在微软已经占到了一半，2020 年更名为 Microsoft Azure，规模列世界第二，其全球数据中心分布见图 8-8。[6]

Azure 在全球有 60 多个区域，包含 160 多个物理数据中心，可用于 140 多个国家和地区。每个数据中心都提供高可用性、可伸缩性、云设施中的最新改进，以及全球 Azure 网络的连接。Azure 声称所包含的全球区域比任何其他云提供商所包含的都多，它为许多企业和组织同时提供全球和本地服务，使它们在满足本地数据驻留需求的同时，减少运营全球性基础架构的成本、时间和复杂性。

图 8-8　微软全球数据中心分布

2. 中国境内世纪互联运营的微软云计算

Microsoft Azure 在中国境内由世纪互联运营。国内的 Microsoft Azure 是在中国大陆独立运营的公有云平台，与全球其他地区由微软运营的 Azure 服务在物理上和逻辑上独立，采用微软服务于全球的 Azure 技术，为客户提供全球一致的服务质量保障。所有客户数据、处理这些数据的应用程序，以及承载世纪互联在线服务的数据中心，全部位于中国境内。位于中国东部和中国北部的数据中心在距离相隔 1000 公里以上的地理位置提供异地复制，为 Azure 服务提供了业务连续性支持，实现了数据的可靠性。

在网络接入方面，世纪互联运营的 Microsoft Azure 的数据中心通过 BGP（边界网关协议，Border Gateway Protocol）方式直接连接多家主流运营商（中国电信、中国联通、中国移动）的省级核心网络节点，为用户提供高速稳定的网络访问体验。位于中国东部和北部的数据中心采用相同的地址广播和 BGP 路由策略，使用户就近访问位于上述数据中心的 Azure 服务，达到最佳网络性能体验。

所有数据中心选取国内电信运营商的顶级数据中心，在绿色节能的基础上，采用 N+1 或者 2N 路不间断电源保护。此外还有大功率柴油发电机为数据中心提供后备电力，并且将配有现场柴油存储和就近加油站的供油协议作为保障。数据中心机房内均设有架空地板，冷通道封闭，与后端制冷系统、冷机、冷却塔和冰池，形成高效冷却循环，为机房内运行的服务器提供稳定适合的环境。同时，配有的新风系统可在天气条件适合时最大限度地降低数据中心的 PUE。

世纪互联的云战略需要"两手抓"。世纪互联凭借自身优势，谋求差异化发展，走出了一条"内外兼顾"的云计算之路。一方面，针对国内市场，世纪互联将提供混合 IT 解决方案；另一方面，面向国际，世纪互联将帮助全球领先的国际云服务平台落地中国，提供中立的云服务。

3. 微软云计算人脸识别

微软云端服务参见图 8-9，以人脸识别为例，Azure 提供的云端面部识别应用包括人脸检测、人脸识别和表情识别。检测、识别和分析图像和视频中的人脸。

基于云端 AI 可以构建支持各种场景，例如对用户进行身份验证以授予访问权限、确定某一空间中的人数以实现人流控制，或收集群众意见以制订媒体宣传活动方案。面部检测是检测一张或多张人脸并确定各种属性，例如年龄、表情、性别、姿势、笑容和面部毛发，包括图中每张脸上的 27 个特征点。人脸验证，是检查两张人脸属于同一人的可能性，并接收可信度分数。感知情绪识别，是检测可感知的表情，例如愤怒、蔑视、厌恶、恐惧、开心、中立、悲伤和惊讶。

图 8-9　Microsoft　Azure 提供的云服务和在线人脸识别 API

三、阿里云

1. 阿里云是阿里巴巴的技术输出口

成立于 2009 年的阿里云，是阿里巴巴集团旗下的云计算品牌，也是阿里增速最快的业务。以打造全球领先的云计算服务平台为目标，目前为制造业、金融、交通、医疗、电信、能源等众多领域的重量级企业提供服务。阿里云是目前全球三大基础设施即服务（IaaS）供应商之一，以及中国最大的公有云服务供应商[7]。阿里云致力于打造公共、开放的云计算平台，使用户通过阿里云，即可远程获取海量计算、存储资源和大数据处理能力。

阿里云第二任总裁胡晓明在 2017 年接受《财新时间》专访时说，阿里云在国内做到第一，世界第三的水平，占据中国 IaaS 市场将近一半的市场份额。阿里云在技术上从 2009 年开始运投。马云和阿里云第一任总裁王坚为阿里云确定了未来的技术发展方向就在云计算和大数据。在 2017 年亚马逊 AWS 规模是阿里云的 12 倍，微软云是阿里云的 8-10 倍左右。参见图 8-10，左图是财新网采访胡晓明的画面，右图是纪录片《王坚和阿里云》的截图。这两个视频展示了双 11 流量洪峰下阿里云服务器运维的技术细节，扫码可以看视频。

图 8-10　胡晓明解释阿里云规模与天猫双 11 的运维服务

技术拓展商业边界，商业驱动技术进步。阿里内部的业务包括淘宝、天猫、菜鸟等，阿里巴巴更多被定位为电商公司，是因为它在商业上做得太成功，这些成功对阿里巴巴的技术造成了一定的遮掩，但是胡晓明认为阿里巴巴是以技术为驱动的公司，无论在淘宝打开图片的呈现率、订单处理的及时率、物流传递的及时率，以及支付宝理财信贷信用支付背后包括安全管理都有技术在驱动着。如果没有技术的引领，不可能有淘宝、天猫、支付宝。

阿里巴巴通过技术服务输出就是通过阿里云这一个窗口。阿里云要做的一个事情就是把这些优秀的技术和对未来云计算发展的判断，通过互联网的方法传递给客户，降低技术创新的成本。如何让大公司成为中小企业创新的基础设施提供方，如何让大公司能够为国家的管理治理提供技术服务支持，如何让中国的技术公司来为全球提供相应的技术服务，这些都是阿里云想实现的。

　　阿里巴巴的服务都是面向消费者的，阿里云的服务是面向企业和政府的。阿里云在阿里巴巴被定义为未来的公司，它是通过对未来的投入和假设，不断释放阿里巴巴所积累的技术，成为一个普惠科技的服务平台。胡晓明认为，未来云计算的客户将达到1000万甚至2000万的水平。

　　阿里云随买随用的服务案例：2017年10月8日，由于鹿晗发了一条微博"大家好，给大家介绍一下，这是我女朋友"，短时转发46万，评论98万，点赞256万，导致部分区域微博宕机，在家正举办婚礼的微博搜索工程师丁振凯一边结婚一边开了1000台阿里云服务器，仅用了几个小时就应对了流量高峰。这个事件，成为网络弹性需求和云计算的即租即用服务模式的最好的应用场景案例。

　　2. 阿里云规模

　　从阿里云官网看，其数据中心分布参见图8-11（截自2020年6月20日），在全球21个地理区域内运营着63个可用区[8]。

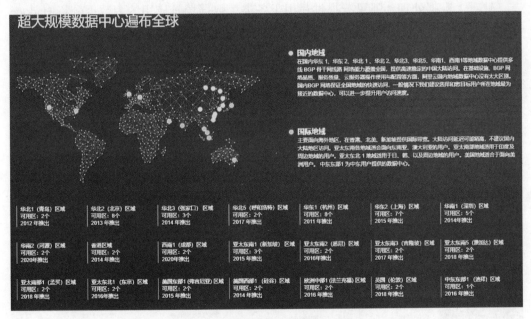

图8-11　阿里云全球数据中心分布

　　阿里云的CDN（Content Delivery Network，内容分发网络），建立并覆盖在承载网之上、由分布在不同区域的边缘节点服务器群组成的分布式网络，替代传统以Web Server为中心的数据传输模式。将源内容发布到边缘节点，以配合精准的调度系统；将用户的请求分配至最适合的节点，使用户可以以最快的速度取得所需的内容，有效解决网络拥塞状况，提高用户访问的响应速度。

　　阿里云的CDN覆盖全球六大洲，70多个国家，2800多全球节点，其中，国内2300

多个节点、海外 500 多个节点；全网带宽输出能力为 130Tbps。运营商覆盖电信、联通、移动、教育网、长宽、艾普宽带、e 家宽、歌华有线、方正宽带、华数、广电等。

3. 阿里云服务

阿里云的产品分类包括 8 大类：云计算基础、数据库、安全、大数据、人工智能、物联网、开发和运维、企业应用和行业引擎。参见图 8-12。

云计算基础包括：弹性计算（Elastic Compute Service）、存储服务、云通信和视频云。其中，弹性计算是弹性可伸缩的计算服务，帮助客户降低 IT 成本，提升运维效率，使客户专注于核心业务创新。

阿里云的入门级产品适合学生使用，如大学生创新创业项目软件部署、毕业设计的服务器等应用，服务费用在 500 元 / 每年，参见图 8-13。

阿里云的企业级产品通用型，适合各种类型和规模的企业级应用，包括网站和应用服务器、游戏服务器、计算集群、依赖内存的数据处理等。费用在 1800 元 / 每年，参见图 8-14。

针对大数据处理，阿里云提供适用于各类大数据场景应用的大数据分析 Hadoop MapReduce/HDFS/Hive/HBase、Spark 内存计算 /MLlib、Elasticsearch、日志分析等数据分析服务器配置，以满足互联网行业、金融行业等有大数据计算与存储分析需求的行业客户，构建海量数据存储和计算的业务场景，参见图 8-15。

图 8-12　阿里云产品分类

图 8-13　阿里云入门级产品

图 8-14　阿里云企业级产品

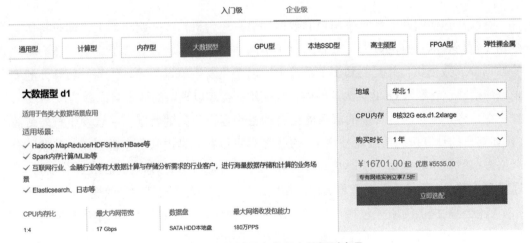

图 8-15　阿里云企业级大数据型产品

阿里云的人工智能云服务提供从单点智能向集成智能的持续演进，推动制造智能，生产智能，数据智能，服务智能产品的研发。包括：智能语音交互、图像搜索、自然语言处理、印刷文字识别、人脸识别、机器翻译、图像识别、视觉计算、内容安全、机器学习平台、城市大脑开放平台、视觉智能。

四、谷歌云计算

谷歌的数据中心包括 23 个云区域，70 多个网络地区，140 个网络边缘位置，涵盖 200 多个国家 / 地区，分布在北美洲（13 个）、南美洲（1 个，位于智利）、欧洲（5 个，位于爱尔兰、荷兰、丹麦、芬兰和比利时）和亚洲（2 个，位于台湾、新加坡），参见图 8-16（截图自 2020 年 6 月 18 日）[9]。

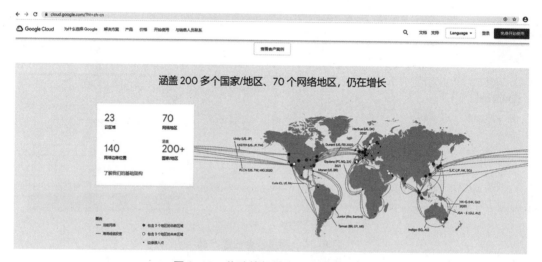

图 8-16　谷歌的数据中心全球分布图

谷歌声称他们并非将每位用户的数据存储在一台机器或一组机器上，而是将所有数据（包括谷歌自身的数据）分布到位于不同地点的很多台计算机上。然后还会将这些数据分成数据块，并复制到多个系统中，以避免发生单点故障。作为一项额外的安全保障措施，谷歌云 GCP 会为这些数据块使用人类难以理解的随机名称命名。

在云客户工作时，谷歌的服务器会自动备份客户的关键数据。一旦发生意外事故（比如客户的计算机崩溃或者被窃），其服务器可以在几秒内恢复正常工作。谷歌云会严格跟踪数据中心内每一块硬盘的位置和状态。当硬盘达到其生命周期的尾声时，会通过包含多个步骤的完善流程将其彻底销毁，以防止他人访问其中的数据。

谷歌云端提供的服务包括：计算、存储、数据库、网络、运维、开发者工具、数据分析、AI 和机器学习、API 管理，以及混合云和多云端，参见图 8-17。

图 8-17　谷歌云提供的服务内容

谷歌云的安全体系和数据灾备。谷歌数据中心采用多层安全措施，保护用户数据避免任何未经授权的访问，包括安全外围防御系统、全面的摄像头覆盖、生物特征认证以及全天候安保人员。数据中心内实施严格的访问和安全策略，以确保所有员工都接受过安全意识培训。安全团队还会在全年进行经常性的测试，以确保时刻准备好应对任何情况。除常规测试外，谷歌还会执行企业风险管理计划，以主动评估和缓解数据中心面临的风险。如果发生火灾或其他事件导致运营中断，数据中心会自动将数据访问无缝地转移到另一个数据中心，若发生电力故障，应急备用发电机会继续为数据中心供电。

五、中国云体系产业创新战略联盟（http：//www.ccopsa.cn/）

中国云体系产业创新战略联盟（简称"云体系联盟"），于 2013 年 11 月在北京人民大会堂成立，是我国首个以"云网端"体系为核心理念的国家级战略资源整合平台，也是我国网络强国战略、国家大数据战略、人工智能国家战略、"互联网＋"行动计划和区块链核心战略技术的重要支持机构，官网参见图 8-18。

图 8-18　中国云体系产业创新战略联盟及会务活动

云体系联盟是一个综合性联盟，致力于整合政、产、学、研、用、金、介资源，推动中国云体系产业的自主创新和跨越发展[10]。以云平台、云网络、云终端、云服务和云安全为五大主题的"云体系",是综合了大数据、物联网、人工智能、区块链等新一代信息技术的变革核心,是我国重要战略新兴产业之一,也是中国创新驱动、跨越发展和产业转型的主要领域之一。新一代信息技术不再是支撑一个个单独孤立的产业,而是以一种前所未有的姿态站在全产业链的最高顶点,成为所有产业共同的技术平台。这场信息革命的影响无疑将是方方面面的、无孔不入的、裂变式爆发的。它将引发新一轮技术革命、产业革命和社会变革,使人跨越时间空间,使物理世界和虚拟世界深度融合,使经济模式和生产力发展产生质的飞跃。全球各国家的竞争力也会随之重新洗牌。

关于云计算,云体系联盟秘书长、前世纪互联(云)首席技术官,现飞诺门阵董事长沈寓实博士认为,企业单打独斗难以获得成功,任何一家相关企业要实现可持续发展,都需要积极融入云生态,才能取得事半功倍的效果[11]。云生态包含五个方面,一是云平台,可以理解成神经中枢,不仅用来存储和计算,还需要和其他产业融合负责分配资源。二是云的网络,即未来的移动互联网络。三是云的终端,它不需要拥有大量存储空间和计算能力的新型终端。四是云的应用,即聊天工具或者搜索工具。五是云安全方面的保障。

云终端、云计算、云服务、大数据、物联网,都是云时代的几个侧面。它们的关系,简单来说就是云终端的界限模糊后,整个信息产业融合了,每个云终端的计算能力都由虚化的、可以弹性扩展的、按流量收费的云计算平台完成。云计算将引发新一轮的产业革命,推动物理空间、网络虚拟空间与金融虚拟空间深度融合,对经济、社会发展产生全方位的影响。

六、云安全联盟 CSA(Cloud Security Alliance)

1. 云安全联盟简介

云安全联盟(https://cloudsecurityalliance.org/)发起于 2008 年 12 月,2009 年在美国注册,并在当年 RSA 大会宣布成立。2011 年美国白宫在 CSA 峰会上宣布了美国联邦政府的云计算战略。目前云安全联盟已协助美国、欧盟、日本、澳大利亚、新加坡等多国政府开展国家网络安全战略、国家身份战略、国家云计算战略、国家云安全标准、政府云安全框架、安全技术研究等工作。云安全联盟在全球拥有 4 个大区实体(美洲区,欧洲区,亚太区,大中华区),近百个地方分会,8 万多个人会员,400 多机构会员,为业界提供安全标准认证和教育培训。CSA 的官网参见图 8-19。

云安全联盟是中立的非营利世界性行业组织,致力于国际云计算安全的全面发展。云安全联盟的使命是:倡导使用最佳实践为云计算提供安全保障,并为云计算的正确使用提供教育以确保所有其他计算平台的安全。

图 8-19　云安全联盟和中国云安全联盟

2. 中国云安全联盟

云安全联盟中国办事处于 2014 年 5 月在中国落地，其大中华区包括台湾、香港、澳门、北京、上海、华南、杭州、深圳分会，中国最早的分会自 2010 年成立。

云安全联盟全球总顾问、大中华区主席、中国云安全联盟（https://www.c-csa.cn/）常务副理事长李雨航认为，云安全有两个功能：一个是保障云服务的安全，另一个是利用云计算来增强安全能力[12]。一方面，云的计算能力和存储能力强大，黑客能够进攻它，也能够利用它的力量来强化攻击技术；另一方面，云计算可以成为安全专家和安全防护人员的武器，安全防护人员可以用云计算大数据的力量来打造新的安全服务，并把这些安全服务利用云技术传递给用户，即安全云服务。

为了帮助产业更好地应对云安全威胁，2016 年 CSA 发布了《云计算安全技术标准》，2017 年发布了《云计算关键领域安全指南》第四版，2017 年底发布了《物联网安全技术标准》《大数据安全技术标准》等系列安全指南和安全标准。2017 年，CSA 发布了最新版的《12 大顶级云安全威胁：行业见解报告》，帮助用户梳理和认识云计算中 12 个比较大的威胁。

李雨航认为，中国云安全联盟的定位是：做中国与世界的标准链接器，引领行业创新发展。云安全联盟在构建受信任的云生态系统方面已经取得了巨大进展，未来关注对物联网、人工智能、区块链和雾计算等云体系的安全研究。CSA 作为一个非营利机构，可以为中国网络信息安全产业的发展提供帮助，中国云安全联盟会把国际的先进经验和先进技术介绍到中国来，最终靠企业将技术产业化。

李雨航强调，维护信息安全，需要结合法律手段、管理手段和技术手段，同时还要注重公民教育，仅从一个局部下手无法从根本上解决问题。

3. 云安全的内涵

随着云计算等新兴技术的发展，不仅为人们带来了便利的生活，也带来了严峻的信息安全问题。西方媒体曾做过一项调查，76% 的人会因为个人信息泄露而减少网络活动，而在中国这一比例只达到了 20%-30%，说明我们对个人信息安全的重视远不够。

云计算由于所有权和使用权分离，天然具有隐私安全问题。云计算的核心特征是数据储存和安全完全由云计算提供商负责。数据脱离内网被共享至互联网，无法通过物理隔离和其他手段防止隐私外泄。云计算隐私安全问题主要包括：未经授权以不正当方式侵入数据，以机构监管为目的访问云客户数据，云计算提供商私自收集和处理用户信息。

云计算数据安全的保护方式与传统手段截然不同。在传统方式中，黑客要进攻企业数据资产，会采用物理方式，通过门禁系统进来，或者通过防火墙外部进来。在云计算的环境中，攻击者购买一个服务，可能就会跟企业共享一个虚拟机，这样一来，威胁系数直线上升。

个人隐私的泄露已经成为整个行业的痛点，因此在隐私技术方面产生了很多新兴技术。从账号管理体系、身份认证体系、访问控制体系到审计体系等，都取得了不菲的成绩。李雨航举例：现在被苹果引用的差分隐私技术是由微软科学家发明的，当个人隐私被传到中央服务端时，差分隐私技术通过对个人隐私加一些噪声，达到保护隐私信息的目的。在大量隐私信息被传到中央储存的情况下，黑客识别不出哪些是个人的，因此隐私能够得到保护。在技术上，我们能做的事非常多，但技术是要有成本投入的。如果法律有这方面的要求，比如要保护隐私，那么相应技术会得到投资。如欧盟在 2016 年颁布的《通用数据保护条例》是一个典型例子，如果企业达不到这个要求，将会受到非常重的处罚，罚款最高甚至可以达到全球营业额的 4%。在这种情况下，与欧盟业务相关的企业，就会愿意投资有关隐私保护的技术。

第三节　云端软件案例

一、SaaS 软件的优势

随着互联网 Web2.0、社交网络、移动互联网、云计算的发展及应用软件的成熟，软件即服务（Software as a Service，SaaS）作为云计算的一种应用形式，已成为各行业中小企业信息化和智能化的重要途径，它消除了企业购买、构建与维护基础设施和应用程序的需要，由服务提供商负责管理软件，以租赁形式向租户提供软件的在线使用。本节重点介绍了 3 款云端 SaaS 应用软件。实际上，在第六章影视大数据中阐述的如艺剧本系统，也是一个按照 SaaS 模式设计实现的云端多租户剧本创作系统。

二、客户关系管理系统

在打破国家、行业及资源垄断的自由经济环境下，1999 年 Gartner 提出了客户关系管理（Customer Relationship Management，CRM）概念。而按照维基百科的解释，CRM 是管理公司当前与未来客户交互的系统，包括使用技术来组织自动同步销售、市场、客户服务和技术支持。CRM 软件利用信息技术来发展新客户、保留老客户，以保持长期和紧密的客户联系，改善客户关系，帮助提高客户忠诚度、客户挽留和客户收益。

包括微软、IBM、SAP 和 Salesforce 等在内的商务智能公司，已经意识到社交网络在 CRM 中的价值，开发了企业社交网络软件帮助他们的客户企业去搜索潜在客户，以及以一种前所未有的广度和深度与已有客户保持联系。

Gallup 定义 CRM 为策略、管理和 IT，强调在企业战略和管理中 IT 技术的作用。在 IT 技术的帮助下，CRM 助力企业实现销售自动化、市场自动化和服务自动化。CRM 最重要的期望结果包括：效率提升、费用减少、利润提高、销售增加、客户价值提高、客户更加满意以及客户忠诚度提高。

在全球市场上，41% 的 CRM 软件是基于 SaaS（Software as a Service）云服务的。在中国约有 2000 万独立法人的企业，其中超过 98% 的是中小企业，据不完全统计，60% 的企业没有使用 CRM 软件来管理销售和客户。毫无疑问，中国是一个巨大的 CRM 市场。中国有超过 600 家企业从事 CRM 软件开发，他们主要分布在北京、上海和广州等地。Salesforce 在 CRM 界的市场份额以 16.1% 位列第一，第二是占 12.8% 的 SAP，之后是占 10.2% 的 Oracle，占 6.8% 的 Microsoft 以及占 3.9% 的 IBM，这 5 家公司的总份额接近 50%。

Salesforce 是一款可将公司和客户联系在一起的客户关系管理解决方案。Salesforce 是一个集成 CRM 平台，可以为其云客户的所有部门（包括营销部门、销售部门、商务部门和服务部门）提供所有客户的单一共享视图[13]，参见图 8-20。

图 8-20　基于 SaaS 模式的 Salesforce 客户关系管理系统

Salesforce 的 CRM 通过储存客户联系信息如姓名、地址和电话号码，在社交网络追踪客户各项活动如访问网站、打电话和发邮件等。它还可以帮助企业管理并维护客户关系，增加与客户的互动，提升客户服务质量，完成更多交易。管理系统可储存所有客户资料，将销售人员与客户交谈的内容始终保持私密，并且及时获取客户与业务相关的最新信息。Salesforce 客户报告显示，客户关系管理系统帮助企业的销售收入提升 37%，客户满意度增加 45%，营销投资回报率上涨 43%。

三、在线文档 Microsoft365

Office 365 是一种订阅式的跨平台办公软件，基于云平台提供多种服务，通过将 Word、PowerPoint、Excel、Outlook、OneNote 等应用与 OneDrive 和 Microsoft Teams 等云服务结合，让用户可使用任何设备随时随地创建和共享内容。2014 年 4 月，微软在上海宣布由世纪互联运营的 Office 365 云服务正式落地中国，用户所熟悉的 Office 套件、即时通信、协作组件将首次作为云服务，提供给中国企业用户及政府机构。2020 年 4 月 21 日，微软宣布 Office 365 正式升级为 Microsoft 365。

Microsoft 365 包括最新版的 Office 套件，支持在多个设备上安装 Office 应用，采取订阅方式，可灵活按年或按月续费[14]。Microsoft 365 包含的应用分为如下几方面：

一是编辑与创作类，如 Word、PowerPoint、Excel 等。

二是邮件社交类，如 Outlook、Exchange、Yammer、Teams、Office 365 助理。

三是站点及网络内容管理类，以 SharePoint、OneDrive 产品为主，做到同步编辑、共享文件、达成协作。

四是会话、语音类，如 Skype for Business。

五是报告和分析类，如商务智能 Power BI、MyAnalytics，参见图 8-22。

六是业务规划和项目管理类，如 Microsoft Bookings、StaffHub，以及 Project Online、Visio Online。

图 8-21 是云端的 Word 使用，可以实现在线多人协作文档的编辑。

图 8-21　云端办公文档创作编辑与云端 Word

图 8-22 的在线数据分析和可视化 PowerBI，支持从本地上传数据（csv）或分析来自微软云端服务器的数据，进而分析挖掘并可视化数据。

图 8-22 Power BI 云端数据分析与可视化

四、海量大数据分析平台

天津海量信息技术公司成立于 1999 年，20 年专注于互联网大数据挖掘，应对数据分析业务的增长，开发了海量大数据平台，实现数据分析需求和数据分析师的云端协作业务，包括数字营销、舆情监测、市场洞察、人物画像、企业数字化、转型智库、业务咨询、分析报告、系统搭建、可视化服务等[15]。

海量大数据分析平台为各行业各领域的创业和创新者提供数据、技术、工具、资源、交易、培训等服务，为大数据分析的价值网络赋能。从海量的数据中挖掘出知识和情报，实时为个人和组织赋予数据驱动业务的能力。海量大数据分析平台桌面端参见图 8-23。

图 8-23 云端 SaaS 型大数据采集分析可视化平台 – 海量大数据

海量大数据桥接了需求和技术。海量平台连接了三类用户：为最终客户提供数据分析服务，解决业务问题；为数据分析师供应行业需求；数据分析工作室提供算力和分析平台，并依托海量大数据分析平台开发新应用。海量大数据平台的移动端参见图 8-24。

图 8-24 海量大数据平台的移动端

海量大数据分析平台涵盖海量市场、需求发布、工作室、能力中心、用户支持等功能。用户可选择自己的身份：消费者、分析师、能力开发者。对于计算机类专业大一学生和非计算机专业的学生，可以尝试使用海量大数据分析平台实现数据采集分析，无须编程序就可以快速获得爬取自互联网的数据，并分析挖掘获得结论。

小结

本章论述了大数据背景下，关于云计算、数据中心的国内外发展概况。关于云计算、云端软件的使用，有很多的免费试用产品，在互联网的世界里，从用户角度来说，实际上"免费最贵"。试用后如果不想购买，在云端部署的软件迁移成为一个问题，对企业来说，前期要慎重选择使用哪家的 IaaS 服务，一旦确定长期使用，才是一个比较靠谱的选择。因作者有迁移软件部署的多次经历，所以体会格外深刻。

参考文献

［1］国务院办公厅. 国务院关于促进云计算创新发展培育信息产业新业态的意见［A/OL］.（2015-01-30）. http：//www.gov.cn/zhengce/content/2015-01/30/content_9440.htm.

［2］美国国家技术标准局云计算标准路线图（第二版）［EB/OL］. https：//nvlpubs.nist.gov/nistpubs/SpecialPublications/NIST.SP.500-291r2.

［3］美国白宫. 联邦云计算战略［A/OL］.（2019-06-24）. https：//www.whitehouse.gov/wp-content/uploads/2019/06/Cloud-Strategy.

［4］工业和信息化部关于印发《云计算发展三年行动计划（2017—2019 年）》的通知［A/OL］.（2017-04-10）. http：//www.miit.gov.cn/n1146295/n1652858/n1652930/n3757022/c5570548/content.html.

［5］亚马逊云计算官网［EB/OL］. https：//aws.amazon.com/cn.

［6］微软云计算官网［EB/OL］. https：//azure.microsoft.com/zh-cn/.

［7］财新时间. 阿里云总裁胡晓明：中国云计算市场红海还未到［EB/OL］. http：//video.caixin.com/2017-09-17/101145717.html.

［8］阿里云官网［EB/OL］. https：//www.aliyun.com/.

［9］谷歌云计算官网［EB/OL］. https：//cloud.google.com/.

［10］沈寓实. 构建云生态 推动数字中国建设［J］. 中国科技产业，2016（7）：35-36.

［11］沈寓实. 云时代的产业变革和中国云联盟建设［J］. 中国科技产业，2014（1）：58.

［12］李雨航．维护信息安全，其他手段只是修修补补，法律是核心［EB/OL］．https：//www.c-csa.cn/html/1568.html.	
［13］https：//www.salesforce.com/cn/.	
［14］https：//powerbi.microsoft.com/zh-cn.	
［15］http：//www.hailiangxinxi.com/.	

第九章
三维空间大数据与智慧城市

三维空间数据价值无限，它是除了视频数据以外的另一个非常大的大数据场景。本章围绕新型智慧城市建设概述了三维空间大数据、智慧城市建设国家推荐的相关标准、发展现状、案例，以及边缘计算、数字孪生、新基建、北斗导航系统等智慧城市相关新技术。

第一节　三维空间大数据

一、点云数据

点云数据（Point Cloud），是空间数据点的集合，由三维扫描仪通过测度物体外表面产生点数据。2018 年 3 月，在国家标准网公开的《机载激光雷达点云数据质量评价指标及计算方法》[1]中，定义点云是以离散、不规则方式分布在三维空间中的点的集合。通过激光雷达扫描可获得点云。

图 9-1 是一组点云扫描的数据，上面两张来自维基百科的词条"点云"，它由 12 亿个点云构成一个可以漫游的场景，下面左图是室内点云，下右图是智慧城市街景扫描的点云数据。

点云密度是以高程方向为法向方向，单位面积点云中激光点的平均数量。点云数据分为：绝对坐标定位的点云数据和相对坐标定位的点云数据。可移动物体扫描采用相对空间点云数据。不可移动场景扫描采用地球经纬度和高度的三维空间点云数据，并记录该坐标点的（RGB）色彩信息。本章仅讨论绝对坐标定位的大场景三维扫描点云数据。

基于点云数据的大场景可视建模，可用于机场、火车站、地铁、商场位置服务导航、景区和博物馆导航、沉浸式场景增强现实的培训，以及安保、防恐、资产管理、广告和公共宣传等。

图 9-1　点云数据示例

三维空间大数据的数据规模。以北京西站为例，大致的三维扫描数据量处理后在 1TB 左右，成都地铁一个 30000 平方米的场地，模型数据量 63G，北京万达广场的点云数据处理后 69G。一个典型的公司场景，约 2000 平方米，扫描处理后为 3.8G。

关于智慧城市的三维空间大数据，建议收看央视《开讲啦》2018 年 6 月 2 日视频，遥感测绘专家中国工程院刘先林院士的公开课：让智慧城市"活"起来，参见图 9-2，扫码看视频。刘院士认为智慧城市首先应该是数据共享，要用到时空大数据和实时大数据，时空大数据就是由测绘行业提供的。智慧城市不仅要有信息的流动，还要有物质的流动和能量的流动。测绘就是把地球搬回家，当前最新的研究方向就是把有结构的街景模型搬回家，实现实体导航。

图 9-2　《开讲啦》刘先林院士讲智慧城市与时空大数据

二、位置服务

畅销书作家凯文·凯利说，无论你做什么生意，都是数据生意。你是谁、你在哪里、你喜欢什么、你在干什么、你的消费能力，以及你未来的需求等都是数据。事物、空间、时间、物体的移动、客户的消费习惯、个人爱好、行为习惯、活动轨迹、运动规律等也都是数据。

位置服务（LBS，Location Based Services）是大数据时代的一个重要的基础数据，它解决了"在哪里"的问题。能感知并提供位置服务的相关技术包括：GPS、北斗、BIM（Building Information Modeling）、GIS、点云数据、WiFi、蓝牙、RFID等，以及基于BIM+GIS的全息物联网智慧城市地图。

点云数据的应用包括两种方式：一是点云场景图聚合各种应用，二是软件系统聚合点云场景图。

三、大场景三维点云数据案例

（一）三维智图云系统

浩宇三维智图云系统。以德国Navvis（navvis.com）系统为基础，结合国情在武大、清华、中科院自动化所等参与下研发的一套适合我国的三维信息可视化管理系统平台。通过推车扫描系统、计算机视觉算法和大数据处理技术、AI识别等，向客户提供高效室内数字化、室内定位、导航、可视化管理、智能分析等解决方案。为建筑运营管理的信息化提供三维数据模型，提升建筑使用体验。围绕室内地图采集、展示及管理，为物联网、人工智能、智能制造、智慧城市等智慧应用提供室内空间大数据建模支撑。

智图云系统的组成，包括SLAM移动测量设备、HYviewer、手机室内导航App。推车式的SLAM设备，全方位获取多源三维空间信息，包括精准点云、高清图像、Wifi、蓝牙信号、二维地图等。HYviewer是数据处理和管理软件，采用B/S结构，无须下载第三方软件即可实现对三维空间数据的访问管理。手机室内导航App基于计算机视觉和传感器融合技术，无须基础设施建设投资即可在已经数字化了的任何室内建筑进行室内导航。

智图云的SLAM设备为德国慕尼黑工业大学研制的Navvis设备，其技术本质是全球经纬度定位的三维点云数据，集成点云数据采集、多机位照片拍摄合成、三维重建、测绘功能于一体。机载配有4个激光扫描仪，扫描精度达到5mm密度点云，有6个全景相机，每个相机1600万像素。图9-3是2018年海淀区改革开放四十年纪念活动，海淀逐梦创新之路中关村创新文化展，5000平方米展厅扫描的案例，图左侧是扫描设备，右侧是扫描建模结果，本书作者参与了这个项目的扫描建模过程，有几十万人观看了云端的展览会。

图 9-3　Navvis 三维点云扫描设备和场景建模案例

（二）天下图三维空间大数据

天下图成立于 2006 年 7 月，是中航工业集团下国家火炬计划重点高新企业。2013 年 10 月，天下图在香港挂牌交易（00402.HK），成为我国首家在港股上市的地理信息企业[2]。

天下图是测绘地理信息产业内覆盖全产业链的综合空间信息服务提供商，已建成航空遥感中心、无人飞行器遥感中心、国际领先的像素工厂数据自动化处理中心，形成了航天遥感、航空遥感和无人飞行器低空遥感、倾斜摄影和街景影像相结合，数据获取和处理相配套，覆盖全面、体系完整、数据权威的全色、彩色、彩红外、雷达高分辨率对地观测体系。天下图可为用户提供行业领先的自主知识产权 GIS 软件和基于云服务构架的空间地理信息服务解决方案。

天下图具有包括测绘航空摄影资质、摄影测量遥感资质、地理信息系统工程资质、工程测量资质、不动产测绘资质、地图编制资质及互联网地图服务资质七项国家甲级测绘资质，是国家测绘地理信息局批准的"城市高分辨率航空影像数据库"建设试点单位。

天下图基于空间实景三维建模，通过特有的算法，在街景空间中建立一个基于绝对位置的三维空间，实现二维影像和三维物体融合，为用户提供更精细丰富的信息，及基于位置信息的增强应用功能。

天下图具有甲级无人机飞行器测绘航空摄影资质。它是国内唯一全面且独立具备无人机遥感系统研发、生产加工、集成测试、技术培训、售后服务、技术应用能力的单位，是国内产学研用一体化的航测遥感无人机单位。

（三）用于影视特效的点云数据

点云数据帮助实现电脑生成影像与场景和真人图像的精确匹配。日本的 Picture Element 公司是一家电影后期制作公司，该公司将真人图像与电脑生成的影像合成用于电影、电视剧和广告片的视觉特效。2013 年，他们开始使用 FARO 激光扫描设备 Focus3D，制作了多部电影，如 CG 建模、合成真人图像和其他各种图像，并将 CG 图像整合到电脑动画电影中。例如在《魔女宅急便》中的一个场景，他们对一只名叫 Gigi 的黑猫使用了 CG 模型，这只黑猫爬上真实的桌子和石头台阶，然后跃出屏幕，点云数据被用来精确地匹配真人和 CG 图像。

国内如电影《邪不压正》中的彭于晏屋顶跑酷的镜头合成，屋顶三维点云数据是制片方委托浩宇三维采用 Focus3D 在云南扫描采集的。FARO Scene 和 Geomagic Studio 软件可用来处理点云数据和创建三维模型。

2020 年 4 月，国家电影局成立了由 39 位委员组成的全国电影标准化技术委员会，其中副主任包括以电影特效出名的《流浪地球》的导演郭帆。此外教育部的本科专业目录中，在计算机类下，2016 年新增了"电影技术"专业，参见第 12 章表 12-1。

四、北斗全球定位系统

北斗卫星导航系统（BeiDou Navigation Satellite System，BDS）是中国着眼国家安全和经济社会发展需要，自主建设运行的全球卫星导航系统，是为全球用户提供全天候、全天时、高精度定位、导航和授时服务的国家重要时空基础设施。

中国高度重视北斗系统的建设发展，20 世纪 80 年代开始探索适合国情的卫星导航系统发展道路，形成了"三步走"发展战略。北斗一号 2000 年发射，是 4 颗试验卫星，不在当前总计的 55 颗范围之内。2012 年建成北斗二号，共 20 颗，为亚太地区提供服务。2015-2016 年，陆续发射 5 颗导航卫星构成一个完整的试验体系，共同开展星间链路、新型导航信号体制等试验验证。2020 年建成了北斗三号，共发射了 30 颗导航卫星，向全球提供服务。2020 年 6 月 23 日，北斗三号最后一颗（第 30 颗，目前共计 55 颗）全球组网卫星在西昌卫星发射中心点火升空，至此北斗三号星座部署提前半年全面完成。我国计划在 2035 年，以北斗系统为核心，建设完善更加泛在、融合、智能的国家综合定位导航授时体系[3]。

2020 年 7 月 4 日，《开讲啦》邀请北斗三号副总设计师谢军讲解北斗三号，参见图 9-4，扫码看视频。

图 9-4 　《开讲啦》北斗三号副总设计师谢军讲解北斗

北斗卫星导航系统由空间段、地面段和用户段三部分组成，可在全球范围内全天候、全天时为各类用户提供高精度、高可靠定位、导航、授时服务，并具有短报文通信能力，已经初步具备区域导航、定位和授时能力，定位精度为分米、厘米级别，测速精度为 0.2 米 / 秒，授时精度为 10 纳秒。

北斗三号第 30 颗导航卫星发射参见图 9-5，建成完成期间，一个名为"北斗北斗收到请回复"的微信小程序也刷爆朋友圈，它能快速定位手机用户的位置信息。

图 9-5 　北斗三号导航卫星第 30 颗发射和北斗定位移动端应用

北斗系统具有以下特点：一是空间段采用三种轨道卫星组成的混合星座，与其他卫星导航系统相比高轨卫星更多，抗遮挡能力强，尤其在低纬度地区性能优势更为明显。二是提供多个频点的导航信号，能够通过多频信号组合使用等方式提高服务精度。三是创新融合了导航与通信功能，具备定位导航授时、星基增强、地基增强、精密单点定位、短报文通信和国际搜救等多种服务能力。

北斗卫星导航系统是中国自行研制的全球卫星导航系统，也是继 GPS、GLONASS之后的第三个成熟的卫星导航系统。北斗卫星导航系统（BDS）和美国 GPS、俄罗斯GLONASS、欧盟 GALILEO，是联合国卫星导航委员会已认定的供应商。在 2017 年世界互联网大会 18 项领先科技成果中，北斗卫星导航系统作为重量级成果入选发布会。

北斗卫星导航的产值在 2020 年超过 4000 亿元。

目前，全世界一半以上的国家都开始使用北斗系统。后续，中国北斗将持续参与国际卫星导航事务，推进多系统兼容共用，开展国际交流合作，根据世界民众需求推动北斗海外应用，共享北斗最新发展成果。

第二节　新型智慧城市

一、智慧城市相关国家标准

在国家标准全文公开系统，推荐国家标准中检索"智慧城市"有 22 条，包括 2016 年 12 月发布的《新型智慧城市评价指标》，2018 年发布的《智慧城市顶层设计指南》《智慧城市术语》《智慧城市信息技术运营指南》《智慧城市数据融合第 1 部分：概念模型》《智慧城市数据融合第 2 部分：数据编码规范》等，2019 年发布的《信息安全技术智慧城市安全体系框架》等标准。这些标准为智慧城市的建设提供了可参考的依据。

（一）智慧城市术语

智慧城市标准体系建设是引导我国各地智慧城市健康发展的重要手段。确定智慧城市的相关术语和定义，可以指导智慧城市规划、设计、实施、运维等环节的稳步进行，促进智慧城市的健康、可持续发展。

智慧城市（Smart City）：运用信息通信技术，有效整合各类城市管理系统，实现城市各系统间信息资源共享和业务协同，推动城市管理和服务智能化，提升城市运行管理和公共服务水平，提高城市居民幸福感和满意度，实现可持续发展的一种创新型城市[4]。

国际标准化组织（ISO）将智慧城市定义为："在已建环境中对物理系统、数字系统和人类系统进行有效整合，从而为市民提供一个可持续的、繁荣的、包容性的未来。"

智慧城市的生命周期：实现智慧城市目标的过程，包括规划、设计、实施、运维、持续改进等一系列可识别的活动。

智慧城市的顶层设计：从城市发展需求出发，运用系统工程方法统筹协调城市各要素，开展智慧城市需求分析，对智慧城市建设目标、总体框架、建设内容、实施路径等方面进行整体性规划和设计的过程。

智慧城市的概念模型：智慧城市基本组成要素及其相互关系的抽象描述。

智慧城市的架构：从业务、数据、应用、基础设施、安全、标准、产业等维度出发，对智慧城市的基本要素、要素间关系及智慧城市设计和发展原则等方面进行的整体性描述。

智慧城市的技术参考模型：从城市信息化整体建设考虑，以信息通信技术为视角，对物联感知、网络通信、计算与存储、数据及服务融合、安全保障等技术要素及要素间关系进行表示的抽象模型。

智慧城市的数据资源处理包括：数据治理、数据共享、数据交换、数据融合、数据互操作、数据开放、公共基础数据库、数字连续性。公共基础数据库是围绕人口、法人、宏观经济、地理空间信息、建筑物等城市基础数据资源建立的公共数据资源库。其中的地理空间信息和建筑物信息即本章第一节的三维空间大数据。数字连续性是确保数据在其生命周期内具有真实性、可靠性、完整性、可用性的数据资源持续性管理过程，也是智慧城市基础设施互联互通、互信互认的数字服务能力。

智慧城市的基础设施平台包括：智慧城市基础设施、信息基础设施、时空基础设施、公共信息与服务支撑平台、智慧城市设备联接管理与服务支撑平台、信息资源共享交换平台、智慧城市运营中心。

智慧城市的支撑技术包括：物联网、云计算、大数据、人工智能、可视化、虚拟化、分布式计算、区块链、面向服务的体系结构、唯一标识符。物联网（Internet of Things，IoT）是指通过感知设备，按照约定协议，连接物、人、系统和信息资源，实现对物理和虚拟世界的信息进行处理并做出反应的智能服务系统。

智慧城市的风险与安全包括：智慧城市建设风险、智慧城市信息安全、网络空间安全、个人信息、个人敏感信息、个人信息保护。

智慧城市的管理与服务包括：智慧治理、智慧产业、智慧民生、协同管理、服务融合、多规合一。

（二）智慧城市的顶层设计

智慧城市的顶层设计是介于智慧城市总体规划和具体规划之间的关键环节，具有重要的承上启下作用，是指导后续智慧城市建设工作的重要基础。智慧城市的总体架构：从业务、数据、应用、基础设施、安全、标准、产业七个维度出发，对核心要素及要素间关系进行的整体性、抽象性描述[5]。

智慧城市顶层设计基本原则：

（1）以人为本：以"为民、便民、惠民"为导向；

（2）因城施策：依据城市战略定位、历史文化、资源禀赋、信息化基础以及经济社会发展水平等方面进行科学定位，合理配置资源，有针对性地进行规划和设计；

（3）融合共享：以"实现数据融合、业务融合、技术融合，以及跨部门、跨系统、跨业务、跨层级、跨地域的协同管理和服务"为目标；

（4）协同发展：体现数据流在城市群、中心城市以及周边县镇的汇聚和辐射应用，建立城市管理、产业发展、社会保障、公共服务等多方面的协同发展体系；

（5）多元参与：在开展智慧城市顶层设计的过程中考虑政府、企业、居民等不同角色的意见及建议；

（6）绿色发展：考虑城市资源环境的承受力，以实现"可持续发展、节能环保发展、低碳循环发展"为导向；

（7）创新驱动：体现新技术在智慧城市中的应用，体现智慧城市与创新创业之间的有机结合，将智慧城市作为创新驱动的重要载体，推动统筹机制、管理机制、运营机制、信息技术创新。

智慧城市顶层设计的基本过程可分为需求分析、总体设计、架构设计、实施路径设计四项活动，如图 9-6[5]。

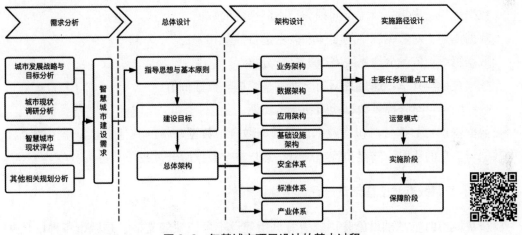

图 9-6　智慧城市顶层设计的基本过程

（三）智慧城市数据融合

智慧城市数据融合包括概念模型、数据编码规范、市政基础设施数据元素等。参与数据融合标准编写的第一作者为北航计算机学院院长吕卫峰。

概念模型规定了智慧城市数据融合的概念模型、总体要求、基本过程及数据采集、数据描述、数据组织、数据交换与共享的基本要求[6]。

数据融合（Data Fusion）是集成多个数据源以产生比任何单独的数据源更有价值的信息的过程。数据融合流程参见图 9-7。

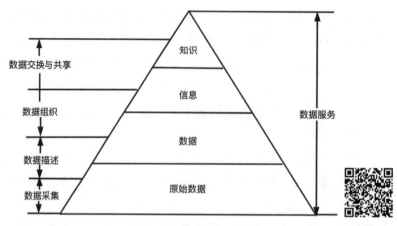

图9-7 数据融合流程图

元数据（Meta Data）：描述数据的数据。

数据采集：采集、清洗不同种类、不同来源的数据。

数据描述：对数据源中的实体和关系进行抽象和表述。

数据组织：依赖分类系统对数据进行分类。

数据交换与共享：通过数据的交换共享，提升数据价值。

数据服务：对外提供数据检索和展示功能。

数据资产：数据资产包含数据以及数据融合中数据产生的其他信息，是上述流程中数据与信息的获取、储存和管理对象，参与整个数据融合过程。

（四）智慧城市时空基础设施评价指标体系

智慧城市时空基础设施是国家智慧城市建设不可或缺的支撑，是城市各种信息共享、交换、协同、应用的基础性平台，是城市规划、建设、管理、服务智慧化的保障，也是数字城市地理空间框架的继承、发展与提升[7]。

时空基础设施：具有时间和空间特征的基础地理信息、公共管理与公共服务涉及的专题信息，及其运行环境和支撑环境的总称。

时空大数据：按照统一时空基准序化的结构化、半结构化与非结构化的大数据及其管理分析系统。

时空信息云平台：以时空大数据为基础、云计算环境为支撑，依托泛在网络，分布式聚合信息资源，并按需智能提供计算存储、数据、接口、功能和知识等服务的基础性开放式信息系统。

时空基础设施的核心建设内容包括：时空基准、时空大数据、时空信息云平台和支撑环境。依据建设内容的分析与分解，时空基础设施的评价指标体系设计为两个层级，包括7个一级指标和41个二级指标，一级指标包括：信息资源、管理服务、云计算环境、信息安全、机制保障、应用效果、创新特色，二级指标参见图 9-8，扫码可以看标准全文。

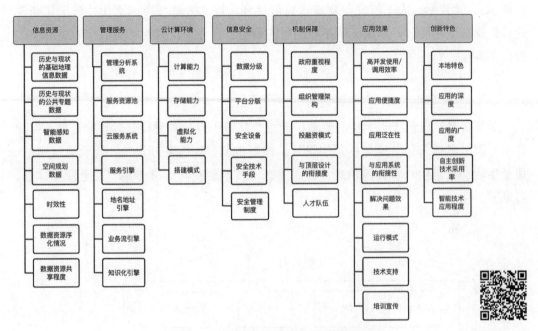

图 9-8　时空基础设施的评价指标体系

二、新型智慧城市的发展现状

2019 年 10 月，中国信息通信研究院发布《新型智慧城市发展研究报告》[8]，总结指出我国新型智慧城市已进入以人为本、成效导向、统筹集约、协同创新的新发展阶段。各地从实际出发进行了大量实践，部分省（直辖市）高位统筹积极推进，顶层设计成为新型智慧城市建设的前提。新型智慧城市发展重心逐渐从整体谋划、全面建设向营造优质环境、设计长效可持续发展机制转变，全面创新组织管理、建设运营、互动参与等机制。新型智慧城市更强调云网端融合的新型智能设施泛在部署，更强化数据智能、信息模型等共性赋能支撑和平台整合，更注重实现数据驱动、"三融五跨"的智慧生产、智慧生活、智慧生态、智能治理等应用服务发展。

（一）发展阶段

我国智慧城市建设经历了三个阶段。第一阶段是 2008-2012 年的以分散建设为特征的概念阶段；第二阶段是 2012-2015 年智慧城市试点探索发展阶段；第三阶段为 2016 年启动至今，智慧城市发展理念、建设思路、实施路径、运行模式、技术手段的全方位迭代升级，进入以人为本、成效导向、统筹集约、协同创新的新型智慧城市发展阶段。从发展重点来看，进一步强化城市智能设施统筹布局和共性平台建设，破除数据孤岛，加强城乡统筹，形成智慧城市一体化运行格局；从实施效果来看，通过叠加 5G、大数据、人工智能等新技术发展红利，推动智慧城市网络化、智能化新模式、新业态竞相涌现，形成无所不在的智能服务，让人民群众对智慧城市有更切实的现实获得感。

（二）顶层设计

新型智慧城市包含十大核心要素，涵盖智慧城市设计、建设、运营、管理、保障各个方面。具体来说，应包括顶层设计、体制机制、智能基础设施、智能运行中枢、智慧生活、智慧生产、智慧治理、智慧生态、技术创新与标准体系、安全保障体系，参见图 9-9。

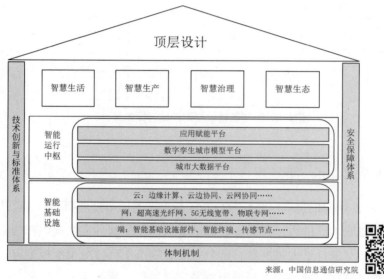

图 9-9　新型智慧城市架构和十大核心要素

2019 年 1 月，我国正式实施了《智慧城市顶层设计指南》。在此指引下，顶层设计或总体规划成为智慧城市建设实施的前提。国家级城市群、国家级新城新区、省会城市及计划单列市、地级市、县级市开展新型智慧城市顶层设计或总体规划的比例分别为 23%、52%、94%、71% 以及 25%。

新型智慧城市基于传统已有的城市电子政务系统、数字政府系统延伸发展，是超越了电子政务和数字政府的全新架构，图 9-10 是传统电子政务、数字政府和新型智慧城市的区别和联系。

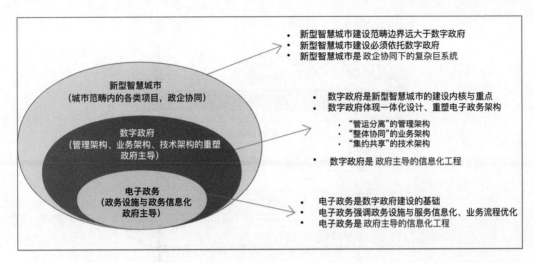

来源：中国信息通信研究院

图 9–10 电子政务、数字政府与新型智慧城市关系

（三）智能设施

智能设施奠定智慧城市发展的基石。包括：5G、物联网、云边协同的泛在计算能力。

5G 商用赋能新型智慧城市建设发展。中央经济工作会议明确将加快 5G 商用步伐作为 2019 年的重点工作，全国各地陆续发布 5G 行动计划和支持政策，2019 年年底计划建设 5G 基站超过 1 万的城市达到 7 个，包括北上广深、重庆、成都、杭州，其中，深圳和上海 2020 年率先实现 5G 全覆盖。5G 示范应用的热点行业：高清直播、智慧教育、智慧旅游、无人驾驶、智慧警务、智慧制造、车联网、远程手术、智慧港口。

物联网感知设施从业务驱动单点部署向统筹规划、专网专用发展。智慧杆柱成为综合承载平台建设热点。智慧杆柱是信息基础设施、市政基础设施和社会资源共建共享的集中体现，通过集成智慧照明、WIFI、微基站、城市监测、电桩等多种功能，突破了传统杆塔边界，融入智能网关、边缘计算等功能模块，实现数据集成和智慧管理，充分拉动人工智能、车联网、物联网等战略性新兴产业发展。智慧杆柱作为新型智慧城市智能设施的重点组成，各级政府积极推进智慧杆柱的建设。

（四）智能中枢

城市大数据平台引燃"数据中台"新热点。截至 2019 年 6 月，我国 36 个主要城市（直辖市、省会城市、副省级城市）100% 建设了统一政务共享交换平台，其中近 30% 的城市正启动建设或推进建设城市级大数据平台。城市大数据平台的资源体系与功能架构参见图 9–11，包括数据共享交换、数据开放、数据治理。

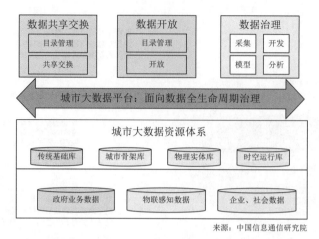

来源：中国信息通信研究院

图 9-11　城市大数据平台的资源体系与功能架构

城市信息模型平台崛起支撑虚实融合发展。城市信息模型平台（CIM，City Information Modeling）或将成为数字空间中城市运行的"孪生体"，城市信息模型平台的架构参见图 9-12。

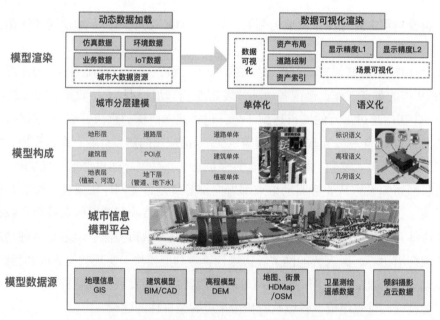

图 9-12　城市信息模式（CIM）平台架构

随着新型测绘、模拟仿真、深度学习等技术的成熟运用，在数字空间构建一一映射的数字孪生城市，正成为雄安、重庆等地区推进新型智慧城市建设的新探索。城市信息模型平台的数据源包括基础地理信息、建筑 BIM 信息、地形高程信息、卫星遥感信息、倾斜摄影等。城市信息模型平台的构建主要分为分层建模、模型单体化、单体语义化等。城市信息模型平台的渲染主要包括动态数据加载和可视化渲染等。

共性技术和应用支撑平台赋能行业应用系统。一是大数据、人工智能、区块链等核心使能共性技术能力构建，对外提供自然语言处理、模式识别、深度学习、分布式计算等能力；二是基于底层数据的共性应用组件构建，对外提供统一无差异的信用服务、身份认证、电子证照、统一支付等能力。

（五）智能生活

智慧政务服务从"能用"到"好用"，从"一号、一窗、一网"向"一网、一门、一次"加速转变，"最多跑一次""一次不用跑""不见面审批""秒批秒办"等先进模式在全国范围探索应用并普及推广。

超级 App 应用成为生活服务新设施。例如上海市的"随申办"，广东省的"粤省事"等。市民不需额外下载 App 即可通过超级应用一站式获得政务服务。

技术赋能各领域服务亮点频现。VR 全景线上服务实现线上线下一体化，虚拟服务大厅将真实场景 1：1 立体"搬迁"到网上，虚拟平台与现实业务系统实现无缝对接，达到提高工作效率和服务感知度的目的。

此外还包括因地制宜发展高质量数字经济的智慧生产，技术赋能支撑智能精准治理，智能视频监控为安防提供"智慧之眼"，立体监管筑牢"绿水青山"防线的智慧生态，供需两侧强化网络安全保护的安全保障体系。

三、智慧城市相关新技术趋势

（一）边缘计算

互联网数据中心（Internet Data Center）统计数据显示，到 2020 年将有超过 500 亿的终端与设备联网。未来超过 50% 的数据需要在网络边缘侧分析、处理与储存。

为促进物联网从梦想变成现实，2016 年 11 月，华为和沈阳自动化所等多家单位联合，成立边缘计算产业联盟。边缘计算（Edge Computing）作为新兴产业应用前景广阔，该产业同时横跨 OT（Operational Technology）、IT（Internet Technology）、CT（Communication Technology）多个领域，且涉及网络联接、数据聚合、芯片、传感、行业应用多个产业链角色。

从 2016 年到 2019 年，边缘计算产业联盟发布了 7 大白皮书，包括：边缘计算产业联盟白皮书、边缘计算参考架构 2.0（2017）和 3.0（2018）、边缘计算与云计算协同白皮书（2018）、边缘计算安全白皮书（2019）等。

边缘计算是在靠近物或数据源头的网络边缘侧，融合网络、计算、存储、应用核心能力的分布式开放平台，就近提供边缘智能服务，满足行业数字化在敏捷联接、实时业务、数据优化、应用智能、安全与隐私保护等方面的关键需求。它可以作为联接物理和数字世界的桥梁，推动智能资产、智能网关、智能系统和智能服务的发展[9]。

边云协同放大边缘计算与云计算价值。边缘计算与云计算各有所长，云计算擅长全局性、非实时、长周期的大数据处理与分析，能够在长周期维护、业务决策支撑等领域发挥优势；边缘计算更适用局部性、实时、短周期数据的处理与分析，能更好地支撑本地业务的实时智能化决策与执行。因此，边缘计算与云计算之间不是替代关系，而是互补协同关系。边缘计算与云计算需要通过紧密协同才能更好地满足各种需求场景的匹配，从而放大边缘计算和云计算的应用价值。边缘计算既靠近执行单元，更是云端所需高价值数据的采集和初步处理单元，可以更好地支撑云端应用；反之，云计算通过大数据分析优化输出的业务规则或模型可以下发到边缘侧，边缘计算基于新的业务规则或模型运行。

（二）数字孪生

数字孪生城市通过在网络空间再造现实物理城市，对城市全要素进行数字化、虚拟化、全状态实时化和可视化管理，实现城市运行管理协同化智能化。目前，在这一理念和思路引领下，雄安新区、重庆市、长三角一体化示范区等地先后以数字孪生城市为导向推进智慧城市建设，探索以数字城市预建、预判、预防支撑现实城市高质量发展的模式。传统智慧城市厂商顺势而为推出数字孪生城市解决方案，地理空间信息企业纷纷入局，成为数字孪生城市建设的中坚力量。数字孪生城市相关企业获得资本青睐，相关投融资保持稳定增长。数字孪生技术重新定义智慧园区，提升了智能驾驶试验精度，在医疗、教育等领域的孪生应用获得突破性进展。

（三）新基建

2020年春，中央对加快新型基础设施建设进度做出部署，有关部门和地方纷纷出台相应举措。"新基建"正在成为经济建设领域的焦点之一，市场掀起一股"新基建"的热潮，受到全社会广泛关注。

所谓新型基础设施，是指以新发展理念为引领，以技术创新为驱动，以信息网络为基础，面向高质量发展需要，提供数字转型、智能升级、融合创新等服务的基础设施体系。总的来看，"新基建"投资潜力巨大，能带动产业链上下游，为车联网、智慧城市、AR/VR、数字经济等新经济、新业态提供发展基础。

以5G、大数据中心、人工智能、工业互联网等为代表的"新基建"项目，其典型特征就是"发力于科技端"，普遍技术含量高、应用要求强、融合壁垒坚、关联范围广、管理难度大，与过去大兴土木和堆砌钢筋混凝土的传统基建相比，"新基建"在技术属性、投资方式和运行机制上都有明显区别。国家信息中心专家认为[10]，新基建要摒弃"重硬轻软""重政轻企"和"重建轻用"的思维。提出的对策和建议包括：1.做好新基建软硬同步，协调发展顶层设计；2. 处理好政府与市场的关系；3. 做好新基建的项目需求分析与科学测算；4. 做好新基建的数据赋能与长效运营。

《北京市加快新型基础设施建设行动方案（2020-2022 年）》提出，北京新基建聚焦"新型网络基础设施、数据智能基础设施、生态系统基础设施、科创平台基础设施、智慧应用基础设施、可信安全基础设施"6 大方向，实施 30 个重点任务。到 2022 年，北京市将基本建成网络基础稳固、数据智能融合、产业生态完善、平台创新活跃、应用智慧丰富、安全可信可控的具有国际领先水平的新型基础设施。截止到 2020 年 6 月，5G 正式商用一年，北京市累计建设 5G 基站 2.1 万个，5G 用户数达到 313 万户，其中 91% 都是利用原有站址改造实现的。政务服务依托 5G 全程网上"即问即办"。未来北京将推动政务服务全程电子化、全程信息共享、全程交互服务，实现在线咨询、受理、查询、支付、评价等全流程网上办事服务。

第三节　智慧城市案例

一、阿里 ET 大脑和杭州城市大脑

2017 年世界互联网大会 18 项领先科技成果发布会，阿里巴巴 CEO 张勇发布了阿里 ET 大脑成果，它是阿里云研发的超级人工智能，专门用来解决经济和社会发展中依靠人脑无法解决的问题，具有多维感知、全局洞察、实时决策、持续进化的特点，用于智慧城市场景。利用计算机视觉、语音识别和自然语言处理单个的技术，是这些技术有机整体的实现和全局的突破。阿里的 ET 大脑首先应用在杭州智慧城市建设，构建了杭州城市大脑。2016 年 12 月，杭州城市大脑在新型智慧城市的排名中列全国第一。

城市大脑的诞生，源自城市治理中的堵点。杭州城市大脑总架构师王坚院士举例说，世界上最遥远的距离，是红绿灯跟交通监控摄像头的距离。它们虽然都在一根杆子上，但从没被数据连接。数据不通则交通不畅，既加大城市运营成本，也影响群众生活品质。杭州城市大脑位于云栖小镇的城市大脑运营指挥中心，数据资源辅助城市治理部门操作"驾驶端"，促进资源配置更高效。图 9-13 是阿里城市大脑项目的数据驾驶舱，包括城市事件感知与智能处理、社区与安全、交通拥堵与信号控制、公共出行与运营车辆调度大屏展示。

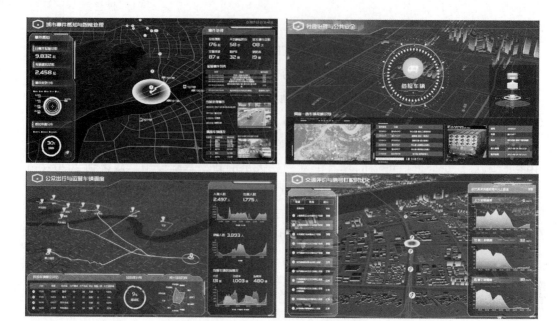

图 9-13　阿里 ET 大脑城市"数据驾驶舱"

商业数据与政府部门数据多维融合，杭州实现了游客"20 秒进入公园、30 秒入住酒店"，已分别覆盖 163 个景点和文化场馆、400 多家酒店。杭州已有 60.3 万个停车位实现"先离场后付费"，免去排队交费，全市 254 家医疗机构接入"舒心就医"的应用场景，累计服务 3200 多万人次，履约金额超过 15 亿元。

2020 年春，面对新冠肺炎疫情，城市大脑迅速转战"数字治疫"，杭州各大医院的发烧门诊人数，在城市大脑平台即时准确显示，数据在疫情防控期间发挥了重要参考作用。三色健康码、企业复工复产数字平台、政商"亲清在线"平台等，都以数字化赋能疫情防控和复工复产。

2020 年 3 月 31 日，习近平总书记在杭州城市大脑运营指挥中心考察时指出，推进国家治理体系和治理能力现代化，必须抓好城市治理体系和治理能力现代化的建设。运用大数据、云计算、区块链、人工智能等前沿技术推动城市管理手段、管理模式、管理理念创新，从数字化到智能化再到智慧化，让城市更聪明一些、更智慧一些，是推动城市治理体系和治理能力现代化的必由之路，前景广阔。习总书记希望杭州在建设城市大脑方面继续探索创新，进一步挖掘城市发展潜力，加快建设智慧城市，为全国创造更多可推广的经验。

二、广东省智慧灯杆建设计划

2019 年 5 月，广东省工业和信息化厅发布了《广东省 5G 基站和智慧杆建设计划（2019—2022 年）》，推动智慧杆与 5G 基站同步建设，明确了全省各市未来四年智慧杆的建设任务。2019 年 9 月，深圳市发布《多功能智能杆系统设计与工程建设规范》[11]，成为全国首个多功能智能杆地方标准。同时，深圳启动全国首个城市信息通信基础设施专项规划，大力支持 5G 基础设施及高标准建设数字基础设施发展。

多功能智能杆（又称智慧杆、智能杆）是集智能照明、视频采集、移动通信、交通管理、环境监测、气象监测、无线电监测、应急求助、信息交互等诸多功能于一体的复合型公共基础设施，是未来构建新型智慧城市全面感知网络的重要载体。利用多功能智能杆的一体化集成设计，加载不同的信息化设备及配件，实现信息设备之间的互联互通，可有效利用资源，减少重复投资。让多功能智能杆建设成为可以被广泛应用的信息基础设施是一种必要且可行的选择。

三、华为智慧城市解决方案

数字世界与物理世界相互映射与交互，仿若数字孪生，感知、思考、行动，自我调节演进，使城市进入全新形态。为实现全要素数字化，运行实时状态可视化，管理决策协同化，技术创新成为最新驱动力。大数据、GIS、IoT、AI 和网络安全，实现数据融合、业务使能、敏捷创新。华为构建了智慧城市解决方案。

华为在全球 40 多个国家参与了 200 多个智慧城市的建设，从城市发展的角度总结出了智慧城市建设的马斯洛需求模型[12]，即一个城市的数字化转型需求从低到高大致也可以分为 4 个层次，参见图 9-14。

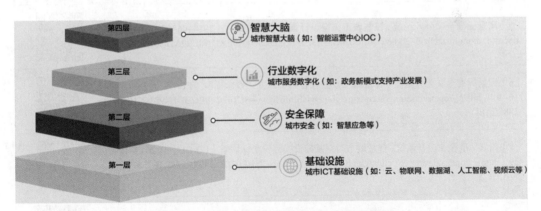

图 9-14　华为提出的智慧城市马斯洛需求模型

最底层是基础设施。这是构建数字经济的基础，其核心是智慧城市 5 大新 ICT 基础设施的部署，从云、物联网、数据湖到视频云、人工智能。其中的物联网不仅包括传统的物联技术，也包括 5G、WiFi 等跨时代的热点技术。

第二层是安全保障，确保物理世界和数字世界的安全，是城市发展的生命线。

第三层是要实现各行业的数字化转型，以更好地发展实体经济。

第四层是智慧城市也应该拥有像人一样的智慧大脑，以保障智慧城市的良好运营。

小结

智慧城市是以大数据、云计算、5G 通信、位置服务、人工智能、区块链等的多技术融合的巨复杂应用场景。从国家标准和应用场景可以看出，互联网新技术发展的趋势是万物互联的融合创新，大数据是智慧城市中流动的能量。

参考文献

［1］国家标准全文公开系统.机载激光雷达点云数据质量评价指标及计算方法［EB/OL］.（2018-03-15）. http：//openstd.samr.gov.cn/bzgk/gb/newGbInfo?hcno=95C3A41AC643F6A07F902A0E4662F21F.

［2］天下图公司［EB/OL］. http：//www.peacemap.com.cn/.

［3］北斗官网.北斗卫星导航系统发展报告（4.0 版）［EB/OL］. http：//www.beidou.gov.cn/xt/gfxz/201912/P020191227337020425733.

［4］国家标准全文公开系统.智慧城市术语［EB/OL］.（2018-12-28）. http：//openstd.samr.gov.cn/bzgk/gb/newGbInfo?hcno=032ADDC8A824B6C45D31995D59D33279.

［5］国家标准全文公开系统.智慧城市顶层设计指南［EB/OL］.（2018-06-07）. http：//openstd.samr.gov.cn/bzgk/gb/newGbInfo?hcno=04DFD32E7279FA9EADA8B99ADCCC0CC9.

［6］国家标准全文公开系统.智慧城市数据融合第 1 部分：概念模型［EB/OL］.（2018-10-10）. http：//openstd.samr.gov.cn/bzgk/gb/newGbInfo?hcno=8C142C49ECBDD4981C7BB072885EABDA.

［7］国家标准全文公开系统.智慧城市时空基础设施评价指标体系［EB/OL］.（2017-12-29）. http：//openstd.samr.gov.cn/bzgk/gb/newGbInfo?hcno=85BE07DDB407A3ACBB2F8F2C877A93CA.

［8］中国信通院.新型智慧城市发展研究报告（2019 年）［EB/OL］.（2019-11-09）. http：//www.caict.ac.cn/kxyj/qwfb/bps/201911/t20191101_268661.htm.

［9］边缘计算产业联盟与工业互联网产业联盟.边缘计算与云计算协同白皮书（2018 年）［EB/OL］. http：//www.ecconsortium.org/Lists/show/id/335.html.

［10］唐斯斯."新基建"应坚持科学思维［N］.经济日报，2020-06-16（011）.

续表

［11］深圳市市场监管管理局.多功能智能杆系统设计与工程建设规范［EB/OL］.（2019–09–23）.http：//amr.sz.gov.cn/xxgk/qt/tzgg/201909/P020190927413305923943.	
［12］华为智慧城市［EB/OL］.https：//e.huawei.com/cn/solutions/industries/smart–city.	

第十章
游戏大数据与虚拟现实

游戏作为数字出版的重要组成部分，承载着相应的文化价值导向和艺术内涵。2019年游戏产业销售收入达到2308亿元，单从产值看是2019年电影总票房642亿的3.6倍，是一个不容忽视的巨大市场。本章概述游戏大数据的价值、意义以及数字创意产业的相关技术，包括游戏、虚拟现实、交互影视的大数据技术应用概况。

第一节　数字创意产业与游戏大数据

一、数字创意产业发展政策

2016年12月国务院发布《"十三五"国家战略性新兴产业发展规划》[1]，其中22次提到"数字创意"。第六条提出促进数字创意产业蓬勃发展，创造引领新消费。提出促进文化科技深度融合、相关产业相互渗透。提出到2020年，形成文化引领、技术先进、链条完整的数字创意产业发展格局，相关行业产值规模达到8万亿元。具体规划包括：

（1）创新数字文化创意技术和装备。适应沉浸式体验、智能互动等趋势，加强内容和技术装备协同创新，在内容生产技术领域紧跟世界潮流，在消费服务装备领域建立国际领先优势，鼓励深度应用相关领域最新创新成果。

提升创作生产技术装备水平。加大空间和情感感知等基础性技术研发力度，加快虚拟现实、增强现实、全息成像、裸眼三维图形显示（裸眼3D）、交互娱乐引擎开发、文化资源数字化处理、互动影视等核心技术创新发展。

增强传播服务技术装备水平。研发具有自主知识产权的超感影院、混合现实娱乐、广播影视融合媒体制播等配套装备和平台，开拓消费新领域。

数字文化创意技术装备创新提升工程。以企业为主体、产学研用相结合，构建数字文化创意产业创新平台，加强基础技术研发，大力发展虚拟现实、增强现实、互动影视等新型软硬件产品，促进相关内容开发。完善数字文化创意产业技术与服务标准体系，推动手机（移动终端）动漫、影视传媒等领域标准体系广泛应用，建立文物数字化保护和传承利用、智慧博物馆、超高清内容制作传输等标准。完善数字创意"双创"服务体系。

（2）丰富数字文化创意内容和形式。促进优秀文化资源创造性转化。鼓励对艺术品、文物、非物质文化遗产等文化资源进行数字化转化和开发。鼓励创作当代数字创意内容精品。提高数字创意内容产品原创水平，加快出版发行、影视制作、演艺娱乐、艺术品、文化会展等行业数字化进程，提高动漫游戏、数字音乐、网络文学、网络视频、在线演出等文化品位和市场价值。

（3）提升创新设计水平。鼓励企业加大工业设计投入，推动工业设计与企业战略、品牌深度融合，促进创新设计在产品设计、系统设计、工艺流程设计、商业模式和服务设计中的应用。提升人居环境设计水平。创新城市规划设计，促进测绘地理信息技术与城市规划相融合，利用大数据、虚拟现实等技术，建立覆盖区域、城乡、地上地下的规划信息平台，引导创新城市规划。

创新设计发展工程。建设增材制造等领域设计大数据平台与知识库，促进数据共享和供需对接。通过发展创业投资、政府购买服务、众筹试点等多种模式促进创新设计成果转化。

（4）推进相关产业融合发展。加快重点领域融合发展。推动数字创意在电子商务、社交网络中的应用，发展虚拟现实购物、社交电商、"粉丝经济"等营销新模式。推进数字创意生态体系建设。建立涵盖法律法规、行政手段、技术标准的数字创意知识产权保护体系。

二、中国游戏产业发展现状

2019年中国游戏产业发展概述总结为：游戏产业发展势头良好，高质量发展方向清晰，企业社会责任意识增强，国际影响力持续提升。

游戏备案是指网络游戏上市所需的备案手续。游戏备案有两种，一种是游戏运营备案，一种是游戏出版备案，在这里特指游戏运营备案。从国家新闻出版署官网数据来看（经人工汇总），2019年全年审批国产网络游戏共1383件，审批进口网络游戏185件。2018年审批国产游戏2086件，审批进口游戏53件。

2019年度中国游戏产业年会上发布的《2019年中国游戏产业报告》[2][3]显示，2019年中国游戏市场实际销售收入2308.8亿元，同比增长7.7%。中国游戏用户规模达到6.4亿人，较2018年提高了2.5%。2019年，移动游戏市场实际销售收入1581.1亿元，占比 68.5%，客户端游戏市场实际收入 615.1 亿元，占比 26.6%，网页游戏市场实际销售收入 98.7 亿元，占比 4.3%。移动游戏收入占据游戏市场主要份额，凸显了移动优先的特点。

2019 年，中国自主研发游戏在国内市场实际销售收入达到 1895.1 亿元，同比增加 251.2 亿元，增长率 15.3%。

2019 年，中国自主研发游戏海外市场实际销售收入达 115.9 亿美元（折合人民币为 825.2 亿元），增长率 21.0%，继续保持稳定增长。中国自主研发游戏海外市场收入增速高于国内市场，美国的收入占比 30.9%，日本的收入占比 22.4%，韩国收入占比为 14.3%，三个地区合计 67.5%，数据表明，美国成为中国游戏企业出海的重要目标市场。角色扮演、策略类和多人竞技类游戏获得海外用户追捧。

中国音数协游戏工委（GPC）和国际数据公司（IDC）的统计显示，从 2015 到 2019 年，游戏由 1407 亿发展为 2308 亿元的巨大市场，参见图 10-1。

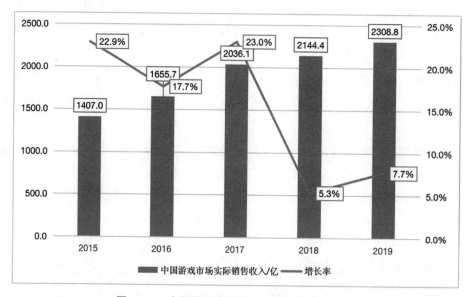

图 10-1　中国游戏市场实际销售收入及增长率

我国 AR 和 VR 游戏这两类新生市场在中国仍处于培育阶段，市场实际销售收入和用户规模仍处于较低水平。2019 年 AR 游戏营销收入 0.7 亿元，同比增长 64.3%，增速较快。用户规模约 140 万，同比增长虽接近 15%，但用户基数仍然相对较小。VR 游戏发展时间略长，市场相对较大。2019 年度，VR 游戏营销收入 26.7 亿元，同比增长 49.3%。VR 游戏用户规模 830 万，同比增长 22%。

随着游戏市场的快速扩张，游戏市场竞争更加激烈，中国游戏用户规模进入稳定发展阶段。2019 年游戏网民为 6.4 亿，移动游戏人口为 6.2 亿，较 2018 年仅增加 0.1 亿人，同比增长 2.5%，增速明显放缓，参见图 10-2。

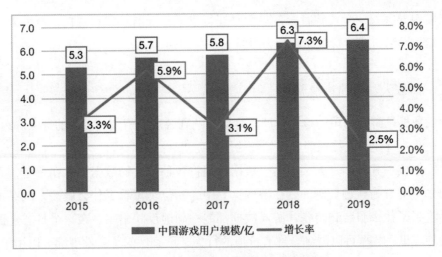

图 10-2　中国游戏用户规模及增长率

2019 年中国游戏产业年会发布了 2019 中国"游戏十强"，表彰本年度为中国游戏产业做出卓越贡献，对行业发展起到重要作用的企业单位和受用户欢迎的游戏精品。

2019 年中国十大最受欢迎电子竞技游戏：英雄联盟、守望先锋、全民枪战 2、刀塔、荒野行动、部落冲突：皇室战争、星际争霸 2：虚空之遗、球球大作战、QQ 飞车、三国杀移动版。

2019 年中国十大最受欢迎移动游戏：王者荣耀、梦幻西游、QQ 飞车、开心消消乐、辐射：避难所、传送门骑士、完美世界、王国纪元、龙珠觉醒、我的小家。

2019 年中国十大游戏研发企业：腾讯、网易、金山游戏、盛趣、完美世界、广州多益、游族网络、上海米哈游、上海莉莉丝、巨人网络。

国内游戏产业链持续升级，游戏直播、电子竞技、云游戏等新技术新业态催生了更多细分板块，拉动就业、带动文化消费，为产业发展提供了新的增长引擎。

2019 年，中国游戏产业相关政策继续对高质量原创游戏倾斜，政策成效显著，游戏企业对创作精品游戏的积极性被充分调动，产品文化价值进一步提升。游戏作为一种广泛应用的传播媒介，其自身的内容规范尤为重要，坚定传播主流价值观导向已经成为游戏企业必须践行的准则。

中国游戏产业发展趋势：新技术驱动产业链更加丰富，游戏直播产业将更加规范发展，知识产权生态赋能游戏产业发展，电子竞技成为新的增长点。随着游戏企业在研发领域的加大投入，5G、云游戏、VR/AR 等前沿技术在游戏领域陆续得以应用，技术推动新功能、新玩法、新业态将使游戏产业链更加丰富。

2019 年 11 月，国家新闻出版署发出《关于防止未成年人沉迷网络游戏的通知》，提出六条举措，实行网络游戏账号实名注册制度，严格控制未成年人使用网络游戏的时段时长，规范向未成年人提供付费服务，切实加强行业监管，探索实施适龄提示制度，积极引导家长、学校等社会各界力量履行未成年人监护守护责任，帮助未成年人树立正确的网络游戏消费观念和行为习惯。

三、游戏大数据的价值

游戏数据是游戏公司的核心资产，直接影响到游戏的策划、游戏的升级和运维等。思考：在游戏行业，大数据能发挥怎样的作用呢？

大数据核心其实不是大，而是全数据，是将各种行为的数据汇总在一起，通过数据看到完整的行为轨迹。例如，在游戏世界中，一位玩家看了什么服装，试穿了什么衣服，购买了什么服装和装备，游戏数据都能精确地反映出来。在一个日志建设比较完善的游戏里，数据可以看到全部有价值的行为，玩家做的每一件事都可以用于分析，正是靠这种数据的全，来达成有价值的分析。

游戏数据分析，首先要懂游戏。数据分析要发挥价值，要结合到具体的每个游戏。最熟悉游戏产品，也最能发挥数据价值的，应该是策划，特别是数值策划，他们对数据的敏感程度更高。

通过数据挖掘等方法对数据进行分析。例如，利用数据挖掘可以进行玩家流失预测。大的游戏公司通过这一方法，其流失预测能达到80%准确率。这种分析正是大数据的思维，只要把足够多的数据放进去，就能预测流失。利用这个分析就可以运营干涉，更好地进行运维。发现这些用户快要流失，就想办法给他们好处，留住他们。越大的游戏公司（有钱投入数据挖掘团队）越有足够的数据进行模型训练，效果就会越好。

流失预测的挖掘，本身也是最符合大数据的思路的，不要因果性，只要相关性。你不需要知道玩家为什么流失，没有一个游戏能够完全不流失玩家。你只要知道有些人要流失了，给他们一些好处，有可能他们就会留下来。只要知道相关性，针对性地采取相应措施就好了。

例如，分析新手的留存，要对玩家的等级、任务等各种数据进行记录，同时自己也要去玩，知道升级的难点在哪里，什么阶段获取什么样的技能，哪里发展比较困难一点，这样才能进行分析数据。游戏数据分析师进行定量化分析，就能为游戏带来更大的价值，提高数据的话语权。有理有据给出结论，给出运营或者研发修改的建议。

大数据为游戏实现流量的精准分发。游戏生成的数据，可以分析出游戏产品的发展趋势以及消费者的喜爱和趋向。不同玩家玩游戏的爱好、玩游戏的时间和玩游戏的类别都可能不同。玩家行为数据可以用于流量的精准分发。

大数据时代，我们的核心能力不仅仅是获取这些数据，更重要的是能够对这些数据进行分析，从数据中抽出有价值的信息。游戏行业已经在自觉不自觉地利用大数据了，通过对玩家行为的数据挖掘了解市场，对后台应用的理解和前端对玩家的理解，精准度非常高。比如，为玩家推荐他喜欢的新游戏。因为数据分析知道该玩家过去一段时间喜欢玩哪种游戏，是在地铁上玩还是在家里玩，喜欢玩悠闲类的还是喜欢其他类型的，所以推荐的游戏精准度非常高。

　　未来，后端服务器一定要建立在云上。流量预测以及用户上线时间的预测需要大量计算，需要大数据引擎，需要非常强的弹性云计算能力。游戏厂商天然和云是好的搭档，当一个游戏上线的时候，不知道爆发量有多少，上线以后不知道量往下走还是往上走，需要更多的数据分析。对于游戏运营商来说，一般选择混合云解决方案。公司买一些内部服务器，自己的内部云主机，然后利用公有云的弹性应对访问量的突发性暴涨。很高兴看到的是，国内一流的游戏 CP 和运营商都开始进入了云时代。游戏与云计算、大数据的结合代表未来发展方向。

　　大数据通过对用户的数据进行分析，可以形成完整的生态链。从开始游戏进行注册、封测、公测，每一个阶段都进行数据分析，从而能够准确地预测出一款游戏上市之后可能有的表现。在游戏进行测试的时候就要进入生态链里。通过测试，我们不仅要进行游戏的调优，更要确定在哪个时间点上线游戏以及哪个团队进行运维，通过数据分析解决游戏从开发到上线之后每一步之间出现的所有问题。

四、游戏案例

　　《英雄联盟》是一款世界级经典网络游戏产品，由拳头公司历经数年研发。2011年9月22日首次在中国开服运营，腾讯入股后参与大量用户体验运营数据分析和调优工作。由于游戏的长尾效应，在近 9 年时间里，《英雄联盟》创造了超过 700 多亿人民币的收入，超过 2019 年中国电影票房的收入。从产品质量上说，《英雄联盟》是一款经过长时间打磨经得起运营考验的世界级经典网络游戏。

　　自《英雄联盟》上线以来，英雄总数已经达到 148 个（截止到 2020 年 7 月）。每个英雄背后都有丰富的背景故事与鲜明的英雄特色。对于拳头公司说，每个英雄都是由艺术、设计和叙事结合创造出来的，参见图 10-3。

图 10-3　《英雄联盟》及其英雄

2018 年 11 月 3 日，《英雄联盟》S8 全球总决赛在韩国举行，面对欧洲劲旅 FNC，中国的 IG 战队以堪称完美的表现，3∶0 战胜对手，获得冠军奖杯。中国电竞战队首次夺得《英雄联盟》全球总决赛冠军，IG 战队创造了中国电竞新历史。

2019 年 11 月 17 日，在美国举行的 Esports Awards 颁奖盛典上，英雄联盟获得了年度最佳电竞游戏奖，英雄联盟 2019 全球总决赛也成功斩获年度最佳电竞现场赛事奖，开发商拳头游戏获得了年度最佳电竞厂商奖。

《王者荣耀》被认为是由《英雄联盟》改编的本土化手机游戏，官网和 100 位英雄参见图 10-4。

图 10-4　《王者荣耀》及其 100 位英雄

《王者荣耀》近年来占据国内手游第一的战绩。2015 年上市以来，每年收入都超过 100 亿元，2018 年收入 220 亿元，2019 年收入约 115 亿元（16 亿美元）。

五、数字创意人才培养

教育部高等学校动画、数字媒体专业教学指导委员会，作为全国 109 个教指委中最特殊的一个，成立于我国由教育大国向教育强国迈进的关键时期，承担着推动我国动画、数字媒体专业高等教育内涵式发展的历史使命。2018-2022 年教指委的主任委员为中国传媒大学廖祥忠校长，秘书处设在中国传媒大学。教指委覆盖的专业领域广泛，横跨艺术学与工学两个专业门类，涉及戏剧与影视学类、设计类、计算机类、美术学类、音乐与舞蹈学类及新闻与传播学类等多个专业类，具有较强的交叉性特点。当前工作任务主要针对 3 个已列入教育部专业目录的本科专业，包括动画专业、数字媒体艺术与数字媒体技术专业进行本科专业教学、本科专业教学质量督查与评估以及动漫与新媒体的技术研发、艺术创作、流程搭建、内容制作、传播发行、管理营销等多个环节的人才培养工作。

2017 年，中国传媒大学开设的电子竞技专业被命名为艺术与科技专业（数字娱乐方向）。该专业介于游戏设计与电子竞技之间，培养电竞游戏策划、大型电竞活动组织和运营人才。有专家评价认为，这标志着电子竞技以一种妥协的姿态进入本科学历教育体系，对游戏和电子竞技发展具有重要的意义。

第二节　虚拟现实与增强现实

一、虚拟现实相关术语

2019 年 12 月 10 日，国家标准委发布了两项虚拟现实的标准，即虚拟现实头戴式显示设备通用规范、虚拟现实应用软件基本要求和测试方法。实施时间为 2020 年 7 月 1 日[4][5]。

以下是来自维基百科的中文词条，对虚拟现实的解释。

虚拟现实（virtual reality，VR），是利用电脑模拟产生一个三维空间的虚拟世界，提供用户关于视觉等感官的模拟，让用户感觉仿佛身历其境，可以即时、没有限制地观察三维空间内的事物。当用户进行位置移动时，电脑可以立即进行复杂的运算，将精确的三维世界影像传回产生临场感。该技术集成了电脑图形、电脑仿真、人工智能、感应、显示及网络并行处理等技术的最新发展成果，是一种由电脑技术辅助生成的高技术模拟系统。图 10-5 为两款虚拟现实头显设备及应用，左图是 2013 年版本的 Oculus VR 公司的 Rift 设备，该公司 2014 年被 Facebook 以 20 亿美元收购，中间是经济实惠和方便的谷歌 Cardboard。

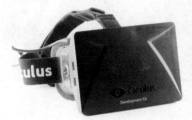

图 10-5　虚拟现实头显设备和仿真训练应用

增强现实（Augmented Reality，AR），是指透过摄影机影像的位置及角度精算并加上图像分析技术，让屏幕上的虚拟世界能够与现实世界场景进行结合与交互的技术。这种技术于 1990 年提出，随着随身电子产品运算能力的提升，增强现实的用途也越来越广。

混合现实（Mixed Reality，MR）是结合真实和虚拟世界创造了新的环境和可视化，物理实体和数字对象共存并能实时相互作用，以用来模拟真实物体。混合现实是一种虚拟现实（VR）加增强现实（AR）的合成品。

虚拟现实的可能应用包括：运维巡检、消防、自动驾驶、影视、网络直播、线下主题馆、数字展馆、文物保护等。

二、中国虚拟现实产业的发展现状

2020年5月17—18日，第五届全球虚拟现实大会（GVRC）在云端开幕，本次大会主题为"未来与创新，VR新经济与全球化"。GVRC是面向全球虚拟现实、增强现实、人工智能等互联网新技术领域的行业领袖及从业者的盛会。该会旨在全球范围内有效建立与推动AI/VR/AR/MR等新技术的产业应用与融合，聚集全球在该领域最具影响力的企业家、创新者与产业领袖共同学习、了解技术趋势、产业应用，协同推动虚拟现实技术进步[6]。

GVRC 2020大会上，深圳亿境CEO石庆在VR/AR目前市场情况分析中提出，VR产业链包括：硬件、操作系统与开发工具、应用场景、内容、销售与分发，以及最终客户。无论是2B还是2C，从硬件分为：移动终端、PC终端、终端一体机、AR、交互式设备。在VR应用场景里，视频、游戏和社交是三大应用场景，其中视频应用超过一半，看比赛占1/3，教育应用占1/3。随着高端终端的普及，VR游戏有可能异军突起。游戏的潜力最高，其次是视频、直播、旅游和社交。在咪咕视频可以看到本次大会VR视频的交互，晃动手机可以上下左右移动场景，从技术现状看，想要看清PPT上的文字，仍然还得有一段距离，参见图10-6。

图10-6　2020全球虚拟现实大会的VR视频报告

GVRC 2020大会上，中国移动终端公司汪恒江发布了《终端生态合作计划》（手机扫描图10-6中左侧二维码可以链接到视频，中间二维码是VR内容圆桌论坛，右侧是VR技术圆桌论坛），其中提出，VR是5G应用的一个重要场景，VR的硬件设备一直在升级，最新的头显设备给用户带来越来越好的沉浸式体验，同时硬件销售规模，预计2020年达到150万台，未来两年可能达到千万级，一体机是市场的主流。2019年华为推出分体机，重量和舒适度改善，未来分体机可能成为新趋势。VR的发展还处在一个初期阶段，表现在三个方面：产业成熟度不足，市场规模还比较小，整机成本偏高；产品的体验有待提高，有眩晕感，交互方式有待解决；内容和应用还较少，高品质的内容应用稀缺；同时生态碎片化的严重，增加了内容、应用和终端的适配难度，影响了开发者积极性。

中国移动代表业界提出了 XR 终端生态发展策略：

（1）聚焦提升 VR 的产品体验。包括硬件和人机交互，从分辨率、视场角、刷新率、还原自然度等方面解决眩晕问题。硬件规模化，未来核心器件的成熟以期降低成本，普及应用。

（2）与网络传输的适配，降低网络时延。部署在边缘节点的方式可解决时延的问题，将网络时延控制在 20 毫秒以内。

（3）制定 XR 标准，内容与硬件的互通，解决生态碎片化难题。目前各厂家的内容只能连接自己的硬件。通过制定通用标准，可以调用上层引擎 XR 的 API、传感器、算法模组、SDK 的能力，实现内容与应用的互动。

（4）VR 与手机生态的融合，实现与 5G 的融合，VR 分体机的舒适性和便携得到市场的认可，与手机的结合对扩大彼此的生态圈有利。2020 年，国内各大厂家都将推出各自的分体机，目前的制约因素是与手机端的适配。

（5）多形态多价位硬件布局推动普及。推荐推出 1000-2000 元的支持 4K 分辨率的一体机和分体机。

（6）定制和合作要符合相应的白皮书要求。

三、虚拟现实人才培养

教育部发布的《普通高等学校本科专业目录（2020 年版）》中 2019 年新增设了虚拟现实技术本科专业。江西科技师范大学、江西理工大学、吉林动画学院、河北东方学院新增虚拟现实技术本科专业。其中虚拟现实技术专业大类为工学，专业类为计算机类，参见第 12 章的表 12-1 所示。2020 年的考生将可以正式报考上述高校的虚拟现实专业，预测未来几年会有一批 985、211 重点高校申报获批虚拟现实本科专业。

图 10-7 为北京台《为你喝彩》栏目采访北理工计算机学院书记著名虚拟仿真专家丁刚毅教授，他带领的团队为建国 70 周年国庆阅兵、群众游行、联欢晚会做了全要素全流程的三维建模，实现事前对国庆阅兵全方位模拟预演。右图是我国著名虚拟现实专家北航计算机学院赵沁平院士（前教育部副部长）在 2018 世界虚拟现实大会讲解 VR 发展趋势，扫码可以看两个视频。

赵沁平院士 2010 年建设申请了虚拟现实技术与系统研究国家重点实验室（依托单位北航），该实验室成为虚拟现实新技术研究和人才培养的重镇。

图 10-7　专家解读虚拟仿真与虚拟现实

四、虚拟现实案例与应用

（一）微软 HoloLens

2016 年，第三届世界互联网大会，微软 HoloLens 入选 18 项世界领先科技成果。在发布会上，沈向洋介绍了以 HoloLens 为代表的微软虚拟现实的进展。微软也认为下一个大事件将会是混合现实，这就是虚拟的数字世界和物理的现实世界的无缝融合。微软的 HoloLens 全息眼镜是一个惊人的创新，是世界上最先进的全息计算机，搭载了 Win10 操作系统，拥有超强计算能力，众多传感器实时扫描进行三维建模，配有高清相机。微软在医疗领域和医学院合作，使学生可以通过数字化全息影像学习解剖学。微软还和美国国家航天局（NASA）合作，通过 HoloLens 来探索火星，利用火星探测器的全息影像，科学家可以身临其境般在火星表面工作。在机械制造和设计方面，HoloLens 不仅可以呈现发动机的三维全息模型，还可以在其之上进行零部件的叠加，甚至透视其内部结构。参见图 10-8，扫码可以看 HoloLens2 能力展示视频。

图 10-8　微软的 HoloLens2 在工业中的应用

2020 年 7 月，微软中国官网 HoloLens2 设备报价 3500 美元。用户若想拥有 HoloLens 2 开发版，只需每月花费 99 美元，可以免费试用 Unity 软件并获得 Azure 云服务的使用额度。

（二）悉见混合现实的数字孪生

悉见是一家专注于三维视觉数字孪生与混合现实交互的人工智能公司，在十多项核心技术指标上世界领先，拥有数十项国际国内资质认证及赛事总冠军。在消费级高精地图采集重建、超大场景空间计算、混合现实交互及实时场景智能等方面，完成了重要技术与数据积累，成为世界领先的混合现实空间计算引擎[7]。

悉见致力于打造混合现实数字孪生基座，至 2020 年年底将在全球拥有数亿平方米级消费级混合现实高精地图，成为全新的场景智能信息引擎，为智慧城市、智慧展馆展厅、智慧商圈、智慧文旅等场景提供数字孪生赋能，助力政府与企业高效实现数字化、智能化、科技化转型与升级，引领 5G 与数字经济时代。

悉见的 MR 地图商店应用参见图 10-9，它同时研发推出了一款重量为 39 克的单目分体式 AR 智能眼镜，相当于一个智能摄像头，可以用于新零售、工业巡检、物流分拣和警用安防，2020 年 7 月，这款眼镜在京东的报价为 7330 元。

图 10-9 悉见的 MR 地图商店和单目分体式 AR 眼镜 XMAN

（三）专注于虚拟现实的威爱教育公司

HTC 公司除了生产手机以外，另外一个重量级产品为虚拟现实设备（vive.com）。HTC 的创始人王雪红成立了贵州盛华职业学院（高职），专注于虚拟现实职业教育。后来由 HTC、慧科教育成立了威爱教育公司，专注研究虚拟现实技术在教育中的深度应用，致力于向全国高校、K12 基础教育全面提供虚拟现实教育解决方案[8]，参见图 10-10。

2017 年威爱教育、虚拟现实国家重点实验室、北航采用新机制联合开办虚拟现实研究生专业，旨在打造一个全球规模最大、品质最好的 VR 研究生专业，2017 年秋第一批 70 名研究生正式入学。

图 10-10　专注于虚拟现实教育应用的威爱教育

第三节　互动视频与视频包装

一、互动影视成为新趋势

2020 年 6 月，广电总局科技司组织召开 5G 高新视频系列白皮书专家评审会。对互动视频、VR 视频、沉浸视频、云游戏等 4 份技术白皮书进行论证评审，后续将正式对外发布。

5G 高新视频 – 互动视频是指以"非线性视频"内容为主线，在"非线性视频"内容上开展的可支持时间域互动、空间域互动、事件型互动的内容互动视频业务，该业务具有分支剧情选择、视角切换、画面互动等交互能力，能够为用户带来强参与感、强沉浸度的互动观看体验。互动视频的形式参见图 10-11。

图 10-11　互动影视剧和互动综艺

2019 年 8 月，广电总局正式立项《互联网互动视频数据格式规范》推荐性行业标准，目标是定义互联网互动视频的系统架构和数据格式，规范互联网互动视频的系统建设。2019 年 11 月，工信部正式立项《互联网超高清视频播放软件 第 2 部分：互动视频技术要求》推荐性行业标准，计划规定互动视频播放软件接口、功能构件等内容。

从《互联网互动视频数据格式规范》（征求意见稿）中摘录如下互动视频的相关术语。画面互动包括四种表现形式：文字、图片、视频、自定义。

互动视频（Interactive Video）：具有分支剧情选择、视角切换、画面互动等交互能力，能够为用户带来互动观看体验的一种视频业务。

互动视频制作平台（Interactive Video Production Platform）：为视频添加互动能力，制作互动视频内容的生产工具平台。

互动视频播放系统（Interactive Video Play System）：播放互动视频并实现互动能力的播放软硬件和播放服务的统称。

互动视频服务平台（Interactive Video Service Platform）：为互动视频提供上传、编目、审核、存储、分发、统计、分析等功能的互联网服务平台。

播放区间（Video Play Segment）：互动视频中每一个视频片段所需相关信息的集合。一个完整的互动视频包含多个视频片段。

互动节点（Interactive Node）：互动视频中，每一个交互内容信息的集合。一个互动节点内包含所在的播放区间信息，以及单个或多个互动组件。

故事线（Story Line）：由播放区间和互动节点要素组成的树状分支结构，以节点和分支的方式体现。节点代表互动过程，分支代表播放过程。

互动视频交互能力（Interactive Video Ability）：允许用户进行互动的能力类型，包括剧情选择、视角切换、画面互动等。互动视频交互能力通过互动组件进行定义和实现。

剧情选择（Story Choice）：允许用户选择进入不同剧情分支的互动能力。用户通过剧情选择可参与并影响剧情发展。

视角切换（Viewpoint Switch）：允许用户选择不同摄像机视角或角色视角进行观看的互动能力。用户通过视角切换可获得多视角的观看体验。

画面互动（Video Interaction）：允许用户在视频画面中通过互动事件实现交互和信息探索的互动。

互动视频系统架构。互动视频系统包括互动视频制作平台、互动视频服务平台、互动视频播放系统等模块，见图10-12。

互动视频除了影视专家所需要的影视开发流程外，还有技术专家所需要的视频片段的组织管理和展现涉及的技术内容。

互动视频数据格式（Interactive Video Data Format）：互动视频的互动内容和组织结构的数据类型。

互动视频脚本文件（Interactive Video Script File）：对互动视频内容、组织结构及其参数描述的脚本文件集合。

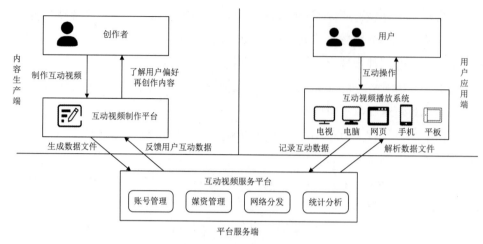

图 10-12　互动视频系统架构

互动视频制作平台通过互动视频制作工具为视频添加互动视频组件样式和参数，可编辑、预览视频互动效果，使视频具备互动能力。

互动视频服务平台通过互联网调用互动视频服务，完成互动视频的账号管理、媒资管理（上传、转码、编目、审核、发布）、网络分发、统计分析等业务。

互动视频播放系统通过播放器和互动引擎实现互动视频的播放、缓冲、渲染和交互等功能，同时采集用户的互动数据。

创作者在互动视频制作平台完成制作并传输至互动视频服务平台，平台将内容分发至播放系统，用户在播放系统上观看，同时播放系统收集用户互动数据并反馈至服务平台，供平台统计分析或指导创作者再创作。

互动视频应用场景基于时域互动、空间互动和事件互动，应用于互动影视剧、互动综艺、互动短视频和互动影像游戏等视听内容，也逐渐应用于体育竞技、在线教育、电子商务和商业广告等行业领域。

交互影视得到数字媒体艺术和影视专家学者的广泛关注，VR 电影、互动电影、互交剧成为学界研究的新方向。

王楠和廖祥忠建模了基于 VR 电影的创作与接受，提出"沉浸阈"的概念[9]。沉浸感是 VR 电影的重要特征，是 VR 电影赖以生存发展的基础。VR 电影的沉浸与交互，赋予观众完全不同于传统电影的审美空间。VR 沉浸阈模型在现阶段属于"网状""絮状"，并向成熟期的"氧状"发展。当未来"氧状"沉浸阈普及时，可能产生虚实边界混淆、观者身份不明等问题，对此需从创作角度进行考量与规避。

在新媒体时代，电影与数字游戏已经出现了明显的融合趋势。互动电影作为最有代表性的融合产物，如何描述其美学新特征，已经成为一个非常重要的问题。黄心渊和久子分析了互动电影在画面表现、叙事手法、体验方式等方面与传统电影或者游戏的异同，进而推导互动电影的特征及身份归属[10]。他们还探讨了互动电影目前面临的挑战以及未来的发展方向。可以肯定的是，随着在内容创作、美学层面的不断递进与成熟，互动电影将会集电影和游戏的优点融于一身，成为极具感染力的叙事新载体。

二、互动视频案例

在互动视频的应用发展方面，Netflix、HBO、YouTube 等国际上颇具影响力的视听网站均已布局互动视频业务，陆续推出了《黑镜》、*You vs. Wild* 等多部深受好评的互动剧，并在不断探索更多的互动形式和更佳的观看体验。

自 2017 年开始，北美最大的影视视频平台 Netflix 尝试在一些动画中添加互动选择的形式，相关互动作品有 *Puss in Book: Trapped in an Epic Tale*、*Buddy Trunder Struck: The Maybe Pile*、*Stretch Armstrong: The Breakout* 等。

2018 年 1 月，HBO 上线了首部互动剧《马赛克》，除电视、流媒体等常规播放模式外，该剧还开发了同名 App，使用户可在 App 中完成观看及互动体验，给用户带来了新颖的观看体验。

作为全球最大的视频娱乐社交平台，YouTube 在 2019 年 10 月上线了首部互动作品《Markiplier 大劫案》，该作品共包含 61 个视频片段和 31 种结局，通过交互式互动使用户获得了更为别致的观看体验。

2019 年 6 月，爱奇艺上线互动影视剧《他的微笑》。作为爱奇艺首部落地的互动影视，设置了 21 个选择节点、17 种结局，所有剧情总时长约 200 分钟，最短的故事线仅 5-10 分钟。在参与互动的用户中，人均互动 9.5 次，人均观看 3.5 个结局。此外，2019 年的综艺节目《中国新说唱》通过引入剧情选择互动功能，为用户带来了新颖的综艺内容体验。结合节目内容生产的互动视频广告，用户主动互动率为 20%，使广告总曝光次数提升约 18%。

2019 年 1 月，腾讯视频上线互动影视剧《古董局中局之佛头起源》，该剧设置了 4 个分支剧情、3 种结局，用户重复观看率达 35.5%。同年 9 月，腾讯视频上线的互动影视剧《因迈思乐园》以每集 7-10 分钟的短剧形式出现，并设置了 30 余个互动节点。截至目前，腾讯视频上映的互动影视剧、互动综艺、互动电影等不同题材类型的互动视频作品共 27 部。图 10-13 是 2020 年腾讯发布的互动剧《拳拳四重奏》的交互界面。

2019 年 1 月，芒果 TV 上线首部互动影视剧《明星大侦探之头号嫌疑人》，该剧共 6 集，单集主线时长约 25 分钟，平均每集内有 20 余个剧情线索需用户互动参与寻找。

2020 年 1 月，优酷基于综艺节目衍生出首部互动影视剧《当我醒来时》，该剧运用了互动视频中的剧情选择互动能力，共设置了 27 个互动节点、9 种结局，所有剧情总时长约 50 分钟，最短的故事线仅 6 分钟。

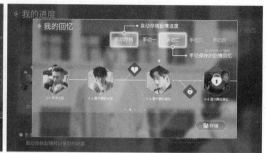

图 10-13　腾讯互动剧《拳拳四重奏》的交互界面

三、艾迪普视频图文包装

艾迪普公司主要从事计算机图形图像实时渲染、跟踪、识别、处理核心算法技术的研发，是国内数字图形实时交互、虚拟现实、传媒娱乐和视觉艺术等一体化解决方案提供者，下控全资子公司艾迪普传媒、艾迪普数码。虚实结合的视频包装案例参见图 10-14 所示，左侧扫码可以看视频包装案例，右侧是艾迪普公众号，里面有最新视频图文包装资讯。

图 10-14　艾迪普虚实结合的视频包装

艾迪普传媒以视觉艺术创意和图形图像内容研发为核心发展方向，将艺术、内容、品牌、增值服务完美融合，为客户提供品牌艺术价值工程解决方案。艾迪普数码专注虚拟现实、增强现实及全息影像、全景成像领域的软硬件应用研发，提供数字娱乐、数字体验、数字展示及主题公园创意等解决方案。

艾迪普的工具软件和产品包括：数字图形资产云平台 CG SaaS、三维图形创作工具 iArtsit、实时图形快编工具 iClip、数字媒体虚拟演播合成工具 iSet、三维交互创作工具 iTouch、中央智能显控工具 iControl。

艾迪普的服务内容包括：虚拟仿真、信息可视化、信息交互、视觉艺术、内容研发和增值服务。图 10-15 为 CGSaaS 平台，提供链接数字创意工作室和需求方的云端平台，平台提供了 300 多类，2 万多个素材包。

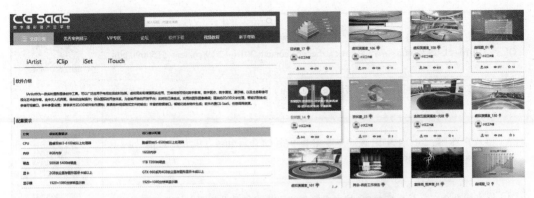

图 10-15　艾迪普 CGSaaS 及视频图文包装素材包

2019 年两会期间，艾迪普助力广东电视台全媒体两会报道。融超高分辨率大屏幕包装系统、机器人摇臂虚拟现实图文包装系统、4K 超高清智能显控技术、分会场互动技术、三维信息可视化在线包装技术、VR 直播技术、5G 现场连线等多种技术手段于一体，联动 5 个电视频道、15 档新闻栏目和触电新闻、荔枝网等新媒体端，全方位聚焦全国两会，形成全媒体报道矩阵，打出融合创新的组合拳，增强传播力、引导力、影响力、公信力。

艾迪普助力高等教育新工科建设。2019 年第二批产学合作协同育人项目艾迪普获批立项共 31 项。艾迪普依靠完全自主知识产权的核心技术，将内容资产化、艺术程序化、生产智能化、创意工具化，开创数字内容智能生产及实时交互可视化的创新模式。已与 100 余家海内外高校展开深度合作，开启个性化、智能化、多元化实验教学新模式。并将三维信息技术与课程教学相结合，构建实验教学环境，为高等院校、职业院校、中小学及其他教育机构提供虚拟仿真、全媒体交互、大数据可视化、数字创意仿真等教学工具和实验教学解决方案，助力跨学科培养全能型新人才。

小结

2020 年 4 月 28 日，国家网信办发布第 45 次《中国互联网络发展状况统计报告》，统计截止到 2020 年 3 月，我国网民规模 9.04 亿，网游用户规模 5.32 亿（《2019 年中国游戏产业报告》统计为 6.4 亿游戏用户），较 2018 年增长 4798 万，占网民整体的 58.9%。手游用户规模 5.29 亿，较 2018 年增长 7014 万，占手机网民的 59%，游戏用户群体之大，超出想象。本章主要介绍了游戏、虚拟现实、互动视频、基于 CG 的视频包装等数字创意行业应用概况，正如马云在 2018 年江西世界虚拟现实大会所说，这些技术必须与大数据、人工智能和 5G 结合，与实体经济结合，才能产生预估的 8 万亿市场价值。

参考文献

［1］国务院办公厅.国务院关于印发"十三五"国家战略性新兴产业发展规划的通知［A/OL］.（2016-11-29）.http：//www.gov.cn/zhengce/content/2016-12/19/content_5150090.htm.

［2］孙立军，刘跃军.中国游戏产业发展报告（2019）［M］.北京：社科科学文献出版社，2019.

［3］游戏产业网.2019年中国游戏产业报告［EB/OL］.（2019-12-20）.http：//www.cgigc.com.cn/gamedata/21649.html.

［4］国家标准全文公开系统.信息技术虚拟现实头戴式显示设备通用规范［EB/OL］.（2019-12-10）.http：//openstd.samr.gov.cn/bzgk/gb/newGbInfo?hcno=A77B1D4F872CA2F617E758457028C721.

［5］国家标准全文公开系统.信息技术虚拟现实应用软件基本要求和测试方法［EB/OL］.（2019-12-10）.http：//openstd.samr.gov.cn/bzgk/gb/newGbInfo?hcno=000542B4ADE6FE935806D267F1A918F1.

［6］孙立军，刘跃军.中国虚拟现实产业发展报告（2019）［M］.北京：社科科学文献出版社，2019.

［7］悉见公司［EB/OL］.http：//xiijan.com/.

［8］威爱教育［EB/OL］.https：//vivedu.com/.

［9］王楠，廖祥忠.建构全新审美空间：VR电影的沉浸阈分析［J］.当代电影，2017（12）：117-123.

［10］黄心渊，久子.试论互动电影的本体特征——电影与游戏的融合、碰撞与新生［J］.当代电影，2020（1）：167-171.

第十一章
大数据分析与数据可视化

大数据分析与数据可视化是大数据的技术层面，详细内容会在各门课程中学习，本章仅概要性地介绍大数据相关国家推荐标准和数据科学与大数据技术专业人才应学习和具备的知识技能。

第一节　大数据相关国家推荐标准

一、大数据技术参考模型

国家推荐标准 GB/T 35589-2017[1] 中推荐了大数据技术参考模型，参见图 11-1，扫码是标准原文，该标准的第一起草人为梅宏院士。

大数据参考架构是一种用作工具以便于对大数据内在的要求、设计结构和运行进行开放性探讨的高层概念模型。比较普遍认同的大数据参考框架一般包含系统协调者、数据提供者、大数据应用提供者、大数据框架提供者和数据消费者等 5 个逻辑功能构件。

大数据技术参考模型围绕代表大数据价值链的两个维度展开：信息价值链（水平轴）和信息技术价值链（垂直轴）。信息价值链，即表现大数据作为一种数据科学方法从数据到知识的处理过程中所实现的信息流价值。信息价值链的核心价值是通过数据收集、预处理、分析、可视化和访问等活动实现的。信息技术价值链，即表现大数据作为一种新兴的数据应用范式对信息技术产生的新需求所带来的价值。信息技术价值链的核心价值是通过为大数据应用提供存放和运行大数据的网络、基础设施、平台、应用工具以及其他信息技术服务实现的。大数据应用提供者位于两个价值链的交叉点上，大数据分析及其实现为两个价值链上的大数据利益相关者提供特定价值。

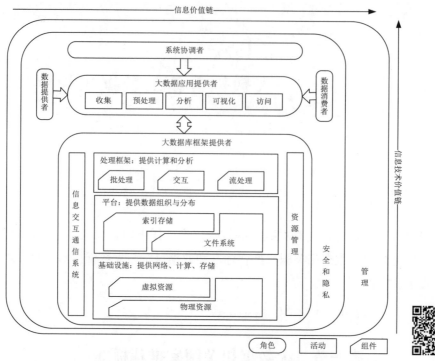

图 11-1 国标 GB/T 35589-2017 推荐的大数据技术参考模型

数据提供者。其职责是将数据和信息引入大数据系统中，供大数据系统发现、访问和转换。其具体活动包括：收集、固化数据。创建描述数据源的元数据。发布信息的可用性和访问方法。确保数据传输质量。

大数据应用提供者。其职责是通过在数据生命周期中执行的一组特定操作，来满足由系统协调者规定的要求，以及安全性、隐私性要求。包括收集、预处理、分析、可视化和访问 5 个活动。收集负责处理与数据提供者的接口和数据引入。预处理包括数据验证、清洗、标准化、格式化和存储。分析是基于数据科学家的需求或垂直应用的需求，确定处理数据的算法来产生新的分析，解决技术目标，从而实现从数据中提取知识的技术。可视化提供给最终的数据消费者处理中的数据元素和呈现分析功能的输出。访问是与可视化和分析功能交互，响应应用程序请求，通过平台框架来处理和检索数据，并响应数据消费者请求。

大数据框架提供者。其职责是为大数据应用提供者在创建具体应用时提供使用的资源和服务。包括基础设施、平台、处理框架、信息交互 / 通信和资源管理 5 个活动。

二、大数据系统基本要求

2020 年 4 月，国家推荐标准 GB/T38673-2020[2] 发布了大数据系统基本要求。该标准参考大数据参考架构逻辑功能构建，将大数据系统划分为数据收集、数据预处理、数据存储、数据处理、数据分析、数据访问、数据可视化、资源管理、系统管理 9 个模块。大数据系统框架如图 11-2 所示，扫码二维码可见标准原文。

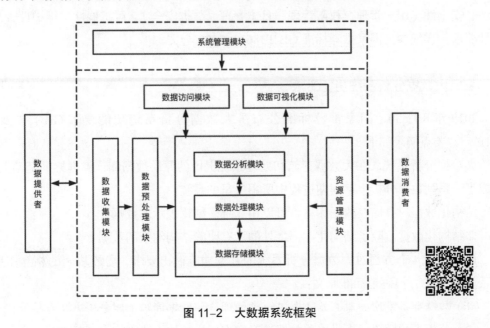

图 11-2 大数据系统框架

数据收集模块。支持结构化、非结构和半结构化数据导入；支持离线和实时数据导入；支持全量和增量数据导入；提供自动定时导入数据；开放的数据导入 API；提供图形界面实现数据导入功能。

数据预处理模块。支持结构化、非结构和半结构化数据抽取；支持对不一致数据、无效数据、缺失数据和重复数据的处理；提供结构化数据的列转换、行转换和表转换功能；支持将经过清洗和转换的数据加载到数据分析模块；宜提供清洗前后的数据对比；宜支持非结构化数据的数据转换。

数据存储模块。支持结构化、非结构和半结构化数据存储；提供与关系型数据库、其他文件系统之间交换数据或文件的功能；支持分布式文件存储；支持分布式列式数据存储；支持分布式结构化数据存储；支持分布式图数据存储。

数据处理模块。支持批处理框架；支持流处理框架；宜支持图计算框架；宜支持内存计算；宜支持批流融合计算框架；宜支持按照任务间的依赖关系自动调度任务；宜支持以有向无环图形式描述作业内多任务的依赖关系；宜提供对复杂任务的调度能力。

数据分析模块。支持数据查询；支持机器学习；支持统计分析；支持离线数据分析；支持流数据分析；宜支持交互式联机分析；宜支持可视化流程编排操作。

数据可视化模块。应支持使用常规图表展示数据，宜支持第三方数据可视化工具的 API。

此外，还包括数据访问、CPU 等资源管理、权限等系统管理模块。非功能要求包括：可靠性（高可用、数据冗余存储与分布、数据备份和恢复、故障恢复与迁移）、兼容性、安全性（用户管理、权限管理、日志管理、数据安全）、可扩展性、维护性、易用性要求，详细参见国家推荐标准 GB/T38673–2020 全文。

三、大数据分析系统功能要求

2019 年 8 月 30，国家推荐标准公布了大数据分析系统功能要求 GB/T37721–2019[3]。要点摘录如下。

大数据分析系统，在大数据存储和处理系统提供的原始数据和计算框架的基础上，集成了一系列数据分析生存周期过程中所用工具的系统。

结构化数据。存储在数据库里，可以用二维表结构表示的数据。

非结构化数据。除了结构化数据之外的没有明确结构约束的数据。

该标准从 4 个方面对大数据分析系统的基本功能做出要求，各模块间的相互作用关系如图 11-3，扫码是标准原文：

（1）数据准备模块：对原始数据进行预处理，使数据能被上层分析方法直接使用；

（2）分析支撑模块：提供建立数据模型和应用模型的算法库或者工具库；

（3）数据分析模块：提供数据分析方法或者中间件，将数据准备模块输出的数据以及数据建模过程中产生的中间数据转变成知识或者决策；

（4）流程编排模块：按照工作流对数据处理生存周期的各环节进行编排。

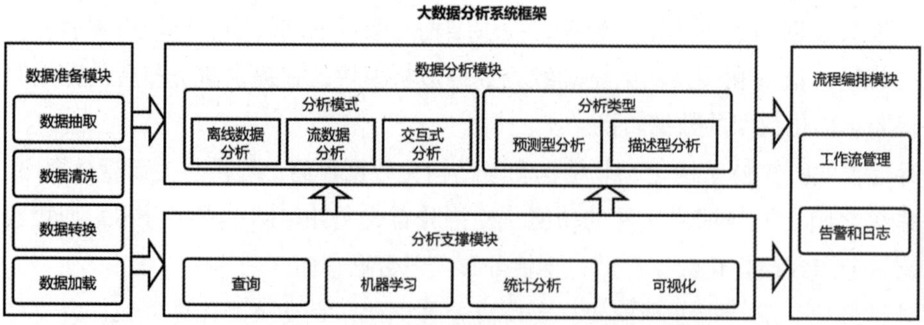

图 11-3   大数据分析系统框架

在机器学习功能方面，对支持算法的要求：宜支持回归与分类算法；宜支持聚类算法；宜支持协同过滤算法；宜支持降维算法；宜支持频繁模式挖掘算法；宜支持神经网络算法；宜提供机器学习流程的其他组件，包括特征提取、特征转换、特征选择、模型选择、交叉验证、模型调优等；宜支持 Java、Scala、Python、R 等一种或多种语言，二次开发增加新的算子。

可视化功能要求：应支持 Excel、关系型数据库等数据源或 JSON、XML、CSV 等数据格式作为输入；应支持对高纬数据的可视化展示；支持可视化分析工具库，包括柱状图、饼图、折线图、表格、散点图、雷达图、网络图、时间线、热力图、地图，可支持算法模型的评估相关的可视化工具。

这 3 个标准的发布时间先后不同，从高层的概念到具体的细节，逐层深化，为建设大数据系统提供了参考模型。

第二节 大数据人才能力框架

一、程序设计语言排行榜

大数据专业 70% 的课是计算机专业课程，一个主要的培养目标是软件开发之上的大数据分析挖掘及可视化应用，软件技术主要是程序设计语言和数据库技术。软件质量公司 Tiobe（tiobe.com）发布了最新一期 2020 年 6 月份的编程设计语言流行榜单[4]，其根据互联网上有经验的程序员、课程和第三方厂商的数量，并使用搜索引擎（如 Google、Bing、Yahoo）以及 Wikipedia、Amazon、YouTube 统计出排名数据。TOP5 近年几乎变化不大，C 语言、Java、Python 占据前三名，榜单见图 11-4 所示，扫码可看原文。Python 是大数据分析和人工智能时代最受欢迎的语言，被称为胶水代码，也有"人生苦短，我用 Python"的网络流行语，丰富的第三方 API 使得 Python 开发非常容易，被评为 2018 年度编程语言。

在数据科学与大数据技术专业中，基本上都会讲授或以各种形式使用 C、C++、Java、Python 和 JavaScript 等语言。特别是 Python 和 JavaScript 语言，学生几乎不用听任何人讲授，通过看文档也可以学会。

程序设计语言对程序员来说就像是战士手里的枪。2020 年教育部专业目录中，计算机大类下的 17 个本科专业（参见第 12 章表 12-1），都属于工科，这些专业强调通过实验实践理解原理，特别强调动手操作，而程序、算法、软件实际都是实验和实践。

图 11-5 是近 10 几年来程序设计语言流行榜单的变化趋势[4]，扫码可看原文。可以看出 2020 年，C 语言的流行度超过了 Java，成为第一，而 Python 从 2018 年以来一直处于上升趋势，目前位列第三。

Jul 2020	Jul 2019	Change	Programming Language	Ratings	Change
1	2	^	C	16.45%	+2.24%
2	1	v	Java	15.10%	+0.04%
3	3		Python	9.09%	-0.17%
4	4		C++	6.21%	-0.49%
5	5		C#	5.25%	+0.88%
6	6		Visual Basic	5.23%	+1.03%
7	7		JavaScript	2.48%	+0.18%
8	20	⌃	R	2.41%	+1.57%
9	8	v	PHP	1.90%	-0.27%
10	13	^	Swift	1.43%	+0.31%
11	9	v	SQL	1.40%	-0.58%
12	16	⌃	Go	1.21%	+0.19%
13	12	v	Assembly language	0.94%	-0.45%
14	19	⌃	Perl	0.87%	-0.04%
15	14	v	MATLAB	0.84%	-0.24%
16	11	⌄	Ruby	0.81%	-0.83%
17	30	⌃	Scratch	0.72%	+0.35%
18	33	⌃	Rust	0.70%	+0.36%
19	23	⌃	PL/SQL	0.68%	-0.01%
20	17	v	Classic Visual Basic	0.66%	-0.35%

图 11-4　2020 年 6 月程序设计语言流行趋势排行榜

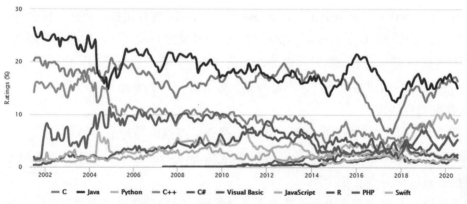

图 11-5　2002-2020 程序设计语言流行趋势图

二、数据库排行榜

大数据分析的重要数据来源之一是数据库中的数据。流行的数据库产品包括：Oracle、MySQL、SQLServer、DB2 等关系型数据库，此外还包括非关系型数据库如文档数据库 MongoDB、图数据库 Neo4J 等。DBEngines（db-engines.com）2020 年 6 月发布的数据库排行榜共 337 种数据库引擎[5]，图 11-6 列出了 Top25，扫码可看原文，

Oracle 列第一，开源的 MySQL 列第二位，微软的 SQL Server 列第三。

	Rank		DBMS	Database Model	Score		
Jul 2020	Jun 2020	Jul 2019			Jul 2020	Jun 2020	Jul 2019
1.	1.	1.	Oracle	Relational, Multi-model	1340.26	-3.33	+19.00
2.	2.	2.	MySQL	Relational, Multi-model	1268.51	-9.38	+38.99
3.	3.	3.	Microsoft SQL Server	Relational, Multi-model	1059.72	-7.59	-31.11
4.	4.	4.	PostgreSQL	Relational, Multi-model	527.00	+4.02	+43.73
5.	5.	5.	MongoDB	Document, Multi-model	443.48	+6.40	+33.55
6.	6.	6.	IBM Db2	Relational, Multi-model	163.17	+1.36	-10.97
7.	7.	7.	Elasticsearch	Search engine, Multi-model	151.59	+1.90	+2.77
8.	8.	8.	Redis	Key-value, Multi-model	150.05	+4.40	+5.78
9.	9.	↑11.	SQLite	Relational	127.45	+2.64	+2.82
10.	10.	10.	Cassandra	Wide column	121.09	+2.08	-5.91
11.	11.	↓9.	Microsoft Access	Relational	116.54	-0.64	-20.77
12.	12.	↑13.	MariaDB	Relational, Multi-model	91.13	+1.34	+6.69
13.	13.	↓12.	Splunk	Search engine	88.27	+0.19	+2.78
14.	14.	14.	Hive	Relational	76.42	-2.23	-4.45
15.	15.	15.	Teradata	Relational, Multi-model	75.97	+2.69	-1.85
16.	16.	↑20.	Amazon DynamoDB	Multi-model	64.58	-0.29	+8.17
17.	17.	↑19.	SAP Adaptive Server	Relational	53.87	+0.78	-2.78
18.	↑23.	↑25.	Microsoft Azure SQL Database	Relational, Multi-model	52.63	+4.84	+23.97
19.	↓18.	↓16.	Solr	Search engine	51.64	+0.38	-8.00
20.	↓19.	↑21.	SAP HANA	Relational, Multi-model	51.34	+0.52	-4.21
21.	↓20.	↓17.	FileMaker	Relational	49.45	-0.71	-4.85
22.	22.	22.	Neo4j	Graph	48.92	+0.65	-0.05
23.	↓21.	↓18.	HBase	Wide column	48.66	-0.07	-8.88
24.	24.	24.	Microsoft Azure Cosmos DB	Multi-model	30.40	-0.40	+1.32
25.	↑26.	↑28.	Google BigQuery	Relational	29.65	+1.36	+5.73

图 11-6　2020 年 6 月数据库流行趋势排行榜

阿里自主研发的数据库引擎为 OceanBase（OB）。OB 是阿里巴巴集团研发的数据库软件，用于淘宝网和诸多阿里集团的云服务、部分政府机构、银行，擅长于海量资料处理，目前速度全球排名第一。

2019 年 10 月在视为数据库界的国际圣杯 TPC-C 测试中，OceanBase 以每分钟存取 6000 多万条信息的速度，击败蝉联九年冠军的美国甲骨文数据库 Oracle 拿下冠军，超越甲骨文的 3000 多万条效能近一倍。

淘宝网早期与众多公司一样采用甲骨文数据库，但公司发展迅速，每日交易量也逐渐迈向天量，甲骨文的授权费和设备费昂贵，马云决定研发自主数据库。2009 年淘宝宣布要放弃使用甲骨文数据库，2010 开始自研数据库架构。研发至 2016 年"双 11"前夕，OB 全面取代了 Oracle。在双 11 凌晨平稳支撑 12 万笔 / 秒交易峰值，证明其实用性达成。2017 年起 OceanBase 数据库开始对外如银行、保险等金融机构进行销售。OceanBase 的另一特性是几乎不必采用专用硬件。2019 年天猫双 11 再次刷新世界纪录，订单创新峰值达到 54.4 万笔 / 秒，单日数据处理量达到 970PB，阿里巴巴核心系统 100% 上云，撑住了双 11 的世界级流量洪峰。

在设计和实现上，OceanBase 暂时摒弃了不紧急的 DBMS 的功能，例如临时表、视图，OceanBase 的研发团队把有限的资源集中到关键点上，主要解决数据更新一致性、高性能的跨表读事务、范围查询、join、数据全量及增量 dump、批量数据导入等。

三、程序员进阶之路

　　计算机相关本科专业，包括计算机科学与技术、软件工程、数据科学与大数据技术、网络空间安全、人工智能等本科生，大学期间建议学生要熟练掌握 3 种以上的语言，包括 Java、C/C++、Python、JavaScript，熟练操作三种以上的数据库，特别是最易用的数据库 MySQL 要熟练掌握。

　　从程序员、项目经理到技术总监的进阶之路。如果你的目标是互联网大厂，那么从大一开始以后 10 年之内你能达到什么样的水平？图 11-7 大致展示了从程序员到项目经理到技术总监的成长和跨越。从本科、硕士到博士对知识技能的掌控能力是逐步加强和深化的，图中用色彩的深度表示。

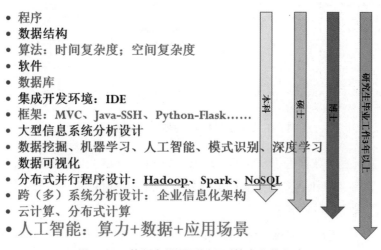

- 程序
- **数据结构**
- 算法：时间复杂度；空间复杂度
- **软件**
- 数据库
- **集成开发环境：IDE**
- 框架：**MVC、Java-SSH、Python-Flask……**
- 大型信息系统分析设计
- 数据挖掘、机器学习、人工智能、模式识别、深度学习
- **数据可视化**
- 分布式并行程序设计：**Hadoop、Spark、NoSQL**
- 跨（多）系统分析设计：企业信息化架构
- 云计算、分布式计算
- 人工智能：算力+数据+应用场景

本科　硕士　博士　研究生毕业工作3年以上

图 11-7　从程序员项目经理到技术总监之路

　　学了语言先会写程序、学了数据结构和算法设计分析，考虑程序的时间和空间复杂度，可提高代码质量。开发软件一定要用数据库，即数据存在数据库里，开发大型的系统一定要用框架，如 J2EE 的 Spring 框架，Python 的 Flask Web 框架等，以及前端的框架 Vue、React 等。在智能的背景下，数据挖掘、机器学习、人工智能和模式识别的课程内容有重复的地方，但也各有侧重。计算机相关专业的数据可视化实际是软件开发中的数据可视化。如果处理大规模的海量数据，需要并行分布式程序设计，会用到 Hadoop 和 Spark 技术。在面向企业架构的多系统数据交互上，需要企业信息化架构方法论。

四、程序设计语言图谱

程序设计语言图谱见图 11-8，网站（exploring-data.com/vis/programming-languages-influence-network/）提供 1183 种程序设计语言的影响关系，可以在线查询。实际上计算机的程序设计语言有很强的师承关系，比如 Java 借鉴了一些 C++ 的语法，而 JavaScript 借鉴了 Java 的语法。Python 与 MATLAB、R 语言的语法和易用性接近。

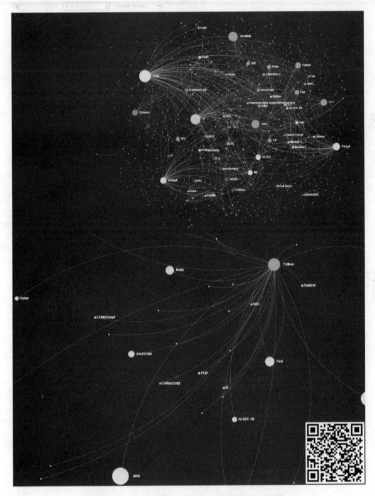

图 11-8　程序设计语言影响关系图谱

图 11-9 是 StuQ 开源组织绘制的程序设计语言综述思维导图，即把主流的常用语言特点以树形结构列出来，描绘一个程序开发语言的概貌。在范式里的结构化语言里面向对象包括了常用的 Java、C++ 和 Python。脚本语言包括常见的 JSP、PHP、ASP、Python 等。在科学与统计计算中包括 R、Matlab 等。

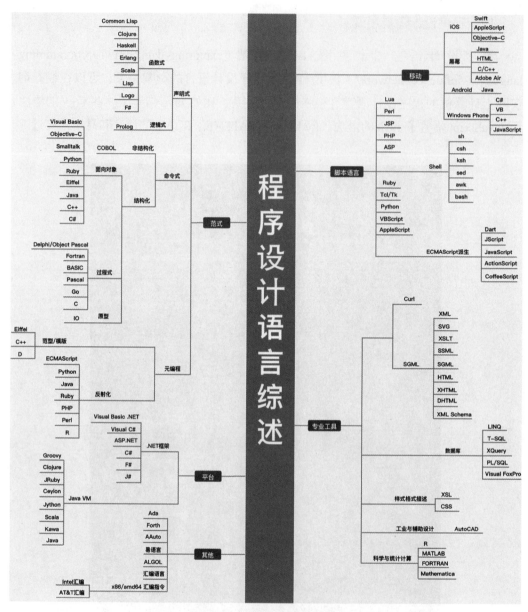

图 11-9　程序设计语言综述

五、前端工程师技能图谱

一个前端工程师必备的技能包括 HTML、CSS、JavaScript（ES6+）、SVG、BootStrap、JQuery、D3、Vue、React 以及相关的自动化工具等。前端工程师的必备技能参见图 11-10 所示，参考了 StuQ 的前端语言图谱，增加了近年的若干新的前端框架，仅供参考。

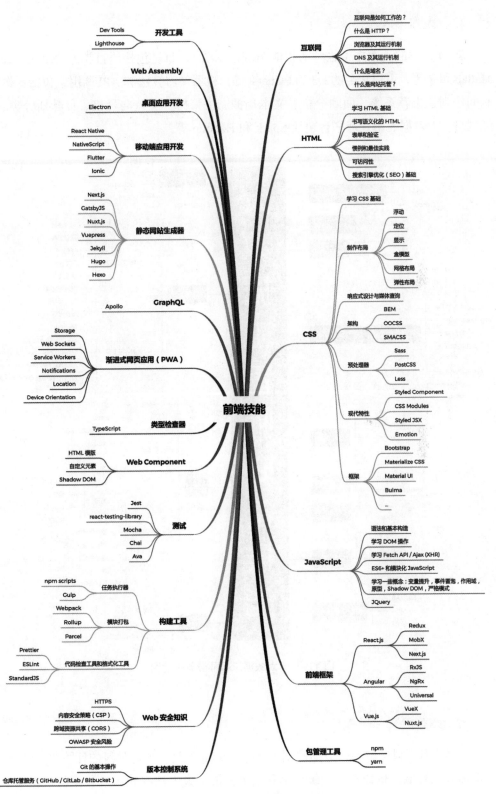

图 11-10　前端工程师必备技能

六、大数据人才技能图谱

StuQ 推荐的大数据工程师的技能图谱，见图 11-11，包括语言类的 Python、Java、Matlab 和 R 等，可视化类的 D3 和 ECharst 等。机器学习算法和 API 调用，包括：聚类、时间序列、推荐系统、回归分析、文本挖掘、决策树、支持向量机、贝叶斯分类、神经网络。大数据通用处理平台包括 Spark 和 Hadoop 等。

图 11-11   大数据工程师必备技能图

七、数据分析与挖掘

按照维基百科的解释，数据挖掘（Data Mining）是一个跨学科的计算机科学分支。它是用人工智能、机器学习、统计学和数据库的交叉方法在相对较大型的数据集中发现模式的计算过程[6]。

数据挖掘过程的总体目标是从一个数据集中提取信息，并将其转换成可理解的结构，以进一步使用。除了原始分析步骤外，它还涉及数据库和数据管理方面、数据预处理、模型与推断方面考量、兴趣度度量、复杂度的考虑，以及发现结构、可视化及在线更新等后处理。数据挖掘是"数据库知识发现"（Knowledge–Discovery in Databases，KDD）的分析步骤，本质上属于机器学习的范畴。

数据挖掘的方法包括监督式学习、非监督式学习、半监督学习、增强学习。监督式学习包括分类、估计、预测。非监督式学习包括聚类，关联规则分析。

2019 年中国计算机大会 CNCC 邀请了相关专家做报告，大会主题为大数据挖掘的新视角："Broad Learning"，见图 11–12 左图，右图是数据库与大数据科学家樊文飞院士（2019 年 11 月当选为中国科学院外籍院士）报告 "Making Big Data Small"，见图 11–12 右图，扫码可看两个视频报告。

图 11–12　CNCC2019 专家报告大数据挖掘

八、大数据和人工智能首选语言 Python

Python 是一种广泛使用的解释型、高级编程、通用型编程语言，由吉多·范罗苏姆创造，第一版发布于 1991 年。Python 是 ABC 语言的后继者，也可以视之为一种使用传统中缀表达式的 LISP 方言[6]。Python 的设计哲学强调代码的可读性和简洁的语法（尤其是使用空格缩进划分代码块，而非使用大括号或者关键词）。相比于 C++ 或 Java，Python 让开发者能够用更少的代码表达想法。不管是小型还是大型程序，该语言都试图让程序的结构清晰明了。

与 Scheme、Ruby、Perl 等动态类型编程语言一样，Python 拥有动态类型系统和垃圾回收功能，能够自动管理内存使用，并且支持多种编程范式，包括面向对象、命令式、函数式和过程式编程，其本身拥有一个巨大而广泛的标准库。

Python 已经成为数据科学和人工智能领域的主流语言。生态丰富功能强大的第三方 API，使用户只使用 Python 就能构建以数据为中心涵盖智能处理的应用程序。另外，Python 中可以使用其他多种语言环境的 API，集众所长。Python 的生态库参见图 11–13。

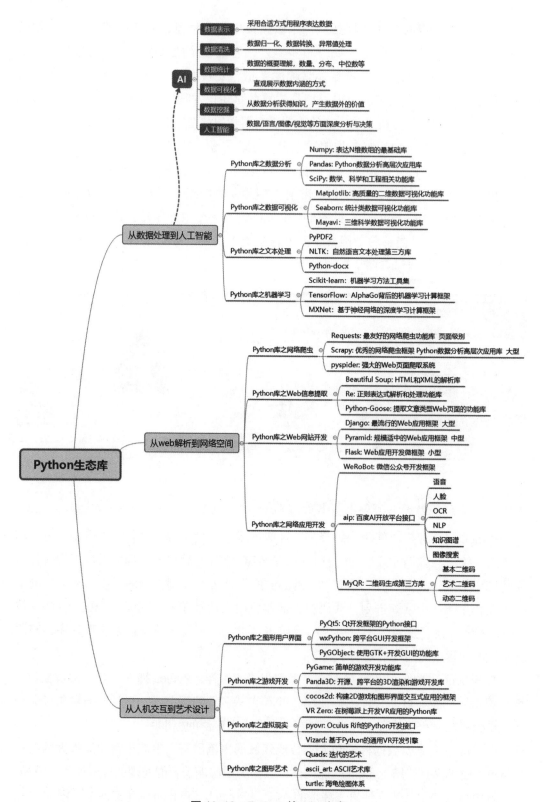

图 11-13　Python 的 API 生态

（一）数据处理与科学计算

Matplotlib：用 Python 实现的类 Matlab 的第三方库，用以绘制一些高质量的数学二维图形。

Pandas：用于数据分析、数据建模、数据可视化的第三方库。

SciPy：基于 Python 旨在实现 Matlab 的科学计算功能的第三方库。

NumPy：基于 Python 的科学计算第三方库，提供了矩阵，线性代数，傅立叶变换等计算功能。

Requests：HTTP 库，封装了许多繁琐的 HTTP 功能，极大地简化了 HTTP 请求所需要的代码量。

BeautifulSoup：基于 Python 的 HTML/XML 解析器，简单易用。

Requests 和 BeautifulSoup 结合可以实现绝大部分基于爬虫的数据采集。

（二）Web 开发框架

Django：开源 Web 开发框架，它鼓励快速开发，并遵循 MVC 设计，开发周期短。

Flask：轻量级的 Web 框架。

在 Web 开发中，大多数情况下要使用到对象关系映射。SQLAlchemy，是关系型数据库的对象关系映射（ORM）的 Python API。

基于 Python 开发的著名的 Web 应用，包括：视频社交网站 YouTube、社交分享网站 Reddit、文件分享服务 Dropbox、豆瓣网（图书、唱片、电影等文化产品的资料数据库网站）。

本书第六章影视大数据中作者团队开发的如艺剧本系统也是基于 Python、Flask、MySQL、Neo4J 开发的云端 SaaS 应用。

（三）图像处理计算机视觉等

图像处理类：PIL，基于 Python 的图像处理库，功能强大，对图形文件的格式支持广泛。目前已无维护，另一个第三方库 Pillow 实现了对 PIL 库的支持和维护。Scikit-learn，机器学习第三方库，实现许多知名的机器学习算法。

PyGame：基于 Python 的多媒体开发和游戏软件开发模块。

OpenCV-Python：是一个跨平台的计算机视觉库，由英特尔公司发起并参与开发，以 BSD 许可证授权发行，可以在商业和研究领域中免费使用。OpenCV 基于 C++ 实现，可用于开发实时的图像处理、计算机视觉以及模式识别程序。OpenCV-Python 是 OpenCV 的 Python 接口，底层调用的 C++ 实现。OpenCV 可用于解决很多智能问题，如增强现实、人脸识别、手势识别、人机交互、动作识别、运动跟踪、物体识别、图像分割、机器人等。

Dlib-Python：Dlib 是基于 OpenCV 的一个机器学习和深度学习库，提供了 Python 接口。

Py2exe：将 Python 脚本转换为 Windows 上可以独立运行的可执行程序。

（三）深度学习类

TensorFlow：Google 开发维护的开源机器学习和深度学习库。

Keras：基于 TensorFlow，Theano 与 CNTK 的高端神经网络 API。

PyTorch：PyTorch 是一个开源的 Python 机器学习和深度学习库，基于 Torch，底层由 C++ 实现，应用于人工智能领域，如自然语言处理。最初由 Facebook 的人工智能研究团队开发，并且被用于 Uber 的概率编程软件 Pyro。PyTorch 主要有两大特征，类似于 NumPy 的张量计算，可使用 GPU 加速；基于带自动微分系统的深度神经网络。

从以上看出，Python 的第三方库和接口丰富，生态比较成熟，成为数据分析和人工智能的最为易用的语言，是入门学习数据科学和人工智能的首选语言。

第三节　数据可视化

一、数据可视化是大数据技术体系的重要组成

中国计算机学会 CCF 大数据专委会首次发布《中国大数据技术与产业发展报告（2013）》，提出大数据的技术体系通常分为大数据采集与预处理、大数据存储与管理、大数据计算模式与系统、大数据分析与挖掘、大数据可视化计算，以及大数据隐私与安全等方面。2016 年 12 月该专委会发布的《2017 年大数据发展趋势预测》中的趋势十：可视化技术和工具提升大数据分析工具的易用性，并指出可视化连续多年成为十大发展趋势预测的选项，2016 年曾占据榜首，2017 年投票关注度有所下降，但还是占据了十大趋势的最后一席。2017 年 12 月发布的《2018 年大数据发展趋势预测》中的第十项基于知识图谱的大数据应用成为热门应用场景，此项与数据可视化中力导向图布局密切相关。可见数据可视化是大数据技术体系的重要模块之一，在大数据分析挖掘中占有举足轻重的地位，可视化使晦涩的数据成为一种人人易懂的显学。

数据的采集、提取和理解是人类感知和认识世界的基本途径之一，数据可视化为人类洞察数据的内涵、理解数据蕴含的规律提供了重要手段。从宏观角度看，可视化包括三个功能：信息记录、支持对信息的推理和分析、信息传播和协同。从奇数和的

可视化、勾股定理的图形化证明到著名的"鬼图"曾帮助发现霍乱流行原因、蛋白质折叠游戏、大国高层政治人物社交网络和揭示批量文本主题的词云图等大量实例表明，可视化在知识发现、分析、理解和传播中扮演着重要作用。

二、数据可视化概况

可视化的全称"科学计算可视化"（Visualization in Scientific Computing，ViSC）是 1987 年美国国家科学基金会的"科学计算可视化研讨会"报告中正式提出的概念。在大数据浪潮下，海量数据的分析、挖掘、传播和理解成为信息技术发展的巨大挑战。可视化在大数据挖掘中的作用体现在多个方面，如揭示想法和关系、形成论点或意见、观察事物演化的趋势、总结或积聚数据、存档和汇整、寻求真相和真理、传播知识和探索性数据分析等。

可视化是认知的过程，即形成某个物体的感知图像，强化认知理解，其终极目的是对事物规律的洞悉。人脑 50% 的信息通过视觉感知。人眼是一个高带宽的巨量视觉信号输入并行处理器，最高带宽为每秒 100MB，具有很强的模式识别能力。因此，领域学者将可视化简明地定义为"通过可视表达增强人们完成某种任务的效率"，这种任务包含：发现、决策、解释、分析、探索和学习[7]。

信息科学领域面临的一个巨大挑战是数据爆炸。在信息管理、信息系统和知识管理学科中，最基本的模型是"数据、信息、知识、智慧（Data，Information，Knowledge，Wisdom，DIKW）"的诺兰模型。从数据到智慧，可视化在每一递进转化中都起着重要的作用。

可视化经历了传统的直方图、饼图、雷达图、箱图，发展到玫瑰图、关系图、词云图、力导向、和弦图等多种方式，新的可视化算法、形式和工具仍不断出现。现实世界复杂系统的复杂性根源是多维度和多粒度的关联性。另外，概率、密度和频率构成纵深复杂性，这些概念也是统计学认识世界的重要方法，基于词频的词云图开创了文本数据可视化新局面，提供了海量文本的探索性数据分析方法。然而以表达关系的力导向图和表达频次特征的词云图为代表的较复杂的可视化算法在实际的 Web 软件开发中有广泛需求，这些算法都有可用的 API，并且基于最简单的 HTML、CSS、JavaScript、SVG。

数据新闻专家沈浩认为，数据可视化是一种数据分析、叙事手段和批判思维。在有内容表达的前提下，数据可视化的形式大于内容。从学术角度看，D3.js 中比较有算法特点的可视化图是力导向和词云图，用途也非常广泛。力导向有效表达了关系和联系，在社交网络、知识图谱中广泛应用。词云图更是成为大数据的一个可视化代名词。

通用型的可视化工具包括：D3.js、Tableau、Processing、ECharts 等。在软件开发

中 D3 和 ECharts 使用比较广泛。

各大公司都提出了自己的可视化组件或产品，如 IBM 的 ManyEyes、微软的 PowerBI、百度的 ECharts、东软的图表秀等。应该说大数据经过了 2013 元年以来的发展，可视化技术已经趋于成熟。

三、D3.js

D3.js 是一个基于数据操作文档的 JavaScript 库，主要用于各种图表的输出，支持 SVG 和 Canvas 图形生成。D3 屏蔽了浏览器差异，图案效果炫目，代码简洁。D3 的全称是（Data-Driven Documents），顾名思义是一个被数据驱动的 DOM 文档[8]，见图 11-14。

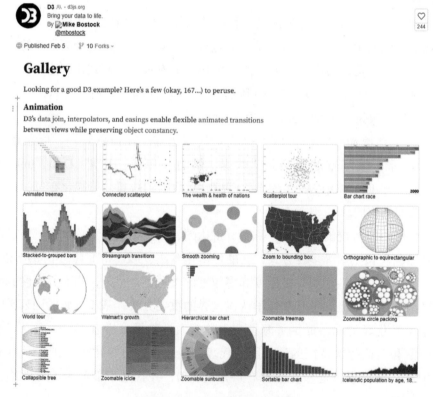

图 11-14　D3 的可视化实例

D3 是一个开源项目，作者是纽约时报的工程师 Mike Bostock，代码托管于 GitHub，D3 目前是全球最受欢迎的可视化 API。

D3 提供了各种简单易用的函数，大大简化了 JavaScript 操作数据的难度。它能大大减小开发者的工作量，尤其是在数据可视化方面，D3 已经将生成可视化的复杂步骤精简到了几个简单的函数。

D3 是 JavaScript 的数据可视化 API，不是一种单独的语言，但是 D3 的开发者封装的技巧非常强，看上去它像似独立的语言，但实际上 D3 数据可视化有三大坑，即难点，包括：批量数据绑定、匿名函数的大量使用、布局和绘制分开。D3 的数据可视化门槛会显得稍高，如果读者对 D3 可视化感兴趣，可以参考作者的另一本教材《数据可视化原理与实例》[9]，配套的慕课视频可以在 https://www.icourse163.org/course/CUC-1206407806?tid=1459385443 访问（可以扫描图 11-15 的二维码）。中国大学慕课平台上也有浙江大学陈为老师的《可视化导论》，非常值得学习。陈为老师这个课讲的是可视化的"道"，而本书作者讲的是基于 D3 的各种数据可视化的实现，算是"术"，同时课程提供了 Python Flask 软件开发中的数据可视化实现。

D3 可视化给程序员留出了非常大的发挥空间，如果想创造实现一些新颖的数据可视化算法，那么 D3 无疑是非常好的选择。

图 11-15 是用 D3 实现的对 CCTV 财经频道节目单的可视化结果，仪表盘传达了比表格数据更直观的时间信息。

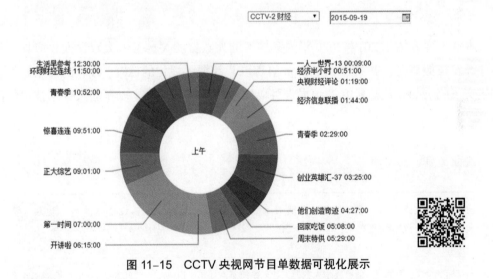

图 11-15　CCTV 央视网节目单数据可视化展示

四、ECharts 数据可视化

ECharts 是百度开源的一款纯 JavaScript 软件，支持多种浏览器。ECharts 提供了丰富的 API 接口以及文档，通过合理设置并结合后台传送的 JSON 数据，即可展示所需的数据主题[10]。与其他开源的数据可视化工具相比，ECharts 主要有以下优势：导入简单，配置方便，提供了丰富的图形展示控制手段，通过 option 设定即可控制数据展示形式、值域以及其他控制细节。图表支持千万级数据的渲染，提供了较好的性能体验。同时，在 ECharts 官网中提供了众多示例供参考，见图 11-16。

图 11-16　百度 ECharts 官网数据可视化图例

小结

　　本章主要介绍了 2017–2020 年国家推荐的大数据相关标准、大数据人才应具备的程序开发技能概况，并概述了 Python 语言以及数据可视化的 API。推荐的俞士纶教授和樊文飞院士的大数据研究视频报告可以选学，建议看一看，以领略大数据技术的前沿概况。

参考文献

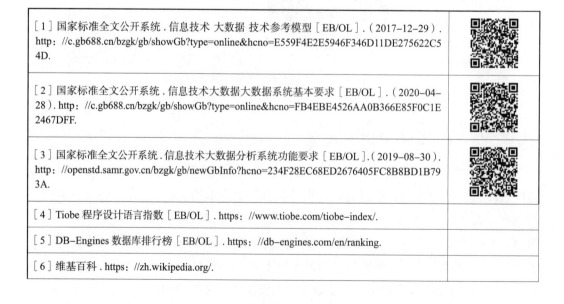

［1］国家标准全文公开系统 . 信息技术 大数据 技术参考模型［EB/OL］.（2017–12–29）. http：//c.gb688.cn/bzgk/gb/showGb?type=online&hcno=E559F4E2E5946F346D11DE275622C54D.

［2］国家标准全文公开系统 . 信息技术大数据大数据系统基本要求［EB/OL］.（2020–04–28）. http：//c.gb688.cn/bzgk/gb/showGb?type=online&hcno=FB4EBE4526AA0B366E85F0C1E2467DFF.

［3］国家标准全文公开系统 . 信息技术大数据分析系统功能要求［EB/OL］.（2019–08–30）. http：//openstd.samr.gov.cn/bzgk/gb/newGbInfo?hcno=234F28EC68ED2676405FC8B8BD1B793A.

［4］Tiobe 程序设计语言指数［EB/OL］. https：//www.tiobe.com/tiobe–index/.

［5］DB–Engines 数据库排行榜［EB/OL］. https：//db–engines.com/en/ranking.

［6］维基百科 . https：//zh.wikipedia.org/.

续表

［7］陈为，沈则潜，陶煜波，数据可视化［M］，北京：电子工业出版社，2012.	
［8］D3 官网［EB/OL］. https：//d3js.org/.	
［9］李春芳，石民勇，数据可视化原理与实例［M］.北京：中国传媒大学出版社，2018.	
［10］Echarts 官网［EB/OL］. https：//echarts.apache.org/zh/index.html.	

第十二章
网络空间安全与大数据

习总书记论断：没有网络安全，就没有国家安全。本章概述了网络安全法、关键信息基础设施保护条例和网络安全等级保护 2.0 标准，以及网络安全专家对法规和标准的解读。本章引用了三位网络安全院士的观点，以期较为宏观地阐述我国网络空间安全和大数据隐私保护的概况。

第一节　网络安全法

一、《中华人民共和国网络安全法》概述

2016 年 11 月 7 日第十二届全国人大常委会第二十四次会议通过《中华人民共和国网络安全法》，2017 年 6 月 1 日开始实施。参见图 12-1，扫码学习全文。

网络安全不仅关乎国家的安全发展，也与每个人的利益息息相关。作为我国网络安全领域的基础性法律，《中华人民共和国网络安全法》明确了我国网络空间主权的原则，以及国家有关信息主管部门、网络运营者及网络使用者的义务责任。进一步界定了关键信息基础设施范围，对攻击破坏我国关键信息基础设施的境外组织和个人，规定了相应的惩治措施。个人信息泄露问题已成为社会公害，对此《中华人民共和国网络安全法》规定，网络产品、服务具有收集用户信息功能的，提供者应向用户明示并取得同意，网络运营者不得泄露、篡改、毁损其收集的个人信息，任何个人和组织不得窃取或者以其他非法方式获取、非法出售个人信息，不得利用网络发布涉及实施诈骗及其他违法犯罪活动的信息。

《中华人民共和国网络安全法》一共包括 7 章，共 79 条[1]。第一章总则、第二章网络安全支持与促进、第三章网络运行安全、第四章网络信息安全、第五章监测预警与应急处置、第六章法律责任、第七章附则。以下摘录与技术相关的重要条款，网络

安全法的全文请参考中国中央人民政府网站。

图 12-1　《中华人民共和国网络安全法》全文

二、第一章总则

第一条：为了保障网络安全，维护网络空间主权和国家安全、社会公共利益，保护公民、法人和其他组织的合法权益，促进经济社会信息化健康发展，制定本法。

第二条：在中华人民共和国境内建设、运营、维护和使用网络，以及网络安全的监督管理，适用本法。

第三条：国家坚持网络安全与信息化发展并重，遵循积极利用、科学发展、依法管理、确保安全的方针，推进网络基础设施建设和互联互通，鼓励网络技术创新和应用，支持培养网络安全人才，建立健全网络安全保障体系，提高网络安全保护能力。

第五条：国家采取措施，监测、防御、处置来源于中华人民共和国境内外的网络安全风险和威胁，保护关键信息基础设施免受攻击、侵入、干扰和破坏，依法惩治网络违法犯罪活动，维护网络空间安全和秩序。

第九条：网络运营者开展经营和服务活动，必须遵守法律、行政法规，尊重社会公德，遵守商业道德，诚实信用，履行网络安全保护义务，接受政府和社会的监督，承担社会责任。

第十条：建设、运营网络或者通过网络提供服务，应当依照法律、行政法规的规定和国家标准的强制性要求，采取技术措施和其他必要措施，保障网络安全、稳定运行，有效应对网络安全事件，防范网络违法犯罪活动，维护网络数据的完整性、保密性和可用性。

第十二条：国家保护公民、法人和其他组织依法使用网络的权利，促进网络接入普及，提升网络服务水平，为社会提供安全、便利的网络服务，保障网络信息依法有序自由流动。

任何个人和组织使用网络应当遵守宪法法律，遵守公共秩序，尊重社会公德，不得危害网络安全，不得利用网络从事危害国家安全、荣誉和利益，煽动颠覆国家政权、推翻社会主义制度，煽动分裂国家、破坏国家统一，宣扬恐怖主义、极端主义，宣扬民族仇恨、民族歧视，传播暴力、淫秽色情信息，编造、传播虚假信息扰乱经济秩序和社会秩序，以及侵害他人名誉、隐私、知识产权和其他合法权益等活动。

三、第二章网络安全支持与促进

第十七条：国家推进网络安全社会化服务体系建设，鼓励有关企业、机构开展网络安全认证、检测和风险评估等安全服务。

第十九条：各级人民政府及其有关部门应当组织开展经常性的网络安全宣传教育，并指导、督促有关单位做好网络安全宣传教育工作。大众传播媒介应当有针对性地面向社会进行网络安全宣传教育。

第二十条：国家支持企业和高等学校、职业学校等教育培训机构开展网络安全相关教育与培训，采取多种方式培养网络安全人才，促进网络安全人才交流。

四、第三章网络运行安全

第二十一条：国家实行网络安全等级保护制度。网络运营者应当按照网络安全等级保护制度的要求，履行下列安全保护义务，保障网络免受干扰、破坏或者未经授权的访问，防止网络数据泄露或者被窃取、篡改：（1）制定内部安全管理制度和操作规程，确定网络安全负责人，落实网络安全保护责任；（2）采取防范计算机病毒和网络攻击、网络侵入等危害网络安全行为的技术措施；（3）采取监测、记录网络运行状态、网络安全事件的技术措施，并按照规定留存相关的网络日志不少于六个月；（4）采取数据分类、重要数据备份和加密等措施；（5）法律、行政法规规定的其他义务。

第二十二条：网络产品、服务应当符合相关国家标准的强制性要求。网络产品、服务的提供者不得设置恶意程序；发现其网络产品、服务存在安全缺陷、漏洞等风险时，应当立即采取补救措施，按照规定及时告知用户并向有关主管部门报告。

网络产品、服务的提供者应当为其产品、服务持续提供安全维护；在规定或者当事人约定的期限内，不得终止提供安全维护。

网络产品、服务具有收集用户信息功能的，其提供者应当向用户明示并取得同意；涉及用户个人信息的，还应当遵守本法和有关法律、行政法规关于个人信息保护的规定。

第二十三条：网络关键设备和网络安全专用产品应当按照相关国家标准的强制性要求，由具备资格的机构安全认证合格或者安全检测符合要求后，方可销售或者提供。国家网信部门会同国务院有关部门制定、公布网络关键设备和网络安全专用产品目录，并推动安全认证和安全检测结果互认，避免重复认证、检测。

第二十四条：网络运营者为用户办理网络接入、域名注册服务，办理固定电话、移动电话等入网手续，或者为用户提供信息发布、即时通信等服务，在与用户签订协议或者确认提供服务时，应当要求用户提供真实身份信息。用户不提供真实身份信息的，网络运营者不得为其提供相关服务。

国家实施网络可信身份战略，支持研究开发安全、方便的电子身份认证技术，推动不同电子身份认证之间的互认。

第二十五条：网络运营者应当制定网络安全事件应急预案，及时处置系统漏洞、计算机病毒、网络攻击、网络侵入等安全风险；在发生危害网络安全的事件时，立即启动应急预案，采取相应的补救措施，并按照规定向有关主管部门报告。

第二十六条：开展网络安全认证、检测、风险评估等活动，向社会发布系统漏洞、计算机病毒、网络攻击、网络侵入等网络安全信息，应当遵守国家有关规定。

第二十七条：任何个人和组织不得从事非法侵入他人网络、干扰他人网络正常功能、窃取网络数据等危害网络安全的活动；不得提供专门用于从事侵入网络、干扰网络正常功能及防护措施、窃取网络数据等危害网络安全活动的程序、工具；明知他人从事危害网络安全的活动的，不得为其提供技术支持、广告推广、支付结算等帮助。

第二十八条：网络运营者应当为公安机关、国家安全机关依法维护国家安全和侦查犯罪的活动提供技术支持和协助。

第二十九条：国家支持网络运营者之间在网络安全信息收集、分析、通报和应急处置等方面进行合作，提高网络运营者的安全保障能力。

有关行业组织建立健全本行业的网络安全保护规范和协作机制，加强对网络安全风险的分析评估，定期向会员进行风险警示，支持、协助会员应对网络安全风险。

第三十条：网信部门和有关部门在履行网络安全保护职责中获取的信息，只能用于维护网络安全的需要，不得用于其他用途。

第三十一条　国家对公共通信和信息服务、能源、交通、水利、金融、公共服务、电子政务等重要行业和领域，以及其他一旦遭到破坏、丧失功能或者数据泄露，可能严重危害国家安全、国计民生、公共利益的关键信息基础设施，在网络安全等级保护制度的基础上，实行重点保护。关键信息基础设施的具体范围和安全保护办法由国务院制定。

国家鼓励关键信息基础设施以外的网络运营者自愿参与关键信息基础设施保护体系。

第三十二条：按照国务院规定的职责分工，负责关键信息基础设施安全保护工作的部门分别编制并组织实施本行业、本领域的关键信息基础设施安全规划，指导和监督关键信息基础设施运行安全保护工作。

第三十三条：建设关键信息基础设施应当确保其具有支持业务稳定、持续运行的性能，并保证安全技术措施同步规划、同步建设、同步使用。

第三十四条：除本法第二十一条的规定外，关键信息基础设施的运营者还应当履行下列安全保护义务：（1）设置专门安全管理机构和安全管理负责人，并对该负责人和关键岗位的人员进行安全背景审查；（2）定期对从业人员进行网络安全教育、技术培训和技能考核；（3）对重要系统和数据库进行容灾备份；（4）制定网络安全事件应急预案，并定期进行演练；（5）法律、行政法规规定的其他义务。

第三十五条：关键信息基础设施的运营者采购网络产品和服务，可能影响国家安全的，应当通过国家网信部门会同国务院有关部门组织的国家安全审查。

第三十六条：关键信息基础设施的运营者采购网络产品和服务，应当按照规定与提供者签订安全保密协议，明确安全和保密义务与责任。

第三十七条：关键信息基础设施的运营者在中华人民共和国境内运营中收集和产生的个人信息和重要数据应当在境内存储。因业务需要，确需向境外提供的，应当按照国家网信部门会同国务院有关部门制定的办法进行安全评估；法律、行政法规另有规定的，依照其规定。

五、第四章网络信息安全

第四十一条：网络运营者收集、使用个人信息，应当遵循合法、正当、必要的原则，公开收集、使用规则，明示收集、使用信息的目的、方式和范围，并经被收集者同意。

网络运营者不得收集与其提供的服务无关的个人信息，不得违反法律、行政法规的规定和双方的约定收集、使用个人信息，并应当依照法律、行政法规的规定和与用户的约定，处理其保存的个人信息。

第四十二条：网络运营者不得泄露、篡改、毁损其收集的个人信息；未经被收集者同意，不得向他人提供个人信息。但是，经过处理无法识别特定个人且不能复原的除外。

网络运营者应当采取技术措施和其他必要措施，确保其收集的个人信息安全，防止信息泄露、毁损、丢失。在发生或者可能发生个人信息泄露、毁损、丢失的情况时，应当立即采取补救措施，按照规定及时告知用户并向有关主管部门报告。

第四十三条：个人发现网络运营者违反法律、行政法规的规定或者双方的约定收集、使用其个人信息的，有权要求网络运营者删除其个人信息；发现网络运营者收集、存储的其个人信息有错误的，有权要求网络运营者予以更正。网络运营者应当采取措施予以删除或者更正。

第四十四条：任何个人和组织不得窃取或者以其他非法方式获取个人信息，不得非法出售或者非法向他人提供个人信息。

第四十五条：依法负有网络安全监督管理职责的部门及其工作人员，必须对在履行职责中知悉的个人信息、隐私和商业秘密严格保密，不得泄露、出售或者非法向他人提供。

第四十七条：网络运营者应当加强对其用户发布的信息的管理，发现法律、行政法规禁止发布或者传输的信息的，应当立即停止传输该信息，采取消除等处置措施，防止信息扩散，保存有关记录，并向有关主管部门报告。

六、第六章法律责任

第七十五条：境外的机构、组织、个人从事攻击、侵入、干扰、破坏等危害中华人民共和国的关键信息基础设施的活动，造成严重后果的，依法追究法律责任；国务院公安部门和有关部门并可以决定对该机构、组织、个人采取冻结财产或者其他必要的制裁措施。

七、附则

第七十六条：本法下列用语的含义：

（1）网络，是指由计算机或者其他信息终端及相关设备组成的按照一定的规则和程序对信息进行收集、存储、传输、交换、处理的系统。

（2）网络安全，是指通过采取必要措施，防范对网络的攻击、侵入、干扰、破坏和非法使用以及意外事故，使网络处于稳定可靠运行的状态，以及保障网络数据的完整性、保密性、可用性的能力。

（3）网络运营者，是指网络的所有者、管理者和网络服务提供者。

（4）网络数据，是指通过网络收集、存储、传输、处理和产生的各种电子数据。

（5）个人信息，是指以电子或者其他方式记录的能够单独或者与其他信息结合识别自然人个人身份的各种信息，包括但不限于自然人的姓名、出生日期、身份证件号码、个人生物识别信息、住址、电话号码等。

八、《中华人民共和国网络安全法》解读和行动推进

《中华人民共和国网络安全法》确立了网络安全的基本原则，包括：网络空间主权原则；网络安全与信息化发展并重原则；共同治理原则。提出制定网络安全战略，明确网络空间治理目标，提高了我国网络安全政策的透明度。进一步明确了政府各部门的职责权限，完善了网络安全监管体制。强化了网络运行安全，重点保护关键信息基础设施。完善了网络安全义务和责任，加大了违法惩处力度。监测预警与应急处置措施制度化、法制化。

（一）关键信息基础设施

《中华人民共和国网络安全法》第三章网络运行安全的第二节为关键信息基础设施的运行安全，在我国立法中首次明确规定了关键信息基础设施的定义和具体保护措施。这些规定贯彻了习近平总书记的重要讲话精神和《国家安全法》的相关重要规定，对于切实维护我国网络空间主权与网络空间安全具有重大而深远的意义[2]。

习近平总书记明确指出："金融、能源、电力、通信、交通等领域的关键信息基础设施是经济社会运行的神经中枢，是网络安全的重中之重，也是可能遭到重点攻击的目标。"这些基础设施一旦被攻击就可能导致交通中断、金融紊乱、电力瘫痪等问题，具有很大的破坏性和杀伤力。从世界范围来看，各个国家网络安全立法的核心就是保护关键基础设施。

从《中华人民共和国网络安全法》的具体条文看，主要包括以下内容：一是明确界定了关键信息基础设施的内涵。所谓的"关键信息基础设施"是指"一旦遭到破坏、丧失功能或者数据泄露，可能严重危害国家安全、国计民生、公共利益的"信息基础设施。二是规定了关键信息基础设施分行业、分领域主管部门职责。三是规定了关键信息基础设施运营者日常的安全维护义务。四是规定了关键信息基础设施运营者特殊的安全保障义务。五是规定了国家网信部门保护关键信息基础设施的职责范围。

2017年7月11日，国家网信办网站公布了《关键信息基础设施安全保护条例（征求意见稿）》[3]，其中第三章关键信息基础设施范围，条例的第十八条指出，下列单位运行、管理的网络设施和信息系统，一旦遭到破坏、丧失功能或者数据泄露，可能严重危害国家安全、国计民生、公共利益的，应当纳入关键信息基础设施保护范围：

（1）政府机关和能源、金融、交通、水利、卫生医疗、教育、社保、环境保护、公用事业等行业领域的单位；

（2）电信网、广播电视网、互联网等信息网络，以及提供云计算、大数据和其他大型公共信息网络服务的单位；

（3）国防科工、大型装备、化工、食品药品等行业领域科研生产单位；

（4）广播电台、电视台、通讯社等新闻单位；

（5）其他重点单位。

（二）个人信息和重要数据出境安全评估

为保障个人信息和重要数据安全，维护网络空间主权和国家安全、社会公共利益，保护公民、法人和其他组织的合法利益，根据《国家安全法》《中华人民共和国网络安全法》等法律法规，2017 年 04 月 11 日，国家网信办起草了《个人信息和重要数据出境安全评估办法（征求意见稿）》[4]。

评估办法中第八条数据出境安全评估应重点评估以下内容：

（1）数据出境的必要性；

（2）涉及个人信息情况，包括个人信息的数量、范围、类型、敏感程度，以及个人信息主体是否同意其个人信息出境等；

（3）涉及重要数据情况，包括重要数据的数量、范围、类型及其敏感程度等；

（4）数据接收方的安全保护措施、能力和水平，以及所在国家和地区的网络安全环境等；

（5）数据出境及再转移后被泄露、毁损、篡改、滥用等风险；

（6）数据出境及出境数据汇聚可能对国家安全、社会公共利益、个人合法利益带来的风险；

（7）其他需要评估的重要事项。

评估办法中第九条规定出境数据存在以下情况之一的，网络运营者应报请行业主管或监管部门组织安全评估：

（1）含有或累计含有 50 万人以上的个人信息；

（2）数据量超过 1000GB；

（3）包含核设施、化学生物、国防军工、人口健康等领域数据，大型工程活动、海洋环境以及敏感地理信息数据等；

（4）包含关键信息基础设施的系统漏洞、安全防护等网络安全信息；

（5）关键信息基础设施运营者向境外提供个人信息和重要数据；

（6）其他可能影响国家安全和社会公共利益的，行业主管或监管部门应该予以评估。

行业主管或监管部门不明确的，由国家网信部门组织评估。

（三）网络安全人才培养

网络空间的竞争，归根到底是人才的竞争。《中华人民共和国网络安全法》第二十条，国家支持企业和高等学校、职业学校等教育培训机构开展网络安全相关教育与培训，采取多种方式培养网络安全人才，促进网络安全人才交流。

　　为实施国家安全战略，加快网络空间安全高层次人才培养，2015 年 6 月 11 日教育部发布通知，经国务院学位委员会批准，决定在"工学"门类下增设"网络空间安全"一级学科，学科代码为"0839"，授予"工学"学位[5]。各个高校积极响应国家发展网络空间安全的要求，从 2015 年开始，积极申办网络空间安全学院和网络空间安全专业。

　　从 2020 年 2 月 25 日教育部公布的普通高等学校本科专业目录（2020 年版）[6] 中可以看到，网络空间安全在工学、计算机类下，专业代码为 080911TK，T 表示特设专业，K 表示国家控制布点专业。计算机类相关专业见表 12-1 所示，人工智能专业在工学门类的电子信息类下。在计算机类下，目前共有 17 个专业，2019 年新增了服务科学与工程、虚拟现实技术、区块链工程本科专业，即这 3 个专业 2020 年高考开始招生本科生。

表 12-1　计算机类相关专业

序号	门类	专业类	专业代码	专业名称	学位授予	年限	增设年
342	工学	计算机类	080901	计算机科学与技术	理学，工学	四年	
343	工学	计算机类	080902	软件工程	工学	四年	
344	工学	计算机类	080903	网络工程	工学	四年	
345	工学	计算机类	080904K	信息安全	管理学，理学，工学	四年	
346	工学	计算机类	080905	物联网工程	工学	四年	
347	工学	计算机类	080906	数字媒体技术	工学	四年	
348	工学	计算机类	080907T	智能科学与技术	理学，工学	四年	
349	工学	计算机类	080908T	空间信息与数字技术	工学	四年	
350	工学	计算机类	080909T	电子与计算机工程	工学	四年	
351	工学	计算机类	080910T	数据科学与大数据技术	理学，工学	四年	2015
352	工学	计算机类	080911TK	网络空间安全	工学	四年	2015
353	工学	计算机类	080912T	新媒体技术	工学	四年	2016
354	工学	计算机类	080913T	电影制作	工学	四年	2016
355	工学	计算机类	080914TK	保密技术	工学	四年	2017
356	工学	计算机类	080915T	服务科学与工程	工学	四年	2019
357	工学	计算机类	080916T	虚拟现实技术	工学	四年	2019
358	工学	计算机类	080917T	区块链工程	工学	四年	2019
333	工学	电子信息类	080717T	人工智能	工学	四年	2018

2015-2019 年（第二年审批通过），教育部新增审批本科专业中网络空间安全专业数量统计见图12-2所示，2015年2个（2016年3月审批通过），2016年8个，2017年18个，2018年25个，2019年18个。

2015 年新增网络空间安全专业的 2 个高校是：厦门大学和四川大学。

2016 年新增网络空间安全专业的 8 个学校包括：北京邮电大学、电子科技大学、西安电子科技大学、华北科技学院、暨南大学、齐鲁工业大学、广东外语外贸大学和广西科技大学。

2017 年新增网络空间安全专业的 18 个学校包括：国际关系学院、东南大学、武汉大学、中山大学、中国科学院大学等。

2018 年新增网络空间安全专业的 25 个学校包括：天津大学、吉林大学、山东大学、华中科技大学、北京电子科技学院、哈尔滨工业大学等。

2019 年新增网络空间安全专业的 18 个学校包括：北京理工大学、西北工业大学、中国传媒大学、中国海洋大学等。

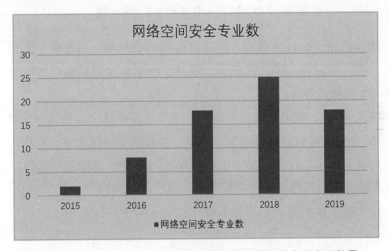

图 12-2　2015-2019 年教育部新增网络空间安全本科专业数量

（四）国家网络安全宣传周

为贯彻落实《中华人民共和国网络安全法》以及数据安全管理、个人信息保护等方面的法律、法规、标准，通过多种形式、多个传播渠道，发动企业、媒体、社会组织、群众广泛参与，深入开展宣传教育活动，设立了国家网络安全宣传周。主办单位包括：中央宣传部、中央网信办、教育部、工业和信息化部、公安部、中国人民银行、新闻出版广电总局、全国总工会、共青团中央、全国妇联等部门。

国家网络安全宣传周，是为了"共建网络安全，共享网络文明"开展的主题活动，围绕金融、电信、电子政务、电子商务等重点领域和行业网络安全问题，针对社会公众关注的热点问题，举办网络安全体验展等系列主题宣传活动，营造网络安全人人有责、人人参与的良好氛围。

从 2014-2019 年，网络安全宣传周已连续组织 6 次，定在每年 9 月第三周，2019 年国家网络安全宣传周开幕式等重要活动的承办城市是天津，参见图 12-3。2020 年举办城市为郑州。

图 12-3　2019 年国家网络安全宣传周

2019 年国家网络安全宣传周在天津梅江会展中心开幕。网络安全宣传周以"网络安全为人民，网络安全靠人民"为主题，举办了网络安全博览会、网络安全技术高峰论坛、网络安全主题日等活动。

2017 年 9 月 16 日，在网络安全宣传周（上海）开幕式上，网信办、教育部公布了"一流网络安全学院建设示范项目高校"名单，西安电子科技大学、东南大学、武汉大学、北京航空航天大学、四川大学、中国科学技术大学、战略支援部队信息工程大学等 7 所高校入围首批一流网络安全学院建设示范项目。2019 年网络安全宣传周（天津）开幕式，公布了第二批示范项目高校名单，包括：华中科技大学、北京邮电大学、上海交通大学、山东大学。

第二节　网络安全等级保护

一、网络安全等级保护 2.0 摘录

由公安部正式发布的《网络安全等级保护基本要求》[7] 被称为 2.0 标准，于 2019 年 12 月 1 日正式实施，标志网络安全等级保护步入新时代。网络安全等级保护是指对网络安全和信息系统，按照重要性分等级保护的一种制度，将对信息安全工作产生重大影响。2.0 标准是网络安全管理规范的一次重大升级，在 GB/T 22239-2008 标准《信

息安全技术信息系统安全等级保护基本要求》的基础上，针对共性安全保护需求提出安全通用要求，针对云计算、移动互联、物联网、工业控制和大数据等新技术、新应用领域的个性安全保护需求提出安全扩展要求，形成新的网络安全等级保护基本要求标准。

标准中 5.2 节不同级别的安全保护能力中，基本保护能力如下：

第一级安全保护能力：应能够防护免受来自个人的、拥有很少资源的威胁源发起的恶意攻击、一般的自然灾难，以及其他相当危害程度的威胁所造成的关键资源损害，在自身遭到损害后，能够恢复部分功能。

第二级安全保护能力：应能够防护免受来自外部小型组织的、拥有少量资源的威胁源发起的恶意攻击、一般的自然灾难，以及其他相当危害程度的威胁所造成的重要资源损害，能够发现重要的安全漏洞和处置安全事件，在自身遭到损害后，能够在一段时间内恢复部分功能。

第三级安全保护能力：应能够在统一安全策略下防护免受来自外部有组织的团体、拥有较为丰富资源的威胁源发起的恶意攻击、较为严重的自然灾难，以及其他相当危害程度的威胁所造成的主要资源损害，能够及时发现、监测攻击行为和处置安全事件，在自身遭到损害后，能够较快恢复绝大部分功能。

第四级安全保护能力：应能够在统一安全策略下防护免受来自国家级别的、敌对组织的、拥有丰富资源的威胁源发起的恶意攻击、严重的自然灾难，以及其他相当危害程度的威胁所造成的资源损害，能够及时发现、监测发现攻击行为和安全事件，在自身遭到损害后，能够迅速恢复所有功能。

第五级安全保护能力：略。

标准中第 6 节为第一级安全要求，包括 6.1 节的安全通用要求和安全扩展要求。

6.1 节的安全通用要求，包括：安全物理环境（物理访问控制、防盗窃和防破坏、防雷击、防火、防水和防潮、温湿度控制、电力供应），安全通信网络（通信传输、可信验证），安全区域边界（边界防护、访问控制、可信验证），安全计算环境（身份鉴别、访问控制、入侵防范、恶意代码防范、可信验证、数据完整性、数据备份恢复），安全管理制度（管理制度），安全管理机构（岗位设置、人员配备、授权和审批），安全管理人员（人员录用、人员离岗、安全意识教育和培训、外部人员访问管理），安全建设管理（定级和备案、安全方案设计、产品采购和使用、工程实施、测试验收、系统交付、服务提供商选择），安全运维管理（环境管理、介质管理、设备维护管理、漏洞和风险管理、网络和系统安全管理、恶意代码防范管理、备份与恢复管理、安全事件处置）。

6.2 节为云计算安全扩展要求，包括：安全物理环境（基础设施位置，即保证云计算基础设施位于中国境内），安全通信网络（网络架构），安全区域边界（访问控制），安全计算环境（访问控制、数据完整性和保密性，应确保云服务客户数据、用户个人信息等存储于中国境内，如需出境应遵循国家相关规定），安全建设管理（云服务商选择、供应链管理）。

6.3 节为移动互联安全扩展要求，包括：安全物理环境（无线接入点的物理位置），安全区域边界（边界防护、访问控制），安全计算环境（移动应用管控），安全建设管理（移动应用软件采购）。

6.4 节为物联网安全扩展要求，包括：安全物理环境（感知节点设备物理防护），安全区域边界（接入控制），安全运维管理（感知节点管理）。

6.5 节为工业控制系统安全扩展要求，包括：安全物理环境（室外控制设备物理防护），安全通信网络（网络架构），安全区域边界（访问控制、无线使用控制），安全计算环境（控制设备安全）。

第 7、8、9 节为第二级、第三级、第四级安全要求，分别包括安全通用要求、云计算安全扩展要求、移动互联安全扩展要求、物联网安全扩展要求、工业控制系统安全扩展要求。

从第一级到第五级，安全保护能力要求越来越高、越严格。

标准的附录 C 等级保护安全框架和关键技术使用要求中指出，在开展网络安全等级保护工作中应首先明确等级保护对象。等级保护对象包括通信网络设施、信息系统（包含采用移动互联等技术的系统）、云计算平台/系统、大数据平台/系统、物联网、工业控制系统等；确定了等级保护对象的安全保护等级后，应根据不同对象的安全保护等级完成安全建设或安全整改工作；应针对等级保护对象特点建立安全技术体系和安全管理体系，构建具备相应等级安全保护能力的网络安全综合防御体系。应依据国家网络安全等级保护政策和标准，开展组织管理、机制建设、安全规划、安全监测、通报预警、应急处置、态势感知、能力建设、监督检查、技术检测、安全可控、队伍建设、教育培训和经费保障等工作。

等级保护的安全框架见图 12-4，扫码可以看《网络安全等级保护基本要求（GB/T 22239-2019）》原文。

标准中建议，应在较高级别等级保护对象的安全建设和安全整改中注意使用一些关键技术：可信计算技术、强制访问控制、审计追查技术、结构化保护技术、多级互联技术。

二、专家解读网络安全等级保护 2.0

2019 年 12 月 24 日，作为第一起草人参与标准的公安部信息安全等级保护评估中心的马力研究员解读了网络安全等级保护 2.0 标准体系[8]。要点摘录如下：

图 12-4　等级保护安全框架

（一）等级保护（等保）历程

等级保护并不是现在才出现的，过去 10 年，国家一直在推广等级保护。2007 年，公安部会同相关部门发布了《信息安全等级保护管理办法》，明确了等级保护要求，包括定级备案、建设整改、等级测评。用户必须完成这三件事，并接受安全检查。保护是核心，定级备案和等级测评只是辅助动作。

二级标准、三级标准保护到什么水平，要参照《信息系统安全等级保护基本要求》，这是底线，做不到就不达标，公安会开出整改通知，强行要求整改。

2019 年 5 月 13 日，新的基本要求，即等保 2.0 发布，它来源于很多重要要求，包含技术和管理，比如 1.0 时期的"加密技术"，2.0 时期的"可信计算"，这些和芯片紧密挂钩。等级保护 1.0 标准体系构成了基本要求体系。

2007 年到 2017 年，这期间使用等保 1.0。为什么从 2017 年后叫作等保 2.0 了呢？原因是 2017 年 6 月 1 号，《中华人民共和国网络安全法》出台，它提出，国家实行等级安全保护制度。注意，这时候等级保护已经成为法律制度，不做等保就是违法。同时，第 31 条说，如果单位系统非常非常重要，称之为"关键信息基础设施"，那么这个系统做等保还不够，还要在等保的基础上做重点保护。

等保 2.0 的思想导致我们要调整在 1.0 的法律法规。这时候，要在《中华人民共和国网络安全法》基础上添加《网络安全等级保护条例（起草中）》《关键信息基础设施保护条例（起草中）》。现在，这两个条例即将和大家见面。标准体系也相应地做了调整，这些标准已经在2019年与大家见面了，并在12月1日正式实施，这也是标准为何如此受到重视的原因。

也就是说，未来等级保护用的就是这个新标准。当然，这只是等保标准，在此基础上还有关键基础设施保护标准。如果企事业单位的系统非常重要，除了等保外，还要做相应的关键基础设施保护。

（二）等级保护对象

等级保护对象分为五级，第一二级国家认为是一般资产，三级以上包含重要资产以及关键资产。这些不同对象对应的监管力度也不一样。参见表12-2。

表12-2 等级保护的重要性和监管强度

保护对象级别	重要性程度	监督管理强度等级
第一级	一般系统	自主保护级
第二级	一般系统	指导保护级
第三级	重要系统／关键信息基础设施	监督保护级
第四级	关键信息基础设施	强制保护级
第五级	关键信息基础设施	专控保护级

在等级保护2.0时期，所有保护对象，不管你叫什么名字，比如云平台、大数据、物联网、工控系统等，都要做等保，落实国家安全等级保护制度。注意，不落实是违法的。

那需要怎么做呢？要完成以下几个动作：定级备案、安全建设、等级测评，如果等级测评出现问题还需要接受安全整改，接受监督检查。这几个动作，不做就违反了法律要求。如果是关键基础设施，除了要做等级保护外，还需要完成关键信息基础设施保护。只有这样，2.0的目标才算真正完成。

（三）新标准的变化

首先，对象范围扩大。新标准将云计算、移动互联、物联网、工业控制系统等列入标准范围，构成了"安全通用要求＋新型应用安全扩展要求"的要求内容。等级保护把所有系统都纳入了，包括云计算、物联网等。这些系统只需要使用一个标准就可以了，这个标准的要求是通用要求加扩展要求。比如，云计算系统，是云计算扩展；工控系统是工控扩展。概括起来是：一个标准做等保。

其次，分类结构统一。新标准"基本要求、设计要求和测评要求"分类框架统一，形成了"安全通信网络""安全区域边界""安全计算环境"和"安全管理中心"支持下的三重防护体系架构。

安全措施的分类变化。1.0 是层次分类：物理安全、网络安全、主机安全、应用安全、数据安全。2.0 强调纵深防御。从外到内，通信网络、区域边界、内部计算环境、通信边界和计算环境保护，形成纵深防御体系。同时这个防御体系上的控制措施要受大脑控制。大脑形成安全管理中心，一个中心，三重防御。

再次，强化可信计算。新标准强化了可信计算技术的使用，要求把可信验证列入各个级别并逐级提出各个环节的主要可信验证要求。

新的 2.0 标准强调可信计算新技术的使用。1.0 强调密码技术使用。等保 2.0 的变化如下：第一，名字变化，2.0 叫网络安全等级保护。第二，2.0 的对象扩展到了所有系统。第三，2.0 的安全要求变化，由通用要求加扩展要求构成。第四，章节结构发生了变化。第五，纵深防御。

最后，关于等级测评结论发生了变化，分为：优、良、中、差几个级别，70 分以上才算及格，90 分以上算优秀。

三、沈昌祥院士：发展可信计算技术筑牢网络安全屏障

当前，网络空间已经成为继陆、海、空、天之后的第五大主权领域空间，也是国际战略在军事领域的演进，我国的网络安全正面临着严峻挑战。沈昌祥院士认为，发展可信计算技术与实施网络安全等级保护制度是构建国家关键信息基础设施、确保整个网络空间安全的基本保障，推广发展主动免疫的可信计算技术可以筑牢我国的网络安全防线[9]。2018 年 8 月 23 日的央视《中国经济大讲堂》，沈院士开课，讲述了离开"封堵查杀"，怎样确保网络安全？参见图 12-5，扫码收看视频。

图 12-5　沈昌祥院士讲解可信计算与网络空间安全

沈院士的主要观点摘录如下：

（一）从被动"防御"到主动"免疫"

主动免疫可信计算采用运算和防护并存的主动免疫新计算模式，以密码为基因实

施身份识别、状态度量、保密存储等主动防御措施，及时识别"自己"和"非己"成分，从而破坏与排斥进入机体的有害物质，相当于为网络信息系统培育了免疫能力。

通过实施三重防护主动防御框架，能够实现攻击者进不去、非授权者重要信息拿不到、窃取保密信息看不懂、系统和信息改不了、系统工作瘫不了和攻击行为赖不掉的安全防护效果。

（二）主动免疫可信计算的技术逻辑

主动免疫可信计算与人体的免疫系统在机理上类似。主动免疫可信计算的防御措施类似于人体的免疫系统身份识别、状态度量和生物编码保护三大功能。

可信计算的密码则相当于人体的基因，对于"机体"的变异可用编码原理检验其有无变化。计算系统的软硬件与可信系统的软硬件是可以并行的，保证计算机的健康运行不被干扰，并不是简单地为安全而安全的防护。主动免疫可信计算就像人体的免疫功能一样，它是一个动态的支撑体系，可独立成为一个循环系统进行完整性检查。

（三）为什么要发展主动免疫可信计算技术

近年来，网络攻击频发再度为网络安全敲响警钟。2016 年 10 月 21 日，美国东海岸（世界最发达地区）发生世界上瘫痪面积最大（大半个美国）、时间最长（6 个多小时）的分布式拒绝服务（DDoS）攻击。2017 年 5 月 12 日，一款名为"WannaCry"的勒索病毒网络攻击席卷全球，有近 150 个国家受害，仅当天我国就有数十万例感染报告。这说明，面临日益严峻的国际网络空间形势，我们必须构建网络空间安全主动免疫保障体系，筑牢网络安全防线。

当前，大部分网络安全系统主要是由防火墙、入侵检测和病毒查杀组成的，被称为"老三样"。但是"封堵查杀"难以应对利用逻辑缺陷的攻击，并且存在安全隐患。首先，"老三样"是被动的防护，根据已发生过的特征库内容进行比对查杀，面对层出不穷的新漏洞与攻击方法，这是消极被动的事后处理；其次，"老三样"属于超级用户，权限越规，能够通过扫描核心数据，轻易获取系统内部的重要数据，违背了基本的安全原则；最后，"老三样"可以被攻击者控制，成为网络攻击的平台。

而主动免疫可信计算则全程可测可控，不被干扰，只有这样方能使计算结果与预期一样。这种主动免疫的计算模式改变了传统的只讲求计算效率，而不讲求安全防护的片面计算模式。

（四）物联网、大数据、云计算等新技术网络安全防护

物联网、大数据、云计算等新技术应用，必须采用可信技术，以确保数据存储可信、操作行为可信、体系结构可信、资源配置可信和策略管理可信。这要求我国的互

联网企业在发展这些新技术时一定要真正形成实质的本土化，坚持证书、密码和可信机制三方面的本土化，用自主的规矩、策略和架构进行严格的可信检查，用切实的可信计算机制保障信息的真实可控。

（五）Windows 系统安全问题

2014 年 4 月 8 日，微软停止对 Windows XP 的服务支持，强推可信的 Windows8。如果国内运行的 2 亿台终端全部升级为 Windows8，不仅耗费巨资，还将失去安全控制权和二次开发权，会严重地危害我国的网络安全。2014 年 10 月，微软推出 Windows10，该系统不仅是终端可信，而且移动终端、服务器、云计算、大数据等方面全面执行可信版本，强制与硬件 TPM（Trusted Platform Module）芯片配置，并在网上一体化支持管理。推广 Windows10 将直接威胁网络空间国家主权。

我国按照网络安全审查制度成立安全审查组，按照 WTO 规则，开展对 Windows10 的安全审查。其中，数字证书、可信计算、密码设备必须是国产自主的。最终，在采用我国的《电子签名法》数字证书、使用我国批准的密码、采用国产的可信计算等密码证书设备以后，Windows10 才被允许引入中国。

（六）可信计算技术的实际应用

目前，我国的体育彩票、增值税发票防伪系统、二代居民身份证都采用了可信技术，其代码无法被篡改。过去二十多年来，我国的体育彩票从未发生过安全隐患事件，原因是在体育彩票计算机里有一个可信安全卡。增值税发票防伪系统里也有一个防伪、可信的安全卡确保其安全可信。我国的第二代居民身份证的结构体系也是完全可信的，多个环节共同保障其安全。

在行业应用方面，中央电视台的 42 个频道节目，面向全球提供中、英、西、法、俄、阿等语言电视节目，在没有与互联网物理隔离的计算机网络环境下，构建了网络制播的可信计算安全技术体系，建立了可信、可控、可管的网络制播环境，确保节目安全播出。

（七）在引进国外的信息产品时应注意的问题

引进国外的信息产品，实施国产化替代必须要坚持"五三一"原则。

"五可"：可知，即对合作方开放全部源代码，要心里有数，不能盲从；可编，即要基于对源代码的理解，能自主编写代码；可重构，即面向具体的应用场景和安全需求，对核心技术要素进行重构，形成定制化的新的体系结构；可信，即通过可信计算技术增强自主系统免疫性，防范漏洞影响系统安全性，使国产化真正落地；可用，即做好应用程序与操作系统的适配工作，确保自主系统能够替代国外产品。

"三条控制底线"：必须使用我国的可信计算，必须使用我国的数字证书，必须使用我国的密码设备。

"一定要有自主知识产权"：要对最终的系统拥有自主知识产权，保护好自主创新的知识产权及其安全。坚持核心技术创新专利化、专利标准化、标准推进市场化。要走出国门，成为世界品牌。

四、王小云院士：密码理论与技术是网络安全的核心

王小云，山东大学网络空间安全学院院长，清华大学高等研究院杨振宁讲座教授。2005 年前后破解了 MD5（Message-Digest Algorithm，信息摘要算法）和 SHA-1（Secure Hash Algorithm 1，安全散列算法 1）哈希加密算法，2010 年主持设计了我国第一个密码散列函数标准 SM3，其安全性得到国内外密码专家的高度认可。2017 年当选中国科学院院士。

2018 年，央视《开讲啦》邀请王小云院士开课讲授：熟悉又陌生的守护者—密码，参见图 12-6，扫码看视频学习。

图 12-6 《开讲啦》王小云院士讲解密码技术

多年来，由美国国家标准和技术研究院（NIST）颁布的基于哈希函数的 MD5 和 SHA-1 算法，是国际上公认最先进、应用范围最广的两大重要算法，后者更被视为计算安全系统的基石，有着"白宫密码"之称。

MD5 和 SHA-1 两大哈希函数算法，按照常规方法，即使调用当时最快的大型计算机，也要运算上百万年才有可能被破解。王小云院士的工作让国际同行不得不接受一个残酷的事实：电子签名是可以被有效伪造的，设计更安全的哈希函数标准迫在眉睫。NIST 专门举办了两次研讨会，以应对两大算法破解带来的安全威胁，并于 2006 年出台新的哈希函数使用政策：联邦机构在 2010 年以前必须停止 SHA-1 在电子签名、数字时间戳和其他一切需要抗碰撞安全特性的密码体制的应用。

王小云院士认为，密码理论与技术是网络安全的核心，密码学家的使命就是为保护网络与信息安全提供安全高效的密码算法。密码学家的主要职责，一方面是设计出

安全高效的算法，另一方面则要分析正在使用的密码算法的安全性，一旦发现漏洞，立即设计新的能抵御最新攻击的密码算法。密码学就是道高一尺、魔高一丈，在编破对抗、循环往复中不断发展的。

2019 年王小云荣获未来科学大奖，并成为该奖项的首位女科学家。未来科学大奖[10]，成立于 2016 年，是由科学家、企业家群体共同发起的民间科学奖项。未来科学大奖关注原创性的基础科学研究，奖励在大中华区做出杰出科技成果的科学家（不限国籍）。奖项以定向邀约方式提名，并由优秀科学家组成科学委员会专业评审，秉持公正、公平、公信的原则，保持评奖的独立性。未来科学大奖目前设置"生命科学""物质科学"和"数学与计算机科学"三大奖项，单项奖金 100 万美金，由香港未来科学大奖基金会有限公司负责奖金的捐赠和发放。未来科学大奖对获奖者的国籍不做限制，只要求其工作产生巨大国际影响；具有原创性、长期重要性或经过了时间的考验；并主要在大中华地区完成（包含中国大陆地区、香港、澳门、台湾）。未来科学大奖希望奖励对社会做出杰出贡献的科学家，启蒙科学精神，唤起科学热情，影响社会风尚，吸引更多青年投身于科学，实现中国的"科学梦"。

五、方滨兴院士：论网络空间新技术安全

2020 年 4 月，有中国防火墙之父之称的方滨兴院士，视频讲解了网络空间新技术安全。在哔哩哔哩有视频可以学习，参见图 12-7，扫码看视频学习。

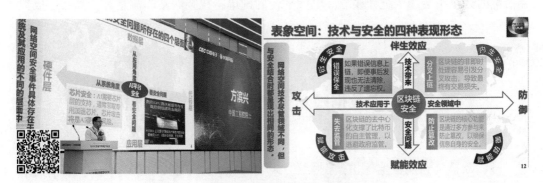

图 12-7　方滨兴院士讲解网络空间新技术安全

方院士认为，网络安全技术是一种特殊的伴生技术，它为其所服务的底层应用而开发。云计算、边缘计算、物联网（IoT，Internet of Things）、人工智能、工业 4.0、大数据以及区块链技术等新兴领域的尖端计算和信息技术固有地伴随着一系列的安全和隐私漏洞。网络安全包括防御和攻击，新技术可能赋能攻击，也可以赋能防御。

以人工智能为例，随着生成对抗网络（GAN，Generative Adversarial Networks）的出现，人工智能可能在不久的将来革新密码技术。人工智能带来的所有安全技术进步

都归功于其自我学习和自我增强能力。人工智能能够挖掘和学习各种类型的数据，如垃圾邮件、语音消息以及视频，然后更新自动检测/防御系统。持续的自我培训将继续增强以人工智能为核心的安全系统的性能，包括其稳定性、准确性、效率和可扩展性。因此，人工智能具有巨大的潜力来改变未来的安全态势。

可信计算中可信根、可信 BIOS、可信操作系统和可信应用系统，构成可信链，构筑可信系统。由于云计算的所有权和使用权分离问题，云计算环境下的可信系统不再适用。

在表象空间里，新技术与安全有四种表现形态：赋能攻击、赋能防御、内生安全和衍生安全，参见图 12-7。

赋能攻击，即大数据技术赋能开源情报。大数据技术可以从开源信息中挖掘出情报，以获知对手信息，通过多通道、数据挖掘、信息融合分析，获取情报。在国际社会，开源情报已经占据 80%~90% 比例。

赋能防御，即大数据技术用于舆情监控。大数据技术通过收集分析新闻媒体和社交网络上流转的信息，研判舆情，提前预警社会不稳定因素。

内生安全，即防御大数据易于复制而导致的重复交易难以实现的问题。所用即所有，重复交易难，挖掘与隐私保护相悖。应对方法：把数据放在一个安全环境上，数据不流动，程序流动，运行程序拿走结果，把数据所有权和数据使用权分开，推动数据交易。

衍生安全，即防御数据污染可能产生的统计误导的问题。大数据依赖数据源，未经清洗的数据源会产生统计误导。电商平台的刷单，视频网站刷流量等，都会造成数据污染。

第三节　大数据隐私保护与网络安全行业概况

一、欧盟《通用数据保护条例》

《通用数据保护条例》(General Data Protection Regulation[11]，简称 GDPR) 于 2018 年 5 月 25 日在欧盟全体成员国正式生效，被认为是欧盟有史以来最为严格的网络数据管理法规。该条例规定了企业和公共机构收集、存储、保护和使用用户数据时的新标准，赋予了用户更大的隐私保护处理权。

法国国家信息保护监管机构、法国国家自由与信息委员会于 2019 年 1 月 21 日发布公告称，由于谷歌未能履行欧盟《通用数据保护条例》，法国将对其处以 5000 万欧元罚款。这是该委员会有史以来开出的最大罚单，谷歌也因此成为《通用数据保护条例》在欧盟生效以来第一个受罚的美国科技巨头。

2018 年 5 月底，两家欧洲非营利性隐私和数字权利组织相继向法国国家自由与信息委员会投诉称，谷歌在处理个人用户数据方面采用了"强制同意"政策，其收集的数据包含大量用户个人信息，这些信息还在用户不知情的情况下被用于商业广告用途。该委员会立即启动调查[12]。

调查结果显示，谷歌在处理个人用户数据时存在缺乏透明度、用户获知信息不便、广告订制缺乏有效的自愿原则等问题。比如，如果用户想知道谷歌进行个性化广告订制或地理定位时所获取的个人信息，需要 5 到 6 个步骤才能看到全部内容。在谷歌的"个性化广告"通知中，谷歌没有明确列明用户同意信息，用户无法意识到其个人信息将会被用于谷歌公司旗下的多种服务、网站和客户端。

法国国家自由与信息委员会在公告中表示，对谷歌的处罚有几点考虑：第一，透明、知情以及同意是《通用数据保护条例》的根本性原则，谷歌的违规行为严重，未来必须充分告知用户信息并获得用户的同意，让用户掌握信息主动。第二，谷歌的违规并非一次性行为，而是长期持续的。第三，谷歌服务广泛、市场庞大而且谷歌的经济模式建立在广告业务之上，必须格外严格遵守数据保护条例。

该条例规定，对违规企业的罚款最高可达 2000 万欧元或全年全球营业额的 4%，以较高者为准。据悉，2017 年谷歌全球营业额约为 960 亿欧元，意味着本次罚款仅占其营业额的 0.05%。这次罚款只针对投诉的一部分，主要是广告订制违反了用户同意条款。投诉组织发表公告称，希望法国国家自由与信息委员会尽快处理投诉的其他内容，根据谷歌的违规程度和时间进行"比例相当"的惩罚。

法国《费加罗报》报道称，谷歌正在评估这一处罚以决定后续行动，如果谷歌质疑处罚决定，将有 4 个月的上诉期限。谷歌还表示，用户往往期待高标准的透明和监管原则，谷歌一定会回应这些期待和要求。据悉，除谷歌外，苹果、亚马逊、领英、脸书等企业也以同样原因在奥地利、比利时以及德国等国遭到投诉。法国《观察者报》评论称，这些企业正处在观望和紧张之中，谷歌受罚给它们带来了不小的压力。

二、《网络信息内容生态治理规定》

2020 年 3 月 1 日起《网络信息内容生态治理规定》[13]（下文简称为《规定》）开始实施，《规定》明确，网络信息内容服务使用者应当文明健康使用网络，按照法律法规的要求和用户协议约定，切实履行相应义务，在以发帖、回复、留言、弹幕等形式参与网络活动时，文明互动，理性表达，不得发布本规定第六条规定的违法信息，防范和抵制本规定第七条规定的不良信息。网络信息内容服务使用者和生产者、平台不得开展网络暴力、人肉搜索、深度伪造、流量造假、操纵账号等违法活动。

第六条网络信息内容生产者不得制作、复制、发布含有下列内容的违法信息：（一）反对宪法所确定的基本原则的；（二）危害国家安全，泄露国家秘密，颠覆国家政权，破坏国家统一的；（三）损害国家荣誉和利益的；（四）歪曲、丑化、亵渎、否定英雄烈士事迹和精神，以侮辱、诽谤或者其他方式侵害英雄烈士的姓名、肖像、名誉、荣誉的；（五）宣扬恐怖主义、极端主义或者煽动实施恐怖活动、极端主义活动的；（六）煽动民族仇恨、民族歧视，破坏民族团结的；（七）破坏国家宗教政策，宣扬邪教和封建迷信的；（八）散布谣言，扰乱经济秩序和社会秩序的；（九）散布淫秽、色情、赌博、暴力、凶杀、恐怖或者教唆犯罪的；（十）侮辱或者诽谤他人，侵害他人名誉、隐私和其他合法权益的；（十一）法律、行政法规禁止的其他内容。

第七条网络信息内容生产者应当采取措施，防范和抵制制作、复制、发布含有下列内容的不良信息：（一）使用夸张标题，内容与标题严重不符的；（二）炒作绯闻、丑闻、劣迹等的；（三）不当评述自然灾害、重大事故等灾难的；（四）带有性暗示、性挑逗等易使人产生性联想的；（五）展现血腥、惊悚、残忍等致人身心不适的；（六）煽动人群歧视、地域歧视等的；（七）宣扬低俗、庸俗、媚俗内容的；（八）可能引发未成年人模仿不安全行为和违反社会公德行为、诱导未成年人不良嗜好等的；（九）其他对网络生态造成不良影响的内容。

三、人脸识别相关技术伦理

人工智能和人脸识别的技术伦理和安全性广受国内外互联网领域关注。《网信军民融合》副总编秦安认为，要正确认识"人脸识别"在国家治理体系和治理能力现代化中的重要价值，坚持"网络安全和信息化一体之两翼、驱动主双轮"的战略，限制性规范使用人脸识别技术。

成立于 2016 年的美国公司 Clearview AI，被曝通过 Facebook、YouTube、Venmo 等社交媒体，抓取了超过 30 亿张照片，用于人脸识别，准确率约 75%。而 FBI 的数据库也只有 6.41 亿张美国公民照片。

国际商业机器公司（IBM）也曾因人脸识别数据集被起诉。原告蒂姆·詹西克（Tim Janecyk）声称，国际商业机器公司使用来自雅虎网络相册（Flickr）网站的至少七张他拍的照片，并未告知他或被拍对象。此举违反了伊利诺伊州的《生物特征识别信息隐私法》，该法律是伊利诺伊州 2008 年出台的州法律，要求收集获取生物特征识别信息（如指纹、视网膜或 Flickr 照片）的公司须事先征得有关人员的书面同意。

2019 年 4 月，欧盟发布《可信人工智能伦理准则》，提出可信人工智能伦理的 7 个关键条件：人的能动性与监督能力、安全性、隐私数据管理、透明度、包容性、社会福祉和问责机制，以确保人工智能足够安全可靠。电气与电子工程师协会（IEEE）

也提出了《合伦理设计的一般人工智能准则》。

2019 年 5 月,旧金山已投票禁止使用人脸识别技术,他们认为扫描并储存公民生物信息,是对隐私的粗野侵犯。

2019 年 6 月,微软删除人脸库 MS Celeb。该库有近 10 万人的 1000 多万张面部图像。微软称此库用于学术,通过"知识共享"许可抓取图像和视频中的人脸。"知识共享"许可仅来自图片和视频版权所有者授权,并不一定得到人脸所对应的人授权,因此,微软有可能被指控侵权。

从我国国家法院网官网检索,截止到 2020 年 4 月,没有"人脸识别"相关立法。无论是研究使用还是互联网工业界,都在密切关注人脸识别的立法和伦理学规范,以避免法律纠纷,确保科技向善准则。

2019 年 8 月 24 日,视频换脸 ZAO 将短视频中的演员换成用户自己的脸,分享朋友圈,迅速蹿红网络。9 月 3 日,针对 ZAO 用户隐私协议不规范,存在数据泄露等问题,工信部网安局对所属的陌陌公司约谈,限期整改,ZAO 道歉声明称不会存储个人面部生物识别特征,使用 ZAO 不会产生支付风险。

近年,人脸识别和视频换脸引发伦理争议。针对换脸视频的法律问题,往往有比较清晰的界限,即如果未经许可而使用他人的脸部肖像,会侵犯肖像权、名誉权,未经授权而篡改影视著作会导致侵犯著作权等。

换脸视频往往以假乱真,损害信息的真实性,提升了信息来源筛选和证据判断的难度。此外保护影视作品完整权,是著作权人所享有的保护作品不受歪曲、篡改的权利。

四、网络安全行业概况

(一)安全牛公司发布《中国网络安全 100 强企业(2019)》

2019 年 7 月,安全牛公司发布的《中国网络安全 100 强企业(2019)》[14],调研了国内近 500 家包含网络安全业务的企业,时间区间为 2018 年全年的数据,绘制了百强矩阵图,划分为四大区域,分别为:领导者、领先者、竞争者和潜力者。入选百强矩阵的企业除了网络安全厂商外,还包括了 IT 服务商、互联网公司及可信计算提供商。

图 12-8 中左上是影响力大和规模大的顶级网络安全企业,包括:奇安信、启明星辰、阿里云、华为、新华三、天融信、深信服、绿盟科技、亚信安全等公司。对比第四章表 4-2 中 2019 年中国互联网企业 100 强名单,奇虎 360 是唯一作为专业从事网络安全的企业排进前 10,列第 9 名。

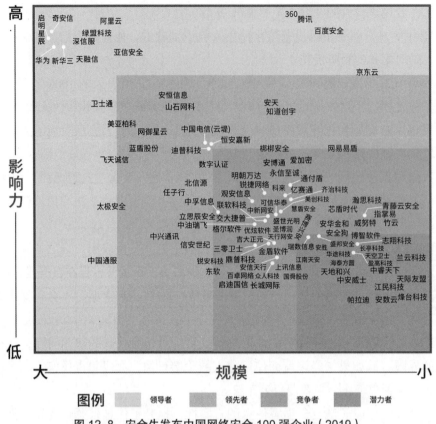

图 12-8　安全牛发布中国网络安全 100 强企业（2019）

（二）奇虎 360

根据 360 官网的公司简介[15]，360 公司是中国最大的互联网和安全服务提供商。创立于 2005 年，是互联网免费安全的首倡者，先后推出 360 安全卫士、360 手机卫士、360 安全浏览器等国民级安全产品，PC 安全产品月活用户达 5 亿，移动安全产品月活超 4.6 亿。同时，360 公司还为中央机关、国家部委、地方政府和企事业单位提供安全咨询、安全运维、安全培训等多种安全服务。

十余年来，360 公司培养和集聚了东半球最大的"白帽子军团"，拥有顶级安全人才 3800 余人，具备世界级的漏洞挖掘与攻防对抗能力，同时积累了国内最大的安全大数据，以及近万件原创技术和核心技术专利。

随着全社会、全行业数字化程度的深化，"大安全"时代加速到来，360 公司以"让世界更安全更美好"为使命，致力于实现"不断创造黑科技，做全方位守护者"的愿景。

近年来，360 公司通过产品与技术创新，打造包括儿童手表、智能摄像机、行车记录仪和家庭防火墙等一系列智能硬件产品，致力于通过智能产品为用户解决信息安全、出行安全、家居安全等网络安全问题。

2011 年 3 月 30 日 360 公司正式在纽交所挂牌交易，证券代码为 QIHU，IPO 总计获得 40 倍超额认购，为 2011 年中国企业在美国最成功的 IPO 交易之一。基于中国国家网络安全的需要，360 公司后来选择从美国退市。2018 年 2 月，360 公司完成重组更名，顺利在国内登陆 A 股市场。

2018 年 5 月，360 公司开创性地发布了全球最大的分布式智能安全系统——"360 安全大脑"，以此构建了大安全时代的整体防御战略体系，积极参与国家网络安全建设，助推国内网络安全生态进一步完善。2019 年 9 月，360 公司发布政企安全战略 3.0，构建大安全生态，带动国内网络安全行业共同成长，提升我国的网络综合防御能力。360 公司的产品系列和创始人参见图 12-9，图中周鸿祎背后的"为人民服务"促使作者把这张图放到书中。

图 12-9　360 公司的产品和创始人周鸿祎

在 2018 年世界互联网大会，领先科技成果发布会上，360 公司创始人周鸿祎介绍了"360 安全大脑"。他认为不可能有固若金汤的系统。"一切皆可编程，万物均可互联"的时代，网络攻击的危害从单纯网络空间扩展到影响国家安全、社会安全、基础设施安全、金融安全乃至于个人财产安全和人身安全，网络安全已经进入了大安全时代。传统的像基于杀毒软件、基于防火墙的技术已经过时，基于大数据和人工智能算法的"360 安全大脑"，可以在浩如烟海的网络保障数据中找到蛛丝马迹，构建一个具有感知、学习、推理、预测和决策能力的智能防御系统，实现了更加智能化、整体化的安全防护。"360 安全大脑"在智能汽车、工业互联网、金融安全等诸多垂直安全领域，得到广泛利用，并且在不断迭代和进化。今天"360 安全大脑"可能是相当于六岁儿童的智商，但是我们希望未来它能相当于 30 岁年轻人的智商。

在 2019 年第六届世界互联网大会上，竞争激烈的 15 项"世界互联网领先科技成果发布活动"中，360 全视之眼——0day 漏洞雷达系统入选。360 全视之眼，综合利用冰刃安全虚拟机、智能 0day 漏洞捕获等多项独创技术，借助 360 安全大脑大数据和强大的智能决策响应能力，能及时有效捕获 0day/Nday 漏洞攻击，防范网络攻击于未然。系统由终端漏洞捕获子系统、多维沙箱子系统、智能决策响应子系统组成。终端漏洞捕获子系统将新型探测器中轻量可靠的探测器布于亿级客户终端之上，有效地在真实现场检测捕获漏洞利用的各阶段行为。

（三）启明星辰

启明星辰公司成立于 1996 年，由留美博士严望佳女士创建，是国内极具实力的、拥有完全自主知识产权的网络安全产品、可信安全管理平台、安全服务与解决方案的综合提供商[16]。2010 年启明星辰集团在深圳 A 股中小板上市（股票代码：002439）。目前，启明星辰已对网御星云、合众数据、书生电子、赛博兴安进行了全资收购，自此，该集团成功实现了对网络安全、数据安全、应用业务安全等多领域的覆盖，形成了信息安全产业生态圈，参见图 12-10。

多年来，启明星辰一直保持着我国入侵检测 / 入侵防御、统一威胁管理、安全管理平台、运维安全审计、数据审计与防护市场占有率第一位，业务生态参见图 12-10。作为信息安全产业的领军企业，启明星辰以用户需求为根本动力，已经全面为政府、电信、金融、税务、能源、交通制造等企业级客户提供安全服务。作为北京奥组委独家中标的核心信息安全产品、服务及解决方案提供商，启明星辰得到了国家主管部门的大力嘉奖。自此，启明星辰为上海世博会、广州亚运会、APEC 大会、G20 杭州峰会、一带一路峰会、金砖国家领导人第九次峰会、十九大以及嫦娥号、上合青岛峰会等众多国家级重大安保项目网络安全保驾护航，成为国家网络安全发展中不可或缺的主力军。

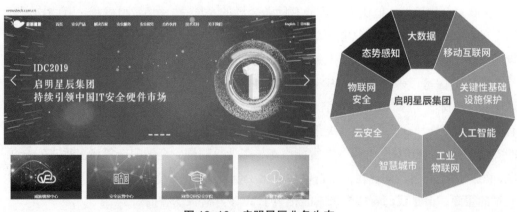

图 12-10　启明星辰业务生态

启明星辰自成立起，经历了不同阶段的跨越式自我升华，迈入"I³"阶段，即独立（Independence），互联（Interconnect）、智能（Intelligence），并建立"第三方独立安全运营"新模式，立足于云计算、大数据、物联网、工业互联网、关键信息基础设施保护、移动互联网新技术发展，打造专业的安全分析队伍，提供覆盖全行业全技术的安全能力，解决新技术带来的安全挑战，帮助城市全面提升安全能力，从而更大限度保证网络空间的公平与正义。

小结

本章主要介绍了网络安全法、关键信息基础设施、等级保护 2.0 等概况，以及院士专家和互联网安全企业对国家重要网络安全法规的解读以及技术对策。特别是院士的观点，毕竟高屋建瓴，所以醍醐灌顶，文中保持了对院士原话的引用，建议扫码视频链接，直接收看学习，聆听权威专家的观点，了解当前网络空间安全的概貌，洞悉网络空间安全和大数据隐私保护的关系，以及技术伦理要符合科技向善的原则。

参考文献

［1］中国政府网.中华人民共和国网络安全法［EB/OL］.（2016-11-07）. http://www.gov.cn/xinwen/2016-11/07/content_5129723.htm.

［2］国家互联网信息化办公室.《网络安全法》解读［EB/OL］.（2016-11-07）. http://www.cac.gov.cn/2016-11/07/c_1119866583.htm.

［3］国家互联网信息化办公室.关键信息基础设施安全保护条例（征求意见稿）［EB/OL］.（2017-07-11）. http://www.cac.gov.cn/2017-07/11/c_1121294220.htm.

［4］国家互联网信息化办公室.个人信息和重要数据出境安全评估办法（征求意见稿）［EB/OL］.（2017-04-11）. http://www.cac.gov.cn/2017-04/11/c_1120785691.htm.

［5］教育部.国务院学位委员会教育部关于增设网络空间安全一级学科的通知［EB/OL］.（2015-06-11）. http://www.moe.gov.cn/s78/A22/A22_gggs/A22_sjhj/201511/t20151127_221423.html.

［6］教育部.教育部关于公布 2019 年度普通高等学校本科专业备案和审批结果的通知［EB/OL］.（2020-02-25）. http://www.moe.gov.cn/srcsite/A08/moe_1034/s4930/202003/t20200303_426853.html.

［7］国家标准全文公开系统.信息安全技术网络安全等级保护基本要求［EB/OL］.（2019-05-10）. http://openstd.samr.gov.cn/bzgk/gb/newGbInfo?hcno=BAFB47E8874764186BDB7865E8344DAF.

［8］马力.网络安全等级保护 2.0 标准体系解读［EB/OL］.（2020-04-09）. http://www.djbh.net/webdev/web/SafeProductAction.do?p=getBzgfZxbz&id=8a81825671429a6701715c98cfee000d.

［9］沈昌祥 . 发展可信计算技术筑牢网络安全屏障［EB/OL］.（2020–01–15）. http：//www.cac.gov.cn/2020–01/15/c_1580632630820787.htm.	
［10］未来科学大奖官网 . 2019 年获奖名单［EB/OL］.（2019–09–07）. http：//www.futureprize.org/cn/index.html.	
［11］欧盟通用数据保护条例（General Data Protection Regulation）官网［EB/OL］.（2018–05–23）. https：//gdpr–info.eu.	
［12］人民网 . 未履行《通用数据保护条例》谷歌遭法国重罚［EB/OL］.（2019–01–23）. http：//sh.people.com.cn/GB/n2/2019/0123/c138654–32565082.html.	
［13］国家互联网信息办公室 . 网络信息内容生态治理规定［EB/OL］.（2019–12–20）. http：//www.cac.gov.cn/2019–12/20/c_1578375159509309.htm.	
［14］安全牛 . 中国网络安全 100 强（2019）报告发布［EB/OL］.（2019–07–02）. https：//www.aqniu.com/industry/50787.html.	
［15］360 公司［EB/OL］. http：//www.360.cn/about/.	
［16］启明星辰［EB/OL］. https：//www.venustech.com.cn/.	

后　记

写这本书的过程中，一直想着把所遇到的困惑记录下来。

困惑之一是已经有三位院士及众多专家学者编写了这个名称的书，梅宏院士主编的《大数据导论》，张尧学院士和胡春明教授主编的《大数据导论》，邬贺铨院士的《数据之道—从技术到应用》，以及众多专家学者编写的《大数据导论》和《数据科学与大数据技术导论》，内容有相似的地方，却也各有各的不同。一想到这些，我们就想，哎，反正未动笔，已经服输，何不写一些我们自己明白学生听得懂的大数据。

那么学生是谁，这本书面向的是数据科学与大数据技术专业大一的新生，和通识教育课的本科生。缘起于，时常为校园电视台的学生记者以及央视的科技栏目策划团队提供一些咨询，主要是提供以大数据为核心的新技术前沿应用发展，现状是什么，专家有哪些，大的 IT 公司的大数据应用场景概况。因此，我们把原来计算机与网络空间安全学院的"数据科学导论"课同时开发成了通识教育核心课程"大数据导论"，面向全校本科生选修，以期对关注新技术理论和应用的学生提供一个大数据生态脉络。

在授课方式上，我们采用称为 wikiclass 的教学方式，或者称为纪录片教学方式、你我他的形式，课堂上，学生（你）、教师（我）、专家视频（他），混合的翻转课堂，专家是院士、著名学者或者行业领袖，这部分通过看视频学习。教师充当了一个纪录片的导演，来编导一节课，安排课程的内容衔接。学生是课前作业，学生、教师和专家观点相互碰撞、重复、深化，并从不同的角度理解大数据生态的概念、理论、政策、标准、法规和应用场景。

使用教材时可以参考慕课和翻转课堂的模式授课。按照认知心理学的建议，人能集中精力的时间为 20 分钟，90 分钟的课，教师和学生，教师与专家视频交叉进行，看视频容易分心，要求学生抓关键词、数据或案例，学生回答观后收获。最后留 20 分钟学生讲授，每次留课前作业，准备下次课主题的 PPT 讲解。

以前是有图有真相，今天是有视频有真相，视频资料要权威且最新，总之就是大一学生和非计算机专业的学生听得懂。视频内容包括 2013 年央视出品的《互联网时代》，2017 年杨澜出品的《探寻人工智能》和 2019 年《探寻人工智能》第二季，2018年三橙传媒陈一佳出品的《区块链之新》，2016 年上海网信办制作的《第五空间－网络空间安全》，2016–2020 年的央视《开讲啦》院士公开课，李德毅院士的智能驾驶、张钹院士的人工智能、梅宏院士的大数据、邬贺铨院士的 5G、刘先林院士的空间大数据与智慧城市、王坚院士的城市大脑等，视频资料都提供了二维码链接。一手的资料，院士和权威专家的观点摘录，使课堂的深度、广度、交互、可信度提高。因此我们称这个课为纪录片课堂，教师作为一个导播和编导而存在。

最后，感谢为本书写推荐词的各位专家，千人计划专家沈寓实教授、我的老师王以宁教授、影视大数据专家张锐副教授，与各位专家的日常交流都是本书成文的滋养。感谢文化大数据实验室的研究生同学，黄婧一、王楷翔、刘梦琪、张凌飞、李敏、杨睿、赵雪、邓智铭、王泽琪协助绘图和校稿，感谢西安交大的李辰洋同学跟作者团队的讨论和对本书的内容建议。谢谢我们这个团队在智能影视大数据的实践，在作者团队自我怀疑的背景下给了本书一些底气。

感谢中国传媒大学出版社阳金洲老师、黄松毅老师、李婷老师，对本书出版给予的指导和无私帮助。最后特别感谢各位编辑老师，使本书严谨客观且具有传媒和科技特色。

挂一漏万，感谢为本书成文和出版做出工作的所有好朋友，谢谢你们。

感谢中国传媒大学 2020 精品教材项目、感谢中国传媒大学中央高校基本科研业务费专项资金（CUC210A008）资助本书出版。

最后，再说几句实话，觉得写这本书时，有一种夹带私货的感觉，许多案例都是作者团队的一些朋友熟人的公司和作品，涉嫌植入广告……当把这句话跟一个朋友讨论时，他说是你们清楚的就行，没必要是无取向的，作者肯定受限于自己的认知，把这句话写出来，安慰自己吧，谢谢读者老师的宽容。

李春芳

石民勇

2020.7.25